文明的野獸

從圓山動物園解讀近代臺灣動物文化史

鄭麗榕——著

「潮歷史」書系總序

反映當前歷史學潮流，引領歷史閱讀新風氣

蔣竹山
書系主編／國立中央大學
歷史研究所副教授兼所長

每個時代都有那個時代的流行歷史著作，粗略來看，我的大學時代是《萬曆十五年》，某個時期是《槍炮、病菌與鋼鐵》，最近可能是《維梅爾的帽子》。從歷史學發展的趨勢來看，現在市面上的歷史類書籍出版，似乎未能反映當代歷史學的走向。整個臺灣歷史學的出版，有一個大趨勢就是全球史作品變多了。

放眼西方歷史學界近十年來的變化，經我統計，透過會議、研究計畫、論著發表來看，可歸納出十個趨勢：情感史、書籍史、文化相遇、歷史記憶、全球史、帝國史、環境史、醫療史、數位史學、公眾史學。相較於這些主題的多元，現有的臺灣歷史類書籍的出版市場就

顯得過於偏食。有鑑於此，我們希望規劃一套能夠反映當前歷史學潮流的叢書，既有學術深度，又有可讀性，「潮歷史」因而誕生。

在上述十個既有的趨勢調查之外，我們發現有些面向漸漸受到重視，像是動物史與動物轉向就是過往較少被關注的，人與動物關係的議題從社會學、生態學、倫理學延伸到歷史學，開始注意歷史上人與動物的互動，這便是我們叢書規劃的方向之一。其次，像是我最近正在推動「全球視野下的物質文化史研究群」，物質文化史主題也會是這個書系的重點。又或是我的藏書有大宗的日記，而如何藉由日記反映微觀史與日常生活，這樣的主題亦將出現在我們的名單中。此外，食物史同樣是近來的跨領域研究重點，涉及營養、衛生、醫療、農業及飲食文化等課題，相當值得關注。

歷史是作為一位當代公民最重要的素養之一。「潮歷史」，意指歷史如潮汐，歷史可以很「潮」，是時代的浪潮，更是閱讀的風潮。

最重要的是，在這個時代，我們希望「潮歷史」能夠成為一個歷史創作的新平臺。集結國內外有觀點、有見解、有趣味的嶄新研究與重要論述，不論是國際知名學者、年輕一輩的研究者，或大眾歷史和輕歷史的創作者等，都能在「潮歷史」的規劃下，一起開創和引領華人世界的歷史閱讀風氣，讓這塊土地人民的視野「朝向歷史」。

期待這套「潮歷史」的規劃，既能引進國外的佳作，更能挖掘臺灣本土的歷史寫手——在比例上我們更傾向於後者——藉此翻轉現有人社書籍以翻譯為大宗的失衡現象。

推薦序

書寫人與動物關係的歷史

許雪姬
中央研究院臺灣史研究所
特聘研究員兼所長

本書以動物文化史為焦點，結合豐富的歷史文獻及專題區域比較視野，極富創新性及發展性。傳統歷史學中，動物一直沒有缺席，例如農業與經濟史中的畜牧、漁業，軍事政治史裡也偶有動物的身影。不過近年史學新領域的動物轉向，進一步認為人和動物共同創造人類歷史，也共用自然和社會空間，使得動物史有了更多可發揮的空間。本書呼應了這種新視野，關注人類如何將動物視為文化象徵，用來建構政治權力和意識型態，這主要體現在政治、外交層面。另一方面也開始注意動物作為歷史主體的角色、功能和意義，進而思考動物的能動性（agency）。

全書以臺北的圓山動物園個案，探討國家、戰爭、娛樂、教育及環境等面向，多角度觀察人與動物、人與動物園之間的關係。材料運用涵蓋歷史、自然、文化、生態及社會等，篇章組織完整，論證及實例扎實，文字敘述通暢易讀。這可能是臺灣史中最早以動物園為主題來探討人與動物關係的著作，關心的層面可擴及人與自然、環境史等。這幾年來作者依此脈絡，繼續研究動物命名的歷史、休閒式狩獵史、動物標本的文化史、臺灣的伴侶動物歷史等，書中尚觸及兒童與動物、動物的遷移與貿易等，有許多課題都可以再深入研究，可以說是一本很具有拓展性的著作。

作為麗榕的博論指導教授，我提醒她在採用新觀點的同時，也要固守歷史學的長處；須有宏觀的視角，也要能運用綿密的史料，在堅實的文獻基礎上作出詮釋。這本書除了使用官方檔案與史料外，也活用了不少報紙、口述訪問、日記回憶錄等資料。事實上她進入動物史最早的發端，是源自研究臺灣早期動物保護運動的歷史，而這個主題是她參加我在中央研究院日記解讀班時，讀到黃旺成擔任臺中士紳蔡蓮舫家庭教師時，臺灣動物保護會成員來訪而得到的靈感。同樣地，她也在我教導臺語白話字——《臺灣教會公報》的解讀中，找到不少人們的動物觀以及動物被如何對待的記載。

而新的視野不全然都只能運用在近代新事物上，所謂新與舊、傳統與現代，往往無法一刀劃分，甚至常可能是並存的現象。例如本書提及現代動物表演的歷史，就不能不回顧到臺灣傳統民間社會的雜耍表演，過去喪禮中「有『弄樓』（或稱『弄鐃』）的習俗，是喪家在三旬（即查某囝旬）時，為亡者做完一日或二、三日的『功德』後，請人來做『弄樓』」，「以扮雜耍的方式來沖淡喪家哀傷的氣氛」。且傳統雜耍「常配合農業社會的生活節奏進行」，二十世紀初在臺灣興起的馬戲團，「也常在年節或重要假期等節慶期間，到各城鎮的常民空間內巡演」。一九二〇年代，豐原郡役所落成典禮中，時任保正的水竹居主人張麗俊，在日記中記下了各種慶祝活動，包括「生猴戲」表演、展覽會、來自日本的曲馬戲（即馬戲團表演），以及傳統子弟戲等。又如書中提及動物養殖的歷史，分析了臺灣的大家族裡，在傳統園林生活文化中，對於植物與動物的蒐集、研究，以彰顯其特有的生活品味，表現出與自然的親密關係。凡此，都是新與舊相互調和、共存的實際案例。

人的歷史與動物的歷史絕非兩個世界，作者長期關注生物保育及環境倫理議題，珍視動物的生命與人之間的各種交錯，或許是她撰寫此書的初心。她也向我表示，但願像歷史學中豐富的人物傳傳統一樣，能為更多動物寫出生動而引人深思的生命故事。這條研究之路還很長，也期待有同好者一起耕耘這個園地，因此樂於為此序以為推薦。

推薦序

蘊含推展動保運動能量的動物史書寫

龔玉玲
《臺灣動物之聲》主編

麗榕是我的師友，長期以來，我從她個人身上、她的論著上，獲得數不盡的啟發。我之前就非常期待她的研究能出版專書，因為這代表以動物為中心的歷史書寫可以多一個管道，更廣泛地受到臺灣動物保護界以及許多默默關心動物議題的大眾關注。

相同的雀躍心情也曾經浮現於我初次主編《臺灣動物之聲》之時。當時是二〇一一年年底，我閱讀了麗榕剛發表於《臺灣風物》第六十一卷第四期的文章〈「體恤禽獸」：近代臺灣對動物保護運動的傳介及社團創始〉，收穫很大，迫不及待想要跟臺灣動保圈分享。徵得同意下，我將〈「體恤禽獸」〉另編輯成適合動保雜誌的型態，刊登在《臺灣動物之聲》第五十八期（二〇一二年夏季號）作為焦點文章。

之後，幾位任職於動物保護組織的讀者主動向我回饋心得，有人說，一直以為自己在臺灣推動的是相當革新的事物，沒想到過去就曾有人從事類似的工作；有人則是方才具體意識到，此刻自身投入的改革與倡議，很可能將被後人以歷史角度談論甚至分析；也有人說，讀者多半已經從過去發行的五十多期刊物及其他文宣裡，熟悉了當今動物保護議題的主要談論路線，但是從文史角度來審視動保議題則實屬陌生，雖說新鮮有趣，卻不知道如何跟當前的動保工作實際聯結起來。

這種疑惑其來有自，畢竟動保圈面臨的動物剝削狀況太多，許多人無暇顧及眼下以外的事，所以講求實際而直接的動保行動。我在這裡嘗試就麗榕的動物史研究回應，和關切動保議題的人分享心得。

首先，過去發生的點點滴滴是否能提供某種「歷史教訓」供今人參考、是否能從中確定某種客觀的「公理」，供今人預測日後的軌跡，每個人都可以有不同的看法。不管各人定見為何，學界的研究成果與論點在很大程度上，是動保圈的運動資源之一，這應該是可接受的共識，而歷史研究當然也在其中（反之，動保運動的推行過程與結果，也會牽動相關學術研究）。

以麗榕的研究為基礎的《文明的野獸》，除了動物園，還包含與之相關的動物表演、博物館展示、動物標本、軍用動物等主題，一來展示了基於臺灣經驗的豐富內容，為後來的研究者確立了基礎範圍與重要史料；二來麗榕本身對受難動物抱持不忍之情，使其書寫立意與視角選擇有別於臺灣以往的動物園歷史研究，所以，麗榕的研究與《文明的野獸》的開創性地位是有目共睹的，動保圈自然不能忽視。

近年來，麗榕已經受到一些單位的邀請，對學界以外的聽眾演說相關主題，在我曾經參與的場次裡，都能感受到臺下積極聆聽的氣氛，這無疑是動物歷史研究與動保運動之間的正面互動。特別是當她述及戰爭時期，動物園內的動物曾經在戰略考量下被利用的種種情況時，不少聽眾都對前所未聞的動物園「猛獸處分」政策、軍用動物的宣傳與動物慰靈祭等事蹟留下了深刻的印象。我們知曉的戰爭歷史往往著眼於國與國、軍隊與軍隊之間的動態，以及重要人物的決策、人類生命與財產的損失等面向，以致於一般人難以意識到動物生命是如何參與其中。事實上，牠們除了作為軍用動物在前線受使役，也會被動物園利用來宣傳戰事，或為了蒐集毛皮給軍人禦寒而全面被捕殺，甚至基於戰事需求而被當作實驗動物等，總體犧牲的數量恐怕是難以想像地龐大，然而在戰爭歷史中被提及的程度卻不成比例，此外，牠們在各種層面捲入戰事所帶來的影響，往往也被忽略。所以，麗榕用有別於原先涉及軍事目的的呈現方式，重新向大眾介紹許多如今不見經傳的動物與牠們的遭遇，這件事本身就蘊含推展動保運動的能量。

另一方面，也因為當代動物保護運動相當強調「揭露動物受難處境」的策略，以使人們在震驚之下開始反省原本以為理所當然的事（譬如大規模飼養與宰殺經濟動物的過程，在資本主義的運作下逐漸遠離了人們日常生活範圍的區域，而限制在有圍牆阻擋視線的建築之內，令動物在人類的生活中益發邊緣化），所以我相信熟悉動保路線的人們，自然也會對歷史上曾經發生卻不被今人所熟知的動物受難情況，抱有相當的倫理敏感度。當代動保運動的「揭露」與動物史家的「揭露」，兩者雖然在脈絡上並不相同，但是回到麗榕講座的特定現場，從聽眾角度而言，兩者之所以都具有牽引人們反思自身的能量，實有相同根源。

然而，這不代表我們可以簡單地套用當前的動保價值觀來判斷過去的動物與人的關係——對此事保持謹慎，也是我個人從麗榕的言談與書寫中學到的重要態度。動物研究一向鼓勵跨領域，這個提醒對於我這樣並非史學專業出身、但對歷史感興趣的人是重要的。我也相信，透過看見動物與人類關係的複雜性和歷史特定性，避免一貫性地把事情簡化成是人類在支配與壓迫動物，對於動保工作者來說也相當重要。我個人會特別關注《文明的野獸》裡提到的不同歷史情境下出現的「動物之愛」或「愛護觀」，留意其中哪些部分是涉及人們與動物之間最樸素、最誠心的感情，哪些部分又因特定時空條件而與當前觀念不符。本書中還包含了其他豐富的內容，關心動物議題的人一定可以從中找到各自側重之處，並且對於曾經生活在臺灣的動物能有多一層認識。

目次

第二章　國家與動物園

緒論

一、緣起

動物（non-human animals）不只是自然的造物，與人類（human）社會的交會也為時已久。但以動物為主題，關於動物文化史的書寫，似乎還有很多空間待補。人類飼養動物至少有一萬兩千年以上，不論是漁獵、畜牧、農耕或重商主義社會，動物都是不可或缺的。人們享用肉食，以之為祭品，驅役獸力，取用其毛皮，勞役牠們表演，蒐集牠們作為財富的象徵，馴化、改變牠們的生態，此外，也在神話、文學及藝術方面寄寓種種文化想像。而宗教上也有受尊崇的動物神，例如中國的牛馬將軍、義犬及虎爺信仰，印度的聖牛觀，埃及人對貓的喜愛與尊敬等。在上述的前提下，本書的研究發端於一個基本的問題：人有傳記與歷史，而不會說話與書寫的動物，牠們的歷史能不能——以及可以如何——被寫下？動物作為一種生命以及自然環境的一部分，和人類之間有何關係？相信在生態環境日益嚴峻的趨勢下，人類有必要擴展自身的視野，進而思考與自然互動、融合的倫理，而考察歷史上人類社會對待動物的態度與產生的影響，或許是其中一個方向。

動物園[1]的歷史在動物與人的關係中，最容易顯示人對動物的注視。不同階段的動物園，反映了人對動物的認識與態度的變化，國家對動物園的經營與管理，涉及殖民帝國與民族中心主義，也有文化權力操控的痕跡；動物園的充實與維持，往往有賴跨國的運作，可以找到其世界系譜；動物園的存在，是許多孩子與市民的好奇心、幻想與控制欲的焦點，呈現城市消費文化的重要面向。而動物所受的待遇、不同動物的自然習性與生存環境變遷，也都可以從動物園及其挑戰中反映出來。

如果將蒐集與展示動物視為動物園的起源，則其早期歷史多由皇室貴族主導。約在西元前二五〇〇年，古埃及貴族就曾大量蒐集野生動物。西元前一一〇〇年，中國周朝文王作靈臺，並引注灃水以建靈沼（養魚、龜等水產之處）、靈囿（養鹿等動物之處），合稱「三靈」，算是中國大型圈養動物的起始。西元一二〇〇年，忽必烈在亞洲飼養蒙古帝國四處蒐集來的動物，以備行獵騎射。近代工業革命的發生，博物學的發展，都市化、市民階層興起，公共領域的需要等，新的社會背景造就了近代動物園，甚至成為城市（尤其是帝國的首都）不可或缺的建設。歐洲在十八世紀中葉後，第一所建立的動物園是一七五二年的維也納宣布魯動物園（Schönbrunn Zoological Garden），而首座附屬於博物館的動物園，則是一七七三年開園的巴黎國立自然史博物館下的動物飼育場。此外，以科學研究及教育功能為特色的倫敦動物園，成立於一八二八年。美國則在南北戰爭後，於一八七四年成立費城動物園。明治維新後的日本，在一八八二年設立上野動物園，是農商務省博物館下的第二附屬館。進入二十世紀，一九〇一年德國出現由動物商人主持，對公眾公開收費，以非圍籠方式展示的大型動物園——卡爾・哈根貝克（Carl Hagenbeck）動物園。至於中國的第一個近代動物園，則是一九〇六年由清朝商部請旨設立，具有皇家動物園性質的北京農事試驗場下的萬牲園。[2]

在上述世界動物園歷史的背景下，研究近代臺灣的動物園有什麼意義？臺灣本身有豐富的動植物生態，這個生態並不是封閉的，透過陸地（尤其在仍與歐亞大陸相連的時期）與海洋，它與周邊環境——包括華南、東亞，甚至大洋洲等其他地區——在不同的階段都有頻繁的交流歷史，有時促成了生物與文化的交換（biological and cultural exchange）或是生物的滅絕，而這些動物中有許多具有人類圈養與展示的歷史。[3] 動物園蒐集圈養與展示動物，所影響的動物種類及數目比上述歷史階段的規模大得多。雖然早期社會可以找到動物圈養與展示的背景，但臺灣的動物園主要還是在二十世紀以後以公立的形式建置，這段歷史不僅涉及島內的動物文化、國家教化，也與國際間動物交流、環境變遷等種種問題密切相關。因此本書選擇近代臺灣為研究範疇，為了配合臺灣的動物園成立的時間，書中所指的近代，也以二十世紀為主。

而選擇臺北圓山動物園[4]為主要研究案例，則是因為該園的代表性。就動物的飼養及展示場所而言，目前臺灣約有以下數家動物園（及大型水族館）：（一）臺北市立動物園，前身為圓山動物園（日治時期正式名稱為臺北動物園），由臺北廳於一九一五年開始經營，乃接收或購買開園前臺灣總督府博物館及民間動物園的動物而成立，後改隸於臺北市，經歷擴充蒐藏與戰爭時期的挑戰，戰後歸屬於中華民國政府下的臺北市；（二）基隆水族館，成立於一九一六年，因經營不善，未久即關閉，一九三五年始政四十週年紀念博覽會時復建置，但戰後拆除；現在屏東國立海洋生物博物館則於一九九一年籌設，二〇〇〇年成立；（三）新竹市立動物園，設於一九三六年，原屬於新竹公園，一九七一年獨立為動物園；（四）高雄壽山西子灣動物園，成立於一九七八年，當時屬於高雄市公園管轄。民間則有（五）六福村野生動物園，設於一九七九年，已從私人公園轉型為主題遊樂園；（六）主題展示型的國立鳳凰谷鳥園，於一九八二年設立；（七）臺南頑皮世界野生動物園，於一九九四年開園。這幾所動物園中，成立最早、規模最大、與國際上動物園發展史有密切關係的，正是臺北動物園。

關於臺北動物園的簡史概述如下：臺北最早的公共動物園於一九一三年始設於苗圃（今植物園），附屬於臺灣總督府博物館。一九一五年，地方政府臺北廳接手私人設於圓山公園內的簡易動物園，並移來苗圃的多數動物，擴充後在次年正式開幕，以柵欄式圈養為主。[5]一九二一年，因地方制度改革，動物園移由臺北市役所管理，並定名為臺北市動物園。一九三四年，臺北市役所收購動物園鄰近土地，成立兒童遊園地，附屬於動物園的管理，終日治之期，都是在市役所之下「課」的層級，曾歸屬庶務課、土木課、財務課、社會課、教育課等，到戰爭結束前則是在土木課內，與公園及遊園地、史蹟名勝天然紀念物等事項均屬「庶務係」職掌。戰後由臺北市政府接管，於一九四六年重新開放，利用動物表演吸引遊客。一九五二年，對外大量添購異國動物，次年改隸於臺北市政府下之教育局，並於一九五五年新建非柵欄式的猴丘。一九六一年，定名為臺北市立動物園，仍隸屬於教育局。一九六八年，市府收回委由民營的兒童樂園，於一九七〇年併入動物園，兩年後開始進行遷園重建籌劃，於一九七四年選定木柵頭廷里為新園地點。一九七七年，動物園遊園人次首度突破三百萬人，是年並成立臺北市立動物園籌建小組。一九七八年，委託學術單位調查基地基本資料，之後委由民間公司實質規劃，一九八一年開始進行新園先期工程，並創刊《動物園雜誌》，闢設兒童動物區。次年成立動物園服務隊，運用義工推動社會教育；同年也開始加入國際動物園組織，籌設中華民國自然生態保育協會。[6]一九八六年，遷園木柵，之後的經營受國際環境政治深刻影響，此一模式實奠基於圓山時期（一九一五～一九八六）的後期，因此本書以圓山時期為主要研究範圍，但在討論時，或有少數例子跨越一九八六年，而至一九九〇年代初期。[7]圓山時期七十餘年的歷史中，走過殖民帝國與戰後中華民國的兩個時代，早期名列日本帝國五大動物園之一，[8]並以亞熱帶動物園為其特色，相對於日本本土動物園，臺灣的動物園較具有南方色彩。

在不同時期的動物園中，動物的處境如何？就動物園的動物圈養、動物表演與動物展示而言，有何文化背景可以追溯？動物園有何具體功能？臺灣脫離日本統治後，動物園的經營與帝國時期及中國大陸有何承續與轉變？人們對圓山動物園的觀賞，又顯示出什麼樣的關懷與記憶？這些具有文化史面向的轉化過程，正是本書感興趣的地方。由於該園歷史可具體代表近代臺灣動物文化史的一部分，因此本書選擇作為主要研究個案，並且集中探討幾個主要問題：民間生活、國家、戰爭、環境與動物園的關係。而動物福利的概念，在不同的時期又有什麼變化？凡此皆是本書的關懷所在。

以下除論及動物園歷史相關研究成果外，也討論幾個間接對本書的概念與方法有所啟發的領域。

二、視角

（一）動物文化史的相關研究

在回顧動物園歷史的文獻之前，首先談談作為本書研究概念與方法的動物文化史。正式以動物文化史為題的論文集出現在二十一世紀初，但其實自一九八〇年代以來，即有不少作品注意到動物與社會文化的歷史，其往往結合過去不同領域關於動物研究的成果，在生態倫理與動物保護的背景下重新思考動物的歷史，可以說是歷史學中的新視野。[9]

動物觀的變遷直接影響到動物園的經營，這方面的研究如凱思·湯瑪斯（Keith Thomas）對人與自然世界的研究。他以英國為例，在動物的部分，認為十八世紀末以後，中產階級愈來愈注意該如何對待動物的問題，這種「新感性」顯示出對野蠻造物（Brute creation）受苦的同情，新的論點更關注到野生動物的保護與自然的保存，人類優越論、人類中心主義及動物的馴化問題受到更多批評與指摘；他也談到包括賽馬在內，以動物作為娛樂的道德問題。[10]哈莉特．里特沃（Harriet Ritvo）亦以英國的動物觀為題，探討維多利亞時期英國人與其他造物的歷史，研究動物展覽與血統分類、有關動物的疾病控制、動物園與狩獵問題等，強調人類社會階級、國家對動物與環境的影響。[11]

目前已出版幾種與動物文化史相關的系列，較全面地回顧不同歷史時期不同動物與社會文化的關係。首先是二〇〇七年以動物文化史為名的六冊英文著作，探討動物在社會與文化中角色變遷的歷史，以六個斷代分別處理七項動物史主題：象徵作用、狩獵、馴養、娛樂（與展示）、科學、哲學、藝術。[12]當然這七個項目並不能完全含括動物文化史的內容，諸如文學、神話等未納入，且各主題之間也常有交集，不過這些主題已足顯示動物文化史的複雜面向，對動物園的歷史也是很有益的背景研究。在本系列中，有關動物園的論文都被列入娛樂與展示的範疇，顯示編者對動物園的批判立場，嚴格檢視其所宣稱的教育與研究目標，突顯出歷史中人類中心主義的傾向，並帶出無法迴避的動物福利及動物權的問題。[13]

二〇〇〇年起，英國的瑞科圖書（Reaktion Books）在強納森．伯特（Jonathan Burt）的編輯策劃下，以英國動物研究者為基礎，開始出版動物系列作品，是動物文化史裡一個重要的里程碑。[14]該系列以不同的動物為主題，由各執筆者就其專業發揮，不但談各主題動物的自然習性與生存環境的變遷，也探討動物在人類文明中的角色，寫作方式兼顧庶民及學院研究者的趣味，篇幅都僅兩百頁左右，各有近百幅的插畫及照片，附上年表、註釋、延伸閱讀書目、相關機構及網站。系列中有不少動物是動物園中常見者，可以從較深、較廣的文化層面，來理解不同種類動物本身的自然史，以及與人類之間相遇的歷史。

上述兩個動物相關系列都是由歐美人士撰寫，而二〇〇九年由日本研究者執筆出版的「人與動物的日本史」系列，則針對日本文化與歷史，分從「動物考古學」、「歷史中的動物」、「動物與現代社會」以及「信仰中的動物」四個主題，探討動物觀、獵捕、漁撈、農耕、屠宰、肉食文化變遷、保護思想等，也處理舶來動物展示、動物供養文化等種種問題。此系列中有關特定的社會文化脈絡、國家、政治及戰爭因素等對動物的影響，對本書動物園的研究尤有啟發。《日本動物》（*JAPANimals*）則是一本由美國學院研究者執筆的日本動物文化史著作，從文化、貿易、環境、帝國主義、東方主義、教化等層面，討論鹿、蛇、馬、舶來鳥、狗、昆蟲、鯨及動物園等日本史問題。其中伊恩・米勒（Ian Miller）關注帝國與動物的關係，從近代日本意欲進入國際社會切入動物園的功能，描繪出日本帝國如何利用動物園作為教化工具，以掌控自然、解釋自然為文明化象徵，上野動物園即是這種觀念之下的產物。此外，阿隆・賀拉・史卡貝隆（Aaron Herald Skabelund）的《犬之帝國》（*Empire of Dogs*），對於國家與戰爭下的狗，以及近代犬隻血統塑造與商業化過程亦有深刻的探討。[15]

臺灣的動物研究中，關於動物與社會、文化、歷史交錯的研究已有部分成果，但分跨不同領域，除國圖碩博士論文與期刊檢索系統外，尚未建立一個資訊共享的平臺，筆者掌握到的訊息有限。其中李若文是目前臺灣歷史界有較多動物文化史研究成果的學者，包括食犬文化、鳥學交流史、百步蛇文化史、家犬觀等論著。[16]另外，社會學研究者潘美玲探討吳郭魚在臺灣的在地化歷史，這是一個經歷一甲子以上發展出來的動物故事，吳郭魚從外來種成為臺灣鯛，涉及臺灣水產養殖技術、產業行銷及生態風險問題，作者根據「自然展演說」來鋪陳，情節除受人類意志或文化、政治、經濟力量影響，非人類也充滿活力與動態。[17]這段人與自然相互展演的歷史，應可歸屬為動物文化史範疇。而陳懷宇對於中國中古時期動物與政治宗教秩序的研究，則是深入分析了猛獸作為象徵，在權力和權威建構中的意義。[18]

動物文化史的概念對動物園研究的意義，在於可以提供大空間（經常是跨國的區域間或全球範圍）、長時間的分析視野，從更多元的文化角度，來觀察動物的蒐集、圈養、展示與觀看的行為。而目前的相關個案研究多以歐美及日本為主，臺灣島作為東亞的一部分，位於陸地與海洋的交會處，具有豐富的動植物生態，曾走過不同政權，也有頻繁的對外交流歷史，在這部分或許足以成為另一個好的分析個案。

（二）動物園歷史的相關研究

臺北市立動物園在二〇一四年慶祝百年紀念時，曾以機構為核心，以歷史學的方法，刻劃該園百年來的發展，並側記其與臺灣社會的互動，勾劃出「如何從一個地方上的前近代動物園，走向一座國際級的現代化動物園」的圖像。[19]在此之前，關於臺灣動物園歷史的研究還有待努力。而非屬學院人士，如記者出身的張夢瑞及陳柔縉，曾撰有臺北動物園相關著作：張夢瑞早在圓山動物園遷往木柵之前的一九八五年即曾整理媒體報導，並輔以對動物園工作人員的口述訪問，完成了《動物園趣話》，[20]保留了一些珍貴史料。陳柔縉則屢從現代摩登的角度，利用《臺灣日日新報》的報導，以簡明而趣味的筆法，書寫不少臺灣人近代的日常生活史，成為很受歡迎的暢銷書，[21]陳柔縉對臺北動物園傳統園史的書寫，有些補充或批判，[22]揭露了百年史出現前臺灣本土動物園史研究不足的窘況，也提醒學院在這個主題上，本土深度研究的必要。而由臺北市立動物園自行出版的著作中，一九九三年出版的王光平園長（一九七三～一九九二年在職）紀念專輯與二〇〇六年出版的遷園二十年紀念專輯[23]是兩本重要史料著作，前者收入王光平對該園園史與經營理念的文章，以及相關友人的回憶文；

後者是官方編史，可了解戰後臺北動物園基本沿革，可惜關於日本統治時期的內容仍屬空白。

由於近代臺灣的動物園成立於日本殖民統治時期，部分日本的研究成果與本書關係較密切，這些文獻有的出版時間較早，性質介於研究與史料間。如東京都於一九八二年出版的《上野動物園百年史》，[24]包括本編及資料編兩大巨冊，本編分期敘述該園的建制、經營、頓挫與發展的沿革，可謂鉅細靡遺，附錄列出該園與日本動物園的年表，資料編別冊則收錄相關原始資料，是了解上野動物園歷史及日本動物園史必要的參考著作。臺灣的動物園與上野動物園之間具有交流關係，因此本書極具參考價值。其他關於日本動物園的歷史或研究，多由曾任或現任園長執筆，探討動物園的歷史與功能、動物園的動物觀、日本動物園與國際動物園的比較、未來動物園的構想等，可作為本書參考。[25]以上各著作因係由動物園經營者寫史，雖有內部資料之便，但多從機構組織功能出發，較無法有動物文化史的多元文化視角，字裡行間也較缺乏反思的空間。其實遊客及外部觀點對於動物園歷史也是不可或缺的，秋山正美的作品就是以個人回憶為起點，查考相關歷史文獻後，針對戰爭時期動物園屠殺猛獸政策提出沿革整理與批判，[26]由於「猛獸處分政策」在戰爭末期也在同屬日本帝國的臺灣實施，因此值得本書比較參考。家永真幸從外交史的角度研究動物園明星動物貓熊，深入探討二十世紀以來動物被國籍化的問題，是動物研究與傳統政治外交史結合的好案例，也是動物園的動物國家化以及國際交流面貌的實證。[27]

中國方面，動物園史研究在二十世紀之前似較缺乏，隨著生態保育日漸受到重視，許多二十一世紀之後出現的成果，站在動物園的保育、教育功能，對動物園經營宗旨的未來性有較多期許，但較忽略過去動物園休閒娛樂功能的歷史過程。相關科系學院的碩博士論文，在這方面研究中具有最大的發展潛力，如東北林業大學從野生動植物保護與利用的專業角度出發，碩博士生常以管理經營為題進行研究，並旁及中國的動物園歷史。舉例而言，左斌在二〇〇六年以〈中國野生動物園建設與管理評價體系研究〉為題，針對一九九三年建立的中國第一家野生動物園——深圳野生動物園進行研究。作者認為，中國尚處於野生動物園發展的初級階段，對野生動物園的內涵、功能等缺乏深刻的認識，因此在野生動物園的建設與發展上，欠缺全面客觀的評價。[28]魏婉紅的論文則分析已建成的北京野生動物園和擬建的江西資溪華南虎園，比較兩者在設計理念、棲息地建設、景區建設、動物生存條件上的差異，由此說明中國野生動物園的發展已進入準野生動物園的新階段。[29]大致而言，動物園扮演的保育、教育功能是本世紀動物園最重要的價值，也成為研究調查的重點。[30]關於單一動物園的園史，具動物園工作者背景的楊小燕編著《北京動物園志》，提供該首都動物園的基本沿革發展史。[31]然而就學術的質與量而言，在動物文化史的角度下，對中國動物園歷史的整體研究仍有待努力。

歐美方面，動物園相關的研究成果多出現於二十世紀末、二十一世紀初，除談歷史外，也注意現狀及關心動物園何去何從的問題，呈現多方面的角度。綜言之，內容包括以下幾種方向：著重動物園制度、社會與經濟的面向，解釋動物園建制的沿革；偏重功能的角度，分析動物園對人類的意義；注意其主要行動者思想的影響；重視動物園反映出的符號象徵意義，特別是人對自然的態度；強調其帝國/殖民地關係的權力宰制問題；關心保育及動物權的價值，從而在歷史敘述中展現未來動物園的理想型。這些書寫角度，對本書的寫作很有啟發。以下再分論之。

著重動物園制度、社會與經濟的面向，解釋動物園建制的沿革；或偏重功能的角度，分析動物園對人類的意義者，目前的研究成果都以歐美或全球的動物園為對象，常不僅只研究單一的動物園，並且多由國際間的作者合作，以百科全書式呈現。許多研究都是基於動物對人的意義（功能取向）而展開，如二〇〇一年出版、由維農・基斯林（Vernon N. Kisling）主編的書，貫串古今探討有關動物園與水族館的歷史，重建人們從蒐集動物到創立花園式動物園的過程，這本書可以說是全球五大洲動物園的百科全書，提供各個動物園的創建經營史，首章依年代綜述近代之前蒐集與展示動物的歷史，之後各章則依國別討論各國的動物園史。[32]二〇〇二年，凱薩琳・貝爾（Catharine E. Bell）主編了三冊動物園百科全書，[33]囊括一百四十六家主要的動物園（各自的歷史、設備、住民），也把動物園的重要動物、人物、組織、展覽及計畫納入，蒐錄許多相關照片，是研究時很好的參考資料。同在二〇〇二年出版的埃里克・巴拉泰（Eric Baratay）與伊麗莎白・阿杜安・菲吉耶（Elisabeth Hardouin-Fugier）合寫的著作，則以近代西方（指歐美）動物園的發展為重心，探討十六到二十世紀，人們把蒐藏熱、控制需要、嚮往大自然等不同的時代特色反映到動物園，藉此重現現代動物園在歐洲的起源及改變。[34]

有別於上述兩書的取徑，尼格爾・羅特費爾斯（Nigel Rothfels）從十九世紀末、二十世紀初德國動物商與動物園經營者卡爾・哈根貝克著手，說明因其思想上的創新，使現代動物園採用新的「自然分隔」方式，讓動物（及人種）的公開展示走向更接近人對自然的想像，作者闡明了動物園的經營受到企業家深遠的影響，而不是以環境條件為主要關鍵。[35]

伊麗莎白・韓森（Elizabeth Hanson）以美國動物園為題，探討動物園與城市生活關係、相關人物與動物，處理動物貿易變遷、蒐集動物的海外考察活動、自然景觀陳設的改變，最後談到一九八〇年代後的新方向，是既能呈現區域特色又具有全球潮流視野的研究。[36]

早期水族館多附屬於動物園，目前許多國際組織仍是兩者的結合，都是人們馴養及展示其他動物的場所，在文化歷史上亦有不少共通之處。有關水族館的歷史，二十世紀末美國學者蘇珊・戴維斯（Susan Davis）曾研究美國南加州的海洋世界（Sea World），分析主題樂園產業，著眼於城市空間的私有化、廣告與娛樂教育結合的現象，她認為當代的商業文化充分利用了自然與動物的形象，並且據以回應消費者對於自然前景的憂心，也滿足他們對環境、家庭關係以及教育的關懷。[37]

法律史研究者伊魯斯・布拉弗曼（Irus Braverman）則關注一九七〇年代以後動物園的巨大改變，亦即重視全球動物園及水族館的聯結，以保育與教育為強調的目標。他從法律看動物園在空間規劃、動物分類、命名、登錄、追蹤、分配以及全球的資訊庫建立，談動物園的標準化管理，對動物繁殖量的控制、計量動物的生死，也就是將討論的問題從展示的層面，帶往動物生死管理規範問題。[38]

如前述，二十世紀末以來，關於動物園的角色及其未來走向，是動物園史研究的重要議題，以下舉兩個美國的例子。薇琪・柯羅珂（Vicki Croke）以美國動物園的實際運作，指出動物園在傳統的飼養與展示功能之外，被賦予保育與復育的責任。[39]大衛・漢考克斯（David Hancocks）的作品亦站在批評的立場，對於現代動物園的未來有更多的期許。[40]同樣關注未來理想型動物園的，是日本的渡邊守雄等人，他們於二〇〇〇年出版的作品，從動物園作為一個媒介象徵談起，批評人類創造了動物園成為動物的痛苦深淵，以滿足人類的私欲；其次從歷史面討論日本人與動物園的關係，涵蓋動物園史與動物觀；第三部分則指出，未來日本動物園應朝向作為地方社會的媒介及都市資訊設施兩個方向發展。[41]

以上動物園歷史的研究，可以看到現代動物園的保育概念已強烈影響到動物園史的研究方向，而以跨區的全球視野為主流。包括動物作為貿易媒介等企業資本對象的經濟效益，各國動物園的發展誠然深受國際影響，但另一方面，地域社會對國際潮流的回應，其實也是政治社會文化史上值得注意的面向，這正是本書得以著力的地方。

（三）博覽會、博物館的歷史研究

圓山動物園的前史與博覽會及博物館相關，因此本書有參考相關研究的必要。在博覽會／博物館的研究上，余慧君以大清國設立的「萬牲（生）園」為例，分析其複合式的動物園、博物館等功能，在既有的皇家儀式上如何操作「現代化自然」，[42]除此之外，目前似較少針對動物展示提出分析者，但已有學者觀察了人種展示的例子（詳下文戴麗娟研究部分）。對於博覽會研究的全盤評估，則有呂紹理從殖民帝國的權力、空間、分類與行動者等面向，分析博覽會複雜的社會文化意涵。依其對博覽會研究成果的分析，有的學者（吉田光邦）認為博覽會對於明治日本欲推動的「殖產興業」、「富國強兵」和「文明開化」等主要價值的傳遞，具有極為深遠的影響；也有學者（吉見俊哉）將展示視為知識分類與規訓的場域，近代博覽會建立在這些基礎上，並且是帝國主義、消費社會與大眾娛樂三者的結合；而中文學界的研究，如呂紹理、古偉瀛、馬敏、趙祐志、鄭梓、王正華的作品及若干碩士論文，勾勒出博覽會的生產與技術交流或促進貿易的功能，並呈現民族主義與主權等如何視覺化表述，陳芳明也從文學研究領域，指陳博覽會展示了「假面的現代性」，造成國族認同的焦慮來源。[43]以上這些面向，對於本書在概念上有所啟發，可思考動物園的設立與日本明治政府要傳遞的主要價值有何關聯？動物園的存在，在帝國主義上有何知識分類、規訓或權力意涵？與消費社會的關係為何？大眾娛樂／休閒功能在動物園中有什麼具體作用？動物園呈現何種貿易方面的意義？有沒有現代性的色彩？

其次，呂著中將與動物展示有關的臺灣總督府博物館研究，放在「觀看文化的興趣與浸透」一章，依照典藏臺灣的脈絡，視其為表達「異國情調」及殖民者對殖民地知識馴化的手段，認為博物館的展示呈現出以日本文明為核心的觀點。[44]此一觀點似與上段提及的日本政府要傳達的主要價值相關，對本書研究方向的啟發，仍屬於帝國權力的層面。

戴麗娟的作品同樣考量展示在知識傳播上的作用，她以一個十九世紀人種展示的例子，分析馬戲團、解剖室及博物館間構成的知識網絡。亦即受到自然史作法的影響，博物館既是資料蒐藏的所在地，也是資料分析和出產的中心，助長了類型標本化，並與學界、娛樂界（馬戲團）及官方相互推波助瀾，形成殖民時期對土著人種的刻板印象。[45]這篇文章提示，在觀察殖民統治的權力關係時，不能只注意到單一因素，也要觀察不同團體之間的網絡關係。因此我們亦想明瞭：動物園的展示是否也如同個案中的博物館與馬戲團等場所，構組了殖民統治中知識傳播的網絡關係。

另一項與博覽會及博物館歷史相關的研究，是高島春雄的作品。他基於對動物自然史與被展示的異國動物的興趣，自二次大戰末期開始研究異國動物傳入日本的歷史。他以不同的動物種類為分別，談其進入日本前後的歷史，討論江戶時期物產會、明治維新後的博覽會活動，以及動物園的故事。[46]這本著作偏重物種交流史，深受博物學研究影響，書中觸及臺灣動物園猩猩及山豬的歷史，有些資料今已不易得見，故可說是介於史料與研究之間的作品。

此外與博物學或自然史相關的作品中，筆者曾整理清代方志中臺灣動物的記載，認為方志關於動物的記載，主要是由物與人的關係出發，強調該物對國家、社會、人群的親疏關係、實用性及對人的意義，因此不只是重視此物之實然、生態及分布等狀況，甚至加上該物之應然（符合人類價值判斷的行為）的記載，突顯了人的優越性及主體意識；並認為鹿等動物在臺灣與人們的生活關係較密切。[47]此文的動物觀及人與動物的關係，對於近代臺灣的觀看展示動物，提供了心理背景的資料。

以上有關展覽或表演的相關研究，博覽會及博物館方面忽略了活體動物的飼養與展示，也缺乏與動物園相關的歷史淵源或互動關係，都是可再加努力之處。

（四）動物表演、馬戲團的研究

雖然動物表演問題的分析脈絡與動物園史並不一定相同，但圓山動物園的前史與日本的馬戲團史有密切關係。圓山動物園在戰前有動物表演的傳統，戰後也曾長期以動物表演招徠遊客，而影響該園早期經營至深的蔡清枝，其經歷與日本馬戲團有密切的淵源，因此本書有必要參考動物表演相關歷史研究。

臺灣最早的馬戲團表演，應是始於清治的一八九二年，當時臺灣民眾尚無付費觀賞馬戲演出的觀念，因此曾動用官方力量來維持秩序，許雪姬的著作中曾談及此一經過。[48]至於日本的馬戲團史研究中，以阿久根巖的作品[49]對本書最有啟發，他從劇場史、常民娛樂史的角度，以分期系列研究，層層剖析，對於日本傳統民俗技藝表演如何轉化為西方近代的馬戲團有詳細的爬梳。其中專章探討大竹娘曲馬團、矢野巡迴動物園，以及包括臺灣在內的海外巡演活動，都是重建臺灣馬戲團表演史的重要參考，有些團體後來甚至直接參與了臺灣官方成立動物園的過程。

另外，郭憲偉及筆者皆曾涉獵臺灣馬戲團表演的歷史，注意到動物表演的跨國、跨區域文化交流現象，這也是整體動物園研究中不能忽視的方向。[50] 筆者從近代臺灣馬戲團表演史，得知日本的馬戲團透過對臺灣社會組織的動員，而能在日本帝國邊陲臺灣展開巡迴表演；唯因表演內容未和當地社會文化結合，無法在臺灣生根；但臺灣社會對馬戲團表演仍留下種種動物觀看記憶，可以與後來民眾對常設的臺北動物園的記憶相互比較。此外，筆者也曾以大象為例，探討近代臺灣民間對象的觀看——官方如何購象、運用象以及在教育上如何詮釋象，試圖了解動物與國家和社會的關係，是動物園明星動物的相關著作。[51]

騎馬運動與賽馬活動自日治時期起在臺灣發展，圓山動物園曾與民間社團合作推廣馬術。已有研究者從體育的角度觸及這段歷史的相關組織，尤其是武德會對馬術的推廣，[52] 但關於馬的境遇以及人與馬之間的關係，似可以再深入探索。

韋明鏵對動物表演的研究是以動物馴化史及文化藝術史兩個層面為基礎，並認為這個主題也是人與動物的關係史。[53] 他勾勒出動物表演中野性、競技等各方面的趣味，認為動物表演喚起人們的想像力，但也面臨文明進展中動物福利的道德要求。其思考的角度，對本書中觀眾對動物表演的接受與反思有所啟發。

以上動物表演相關著作雖已處理動物園的前史——馬戲、馬戲團，但有關動物園內的動物表演，以及與市民娛樂、休閒消費文化間的關係，還有待探討。

（五）動物福利與動物權的研究

從時間上觀察，動物權利運動在臺灣的發展是解嚴以後的事，與圓山動物園的歷史較沒有直接的關聯，但動物園的動物處境仍涉及動物福利問題，其中動物遭受虐待的情形甚至不少見，這些問題並不是始自戰後，而是動物園成立之後即須面對的。雖然動物權利運動早期反對的重點在於動物實驗、狩獵或工廠化農場的問題，並不以動物園為主要觀察對象，但是相關團體對社會中動物權利或福利的提倡，以及研究者對人類的物種歧視史的反思，對於動物園的活動也有一定程度的影響（如後來取消動物表演）。

在動物福利或權利的觀念下，某些國家立法對動物園的經營及管理加以限制，例如一九二〇年代英國通過表演物法規，一九八〇年代通過動物園管理法等。臺灣雖然沒有直接制定動物園的法令，但思考動物相關法規和動物園的關係，也是值得嘗試的途徑。

臺灣學界關心動物文化或動物保護歷史者中，李鑑慧從基督教傳統、大眾自然史文化等，探尋英國維多利亞時期推動動物保護運動的背景；[54]黃宗慧、黃宗潔則從文學、社會風尚、電影探討動物保護議題；[55]賴淑卿研究一九三〇年代中國大陸呂碧城對西方動物保護思想的引介，與佛教不殺生的觀點有關。[56]此外賴淑卿也針對戰後臺灣，研究一九六〇年代農業社會的背景下，經濟改革的過程中，政府對動物保護宣導的推動措施；亦曾研究一九六〇到一九八〇年代，臺灣有關國外保護動物觀念的引介與發展。[57]筆者也曾探討受到英美動物保護運動影響的西洋傳教士言論、臺灣動物保護會等觀念傳播與社團建立過程。[58]這些動保歷史研究，對本書理解動物園受到的挑戰與轉變過程，有相當的啟發。

而圓山動物園中舉行的動物慰靈祭，也與日本的軍馬祭或佛教的不殺生觀有關。在前述的「人與動物的日本史」中，中村生雄與三浦佑之曾就「信仰中的動物」編列專著，從神話、宗教、政治軍事、環境與動物權等各個層面進行探討。[59]這部分的著作，對於本書討論圓山動物園的慰靈祭，以及園中擬傳播的生命教育思想所傳達出的自然觀、動物觀，具有參考的價值。

承上，軍馬、軍犬、軍鴿等戰爭中運用動物的歷史，與圓山動物園的活動也有關。目前臺灣史中關於馬和戰爭的相關研究，有許雪姬、戴振豐的作品可參考。[60]許著討論清帝國在臺灣養馬的經過，戴著談日本帝國為了戰爭而進行的愛護動物紀念日活動，對於本書處理的動物與政治的關係有所啟發。戴振豐另撰有臺灣賽馬沿革研究，[61]則是動物與近代民間娛樂活動的相關研究。在這些研究基礎上，本書希望更關注人與動物間的互動關係，尤其動物生命的問題，愛護動物的觀念有無被提起以及如何被提起？遊客怎樣觀看動物？動物園中有沒有討論過動物虐待問題？

（六）環境史與自然書寫的研究

環境史是有關自然在人類生活中的角色與地位的研究，一九七〇年代末主要由美國興起，與反思工業革命的宰制型價值典範對自然環境的破壞有關。[62]動物也是自然的一部分，動物園的存在要有野生動物支撐，涉及狩獵、飼育等馴化自然的相關問題，有關生態觀與荒野運動的發展、法令的變遷、動物貿易者與環境保護者等各種社會勢力的角力，均與動物園歷史相關。[63]

從思想淵源來說，十九世紀起英美已有動物保護運動與環境保育的思考，圓山動物園設立於二十世紀初，從創立起到木柵時期的轉型，經營者本身對動物的理念，與當時大環境對環境問題的思考、有無保育觀念的萌芽，應是動物園歷史中不能忽略的議題。又如夏元瑜等與動物園有工作往來的民間人士，較早在臺灣（約於一九七〇年代）提出動物保育問題，對動物園的演變應有影響。這一類涉及環境史的觀念提倡與現實發展，應是觀察動物園歷史中的人與自然關係最根本性的視角。

唯目前筆者掌握到的環境史書目尚屬有限。過去常是動物園中不可或缺的大象相關研究，即有伊懋可（Mark Elvin）的作品可資參考，另如蘇庫瑪（Sukumar）對印度象的生態與人文的歷史研究，對本書處理動物園的動物與原棲息地關係等亦有所助益。[64]

動物園的創設與當時博物學的發展有關，自然書寫的研究為這方面提供大量參考文獻，尤以跨足自然科學與史學範圍的自然史、自然志，可以幫助我們明瞭當時的動物蒐集與知識建構，這也是當時圈養繁殖野生動物的重要依賴。劉克襄、吳永華、楊南郡對於西方人士或日本博物學家與臺灣博物學的研究做了不少整理與翻譯，[65]而范發迪（Fa-ti Fan）有關清代在華英國博物學家的研究，對於了解文化接觸區（contact zone）或邊境地區（borderlands）——例如商埠——的文化遭遇，尤其是科學活動（包括動植物的採集方式與知識流布）的社會條件，均很有助益。該書在談狩獵問題與博物學的關係時，特別提出狩獵、採集、帝國主義與動物園的密切相關。[66]

從以上分析，可知雖然在展覽會及博物館史、動物表演史、動物權與動物文化史、環境史中的動物研究裡，已有不少涉及動物園的面向，相關概念與方法都可資參考，但對於近代臺灣動物園（一九一五～一九八六）的整體個案研究，尚有深入探討的空間。本書將在動物文化史的概念下，從民間生活、國家、戰爭、環境與動物的關係出發，分析近代臺灣圈養動物的多重意涵，從動物園作為人與動物之間的隱喻著手，透過時間的移轉，觀察帝國對殖民地的文明展示及教化、遊客的創造性想像、動物從城市消費文化對象轉化為必須尊重的生命的過程。也可以說，國家將所謂的「野獸」置入城市「文明」中，成為其教化工具，而後則是逐漸調整其動物觀，甚至攬鏡自照反省殘酷的意義，重思文明與野獸的邊界。這個過程可能不是線性發展，而是重層、累積的現象，也受到時局變動，有相應的波動。而跨越戰前與戰後，長時間的架構，是欲藉此比較前後不同主政者處理動物園的異同。

在分析的工具中，筆者也擬借用前述英國研究自然與環境的社會學家辛科利夫（Steve Hinchliffe）的「自然展演說」，亦即「非人類」（non-humans）在自然歷史中充滿活力與動態，「自然」可能深受人類社會影響，甚至成為依存人類的「殖民地」，但它們也可能與社會相互展演，相輔相成，因此當一方愈活躍時，另一方也會被帶動，亦即自然與人類社會具有共同創造的關係，所以不能僅用人類中心主義來解釋關於自然的文化史，也要注意自然地理學中社會、環境與生態的角色。[67]

本書在研究視野上，也想嘗試關注動物作為一種生命與人之間的各種文化交錯現象，因此設法在章節中加入對於動物之愛、動物處分（實即殺戮）、慰靈祭、保護與虐待、生死展示等主題，希望能從情感面探究動物園內的動物與人之間複雜的關係，另一方面也顯示其背後人們的動物觀。

三、資料

本書的研究步驟是先調查文獻資料，之後到臺北動物園閱讀該園所藏檔案（以戰後為主）、考察報告、圖書、剪報，酌予進行部分訪談，最後才整理資料並撰寫。

資料方面，從臺北市立動物園訪察得知，戰後的檔案大約自一九七一年起保存較為完整，可以作為本書重要的參考，同一年代也開始出現較多官方出版品，包括施政概要及統計等年度報告，均是寶貴的分析素材。而戰前官方文書檔案，除總督府公文類纂中少量蒐藏外，本書主要將以期刊，尤其是報紙的報導為主，在仔細考證其內容並審慎引用下，配合官方出版品，重現圓山動物園的歷史。官方出版品中，圖書館藏有一九二四年至一九四一年的臺北州及臺北市的統計書（並已數位化），其中詳列臺北動物園歷年的動物數、入園人數、門票收入與動物園預算額，是很好的參考資料。臺北市土木課出版的《臺北市土木要覽》，也就該園的土木硬體設施、開園時間、職員數等列表。《臺灣史料稿本》可補充部分公文書檔案。《臺北市報》則刊載相關法規、每月寄贈之動物狀況、設施招標情形等。一九七〇年代後臺北動物園有定期刊物出版，對於該園的活動及研究取向，提供很好的參考資料。

關於圓山動物園的設置經過，《實業之臺灣》有數篇意見領袖（如臺北中央公會律師伊藤政重）撰寫的文章，其中透露了與官方不同角度的思考，而《新臺灣》期刊同樣提出有深度的批評意見，均是重建臺北動物園歷史很好的參考。《臺灣博物學會會報》及《科學臺灣》（《科學の臺灣》），是臺灣博物學會支持的刊物，可反映博物學界——包括動物學家、人類學家等——對於動物園的看法，其中也有國外動物園或自然科學研究所的報導可資參考。

由於動物常被視為農業資源，因此農業方面的期刊亦有不少相關文章。《臺灣畜產會會報》中有極多動物利用、動物園觀覽後的心得以及動物祭的相關文章。《臺灣農事報》也是類似性質的期刊，有關於動物園的沿革、動物培育及移轉等文章，《臺灣農林新聞》亦屬這類期刊，均有相關文章可參考。

報紙資料中，日治時期的《臺灣日日新報》及戰後的《聯合報》、《中央日報》或臺灣其他部分地區的報紙，由於已數位化，運用上有其便利，其中有不少動物園的報導，雖然零散，但內容豐富，對於重建動物園史有很大的助益，唯使用上須謹慎對照相關紀錄，務求不流於盲從。

動物園在戰前、戰後都被列為文教功能的社會事業或休閒勝地，因此在教育類期刊，如總督府文教局的《臺灣教育》，便有從社會教育出發談論動物園的文章。又如旅遊雜誌《旅行與運輸》（《旅と運輸》）、《臺灣鐵道》、《臺灣自動車界》等，均有動物園的旅遊資訊。

動物園的重要觀覽者是小孩及帶著小孩前去的成人，包括婦人在內，因此《臺灣愛國婦人》、《臺灣婦人界》等刊物亦有從遊客角度出發的觀覽動物園相關文章。

最後，目前臺北動物園也開始重視該園的口述歷史，正對資深員工與主要官員、耆宿進行訪談，可作為動物園園史資料的補充與旁證。

四、架構

本書架構分五章討論近代臺灣的動物園史，探索「文明」與「野獸」的互動過程。

第一章為「動物園的文化背景」，擬從圈養家畜以外的動物、利用動物表演與展示動物這三項與動物園最密切相關的特性，來分析人們建構動物園的文化背景。首節從大家族的庭園與田園生活的例子，談民間社會的動物圈養傳統，試圖從人與自然的關係來了解人們喜愛養殖動物的文化因素，從而尋繹人們蒐集野生動物並形成動物園的心理。其次，從馬戲團及巡迴動物園看庶民娛樂中的動物表演問題。再由博覽會中的動物展示，看早期作為物產的動物觀覽活動。

第二章為「國家與動物園」。首先究明國家與動物園的關係，看動物園在日本統治下如何作為文明的象徵，以及動物園與博物館的關係。其次從市政型動物園的角色，探討圓山動物園的經營與管理方式，以及公園與動物園的關係。

第三章處理「戰爭與動物園」。依動物園的經營情況，將戰爭時期（一九三一年起）與戰後初期併談。包括戰時的軍用動物之愛、戰爭末期的猛獸處分政策、慰靈祭的舉行。呈現軍事力量如何牽動動物生命與其處境。

第四章處理「娛樂、教育與動物園」。首節從遊樂園、動物表演與明星動物看動物園的娛樂功能。第二節從動物保護問題、兒童與動物園以及動物生前及死後的展示，來探討動物園的教育功能。

第五章處理「環境與動物園」。首節闡明綜合動物園的原則、動物來源與棲地變化，次節談全球化過程中保育與動物福利的國際趨勢，以及臺北動物園在保育潮流中相關措施和新園的規劃。

本書預期目標有：（一）整理並書寫尚待釐清的臺灣動物園史。（二）透過臺灣動物園歷史的探討，為動物政治文化史的書寫略盡棉薄之力。（三）嘗試在本土研究中與世界史接軌，探索全球化中人與動物關係的臺灣個案意義。（四）在帝國主義的視野中，了解動物園展示的意義。（五）理解動物園與民眾的記憶，兒童與動物園的關係。（六）從動物園的案例，探討臺灣近代史中的動物觀、生命觀、自然觀。（七）從動物園的案例看動物所處的環境與棲地變遷。（八）分析動物園在現代社會的意義與問題。

註釋

1 本書所用的「動物園」係採廣義，亦即泛指所有圈養並展示動物的場所，也包括水族館等種種未使用動物園為名稱者。從歷史的角度來看，「動物園」一詞具有近代意義，是十九世紀才出現的語彙，主要是譯自「zoo」這個英文字，許多歐洲國家後來也廣為採用。「zoo」一詞首先出現於一八二八年開園的倫敦動物園，其動物協會（zoological society）之下的「Zoological Garden」，倫敦市民簡稱為「zoo」，於一八三一年開始被收入《牛津大辭典》。究其字源，譯為「動物花園」或許更為妥適，但二十世紀初以來，中文多意譯為「動物園」，該詞漢字最早見於福澤諭吉的《西洋事情》（一八六六），後被中文借用。而源自法文的「menagerie」，則是另一個指涉動物蒐集場的常用字，其規模常較「zoo」為小，也被認為是現代動物園的前身，偏娛樂功能，較無現代動物園的教育、研究甚至保育等功能；然而也有學者認為這種區別實在若有似無，似是而非。另一個常被用來指稱動物展示場所的是「pavilion」，具有公園或花園中涼亭或閣臺的意義。主要參閱東京都編集，《上野動物園百年史（本編）》（東京：東京都生活文化局広報部都民資料室，一九八二），頁三；以及佐佐木時雄，《動物園の歴史》（東京：講談社，一九八七），頁一一～四四。

2 馬克·貝考夫（Marc Bekoff）著，錢永祥、彭淮棟、陳真等譯，《動物權與動物福利小百科》（臺北：臺灣動物社會研究會，二〇〇二），頁三七二～三七三。《上野動物園百年史（本編）》，頁三、五二八。肖方、楊小燕、杜洋，〈中國的動物園〉，《科普研究》，四：五（總期數二二），二〇〇九年十月，頁七〇。

3 例如賈德·戴蒙（Jared Diamond）引用考古資料，認為臺灣是南島語族的故鄉。臺灣新石器時代的大坌坑文化（約西元前四〇〇〇年），除與中國大陸福建與廣東的文化有關，也與後來的泛太平洋島嶼文化有密切的聯結，南島語族帶著文化包裹——陶器、石器、農作物及家畜等，於西元前三〇〇〇年到達菲律賓，西元前二五〇〇年到達印尼的西里伯斯、婆羅洲北岸、帝汶，西元前二〇〇〇年抵爪哇、蘇門達臘，西元前一六〇〇年到達新幾內亞，之後又進入所羅門群島以東的太平洋，這陣文化擴張到大約西元一〇〇〇年完成，甚至大膽西進，越過印度洋，抵達非洲東岸，殖民馬達加斯加島。賈德．戴蒙著，王道還、廖月娟譯，《槍炮、病菌與鋼鐵》（臺北：時報出版，一九九八），頁三七三～三七六。動物受人為影響而大量減少的例子，可以十七世紀荷蘭人殖民臺灣時期的臺灣梅花鹿為例，詳參江樹生，〈梅花鹿與臺灣早期歷史關係之研究〉（上、下），收入內政部營建署墾丁國家公園管理處，《臺灣梅花鹿復育之研究　七十三年度報告》（屏東：墾丁國家公園管理處，一九八五），頁三～六二、《臺灣梅花鹿復育之研究　七十四年度報告》（屏東：墾丁國家公園管理處，一九八七），頁一～二四。

4 本書所謂臺北圓山動物園，係指設於圓山之臺北動物園，民間長期習慣稱之為圓山動物園，官方偶也採用圓山之名。本書有時亦使用臺北動物園之名，此一稱呼始見於苗圃時期的動物園，其後由於圓山動物園為臺灣主要的動物園，島外常用臺北動物園名之，至一九八六年動物園遷到木柵之後，民間常用木柵動物園稱呼新園，但臺北動物園之名仍同時留存，也就是臺北動物園的名稱，實可指涉官方在三個地點不同時期經營的動物園。在正式名稱上，一九一五年為臺北廳圓山動物園，一九二一年起因地方制度改革中設立臺北市，而名為臺北州臺北市圓山動物園，一九三一年起正式稱為臺北州臺北市動物園。由於行文中常有不同的重點，圓山動物園、臺北圓山動物園或臺北（市）動物園之稱呼都可能在本書出現。

5 關於臺北動物園的創始時間，本書以臺北廳接手之一九一五年為起點，這個年分也是當時日本帝國動物園歷史紀錄中，關於臺北動物園的創始年。之前臺灣博物館於一九一三年設立苗圃小動物場，對公共開放，或有視之為臺北動物園的起始點，但其規模不大。而一九一四年私人所經營的圓山動物園，是以商業營利為目的，源自日本馬戲團的分支事業，性質迥異於公營的公共動物園，本書列為設立背景。

6 參考郭燕婉編，《再造方舟：王園長光平先生紀念專輯》（臺北：臺北市立動物園，一九九三），頁四～八；郭燕婉主編，《方舟二十年：臺北市立動物園園史暨遷園二十週年紀念專刊》（臺北：臺北市立動物園，二〇〇六），頁九〇～九一。

7 此跨越一九八六年之情形，尤以本書第五章二之二的討論為主。

8 臺北圓山動物園成立時，日本帝國內其他四所主要動物園為：上野動物園（一八八二年開園）、京都市立紀念動物園（一九〇三年開園）、大阪市天王寺動物園（一九一五年開園），以及朝鮮京城的李王職昌慶苑（一九〇九年開園）。

9 中文著作中，陳玨曾從新史學的觀點，定位高羅佩（Robert Hans van Gulik）對長臂猿及馬崇拜思想的歷史研究是動物文化史，非屬傳統博物學，而是「跨越動物學、歷史學（history）與文學三個領域」、研究「人與動物關係」的先鋒。這篇論文是中文著作中，較早提出動物文化史概念者。但該文將動物文化史視為物質（material）文化的一部分，忽略動物文化史研究中對動物本身的關注，尤其是動物作為一種生命，是有血有肉、有感覺的生命；陳玨文中亦指出，一九七〇年代張光直對商周器物紋飾的研究探討人與動物關係，也屬於動物文化史。見陳玨，〈高羅佩與「動物文化史」——從「新史學」視野之比較研究〉，《新史學》，二〇：二（二〇〇九年六月），頁一六七～二〇六。

10 Keith Thomas, *Man and the Natural World: Changing Attitudes in England (1500-1800)*, Oxford University Press, 1983.

11 Harriet Ritvo, *The Animal Estate*, Cambridge: Harvard University Press, 1987. 同樣在一九八〇年代，以維多利

亞時期英美人士對動物的態度及觀念為題的研究尚有 James Turner, *Reckoning with the Beast*, Baltimore and London: the Johns Hopkings University Press, 1980。

12 Linda Kalof and Brigitte Resl eds., *A Cultural History of Animals*, Oxford and New York: Berg, 2007.

13 例如尼格爾・羅特費爾斯處理十九世紀末至二十世紀間，動物被運用在娛樂及展示的歷史時，指出有研究者認為動物園的教育及科學角色被誇大，而卡爾・哈根貝克在動物展示上提出劃時代的脫籠檻化設計，則顯示出動物園在滿足人類的好奇心與維護動物自由上有兩難的問題。Nigel Rothfels, How the Caged Bird Sings, Linda Kalof and Brigitte Resl eds., *A Cultural History of Animals: In the Age of Empires*, p.112.

14 編者自稱，未來他也想將人類這種動物納入這套動物系列。目前全系列目錄見瑞科圖書網站：http://www.reaktionbooks.co.uk/series.html?id=1，至二〇二〇年已出版九十八本，而強納森・伯特的編輯構想則參見雜誌《高等教育紀事報評論》（*Chronicle Review*）二〇〇九年十月十八日對他的訪問紀錄：http://chronicle.com/article/Animals-Reconsidered/48803/，二〇一二年八月十三日點閱。出版中譯本的是北京的生活・讀書・新知三聯書店。

15 這套日本動物文化史出版資料如下：西本豐弘編，《人と動物の日本史1　動物の考古学》（東京：吉川弘文館，二〇〇八）；中澤克昭編，《人と動物の日本史2　歴史のなかの動物たち》（東京：吉川弘文館，二〇〇九）；菅豐編，《人と動物の日本史3　動物と現代社会》（東京：吉川弘文館，二〇〇九）；中村生雄、三浦佑之編，《人と動物の日本史4　信仰のなかの動物たち》（東京：吉川弘文館，二〇〇九）。Ian Miller, "Didactic Nature: Exhibiting Nation and Empire at the Ueno Zoological Gardens", *JAPANimals - History and Culture in Japan's Animal Life*, Ann Arbor: University of Michigan, 2005; Aaron Herald Skabelund, *Empire of*

Dogs, Ithaca and London: Cornell University Press, 2011. 另一本具有環境史視野的日本動物文化史則探討北海道狼的歷史：Brett L. Walker, *The Lost Wolves of Japan*, Seattle and London: University of Washington Press, 2005。

16 〈臺灣一頁鳥史：與日本的鳥類往來（一八九六～一九三〇年代）〉，《輔大歷史學報》，二九（二〇一二年九月），頁一一九～一六八；〈被遺忘的動物文化史：從日本之狼到臺灣百步蛇〉，《嘉義大學通識學報》，十二（二〇一五年十一月），頁一〇七～一三七；〈殖民地臺灣的家犬觀念與野犬撲殺〉，《中正歷史學刊》，二一（二〇一八年十二月），頁三一～七一。

17 潘美玲，〈吳郭魚的在地化歷程：養殖技術、商品行銷與生態風險〉（臺北：世新大學社會發展研究所碩士論文，二〇一一）。

18 陳懷宇，《動物與中古政治宗教秩序》（上海：上海古籍出版社，二〇一二）。

19 徐聖凱，《臺北市立動物園百年史》（臺北：臺北市立動物園，二〇一四）。

20 張夢瑞，《動物園趣話》（臺北：宇宙光出版社，一九八五）。他也在亞洲象林旺與馬蘭過世後，為兩者寫了傳記，張夢瑞，《林旺與馬蘭的故事》（臺北：聯經出版公司，二〇〇三）。

21 例如，陳柔縉，《臺灣西方文明初體驗》（臺北：麥田出版，二〇〇五）。

22 陳柔縉，〈臺北動物園一頁臺灣史〉，《聯合報》，二〇一〇年二月二十八日，版A19／民意論壇。關於圓山動物園創立者的討論，陳柔縉否定傳統一九一四年日人大江氏創立私人動物園之說，而採由來自日本的大竹娘曲馬團（即後來的馬戲團）會主片山竹五郎，在圓山設立定點動物園之說。後來該私人動物園被臺北地方政府收購，並另以矢野動物園的動物豐富蒐藏，而正式成立官營的圓山動物園。據阿久根巖的研究，矢野動物園／曲馬團的動物，有許多購自德國卡爾・哈根貝克家族，由此推想，圓山動物園的成立，其動物來源與當時國際間的動物貿易有關。參考阿久根巖，《サーカス誕生——曲馬團物語》（東京：株式会社ありな書房，一九八八），頁一六二。關於大江氏（大江常四郎）與臺北動物園的關係，本書第二章略論及，大致定位為來自動物見世業、有飼養專長者，於一九一四到一九二〇年間在臺北動物園的前身及該園工作，但他的名字目前尚未在官方職名錄中尋獲。

23 郭燕婉主編，《再造方舟：王園長光平先生紀念專輯》；郭燕婉主編，《方舟二十年：臺北市立動物園園史暨遷園二十週年紀念專刊》。同樣出自臺北動物園高階職員之手的有陳寶忠的著作，陳寶忠，《動物園的故事》（臺北：臺北市立動物園，二〇〇四）等。

24 東京都編集，《上野動物園百年史（本編、資料編）》（東京：東京都生活文化局広報部都民資料室，一九八二）。與此類似的單一動物園史有小菅正夫著，《「旭山動物園」革命》（東京：角川書店，二〇〇六），以及小菅正夫等著，《戦う動物園——旭山動物園と到津の森公園の物語》（東京：中央公論新社，二〇〇六），但旭山經驗強調更多經營理念的思考，目的不在重現動物園歷史，而且是屬於園長等私人撰述，其詳贍不如東京都的官方出版品。

25 佐佐木時雄，《動物園の歴史》（東京：講談社，一九八七），這本著作早在一九七二年寫成，是日本動物園史的先驅之作，作者因病停筆，病故後由其子佐佐木拓二修改文稿，一九七七年在西田書店首次刊行，十年後再改由講談社出版。另有其他著作：淺倉繁春，《動物園と私》（東京：海游舍，一九九四年初版）；小宮輝之，《物語　上野動物園の歴史》（東京：中央公論新社，二〇一〇）。亦有水族館館長撰寫之水族館歷史作品：堀由紀子，《水族館のはなし》（東京：岩波書店，一九九八）。

26 秋山正美，《動物園の昭和史》（東京：株式会社データハウス，一九九五）。

27 家永真幸，《パンダ外交》（東京：株式会社メディアファクトリー，二〇一一）。

28 左斌，〈中國野生動物園建設與管理評價體系研究〉（東北林業大學博士野生動植物保護與利用專業論文，二〇〇六）。

29 魏婉紅，〈我國野生動物園的發展定位思考〉（北京林業大學碩士野生動植物保護與利用專業論文，二〇〇六）。

30 田秀華等，〈中國動物園保護教育現狀分析〉，《野生動物雜誌》，二八：六，二〇〇七年六月。

31 楊小燕，《北京動物園志》（北京：中國林業出版社，二〇〇二）。

32 Vernon N. Kisling Jr. ed, *Zoo and Aquarium History: Ancient Animal Collections To Zoological Gardens*, CRC Press, 2001.

33 Catharine E. Bell ed., *Encyclopedia of the World's Zoos*, Chicago & London: Fitzroy Dearborn, 2002.

34 Eric Baratay & Elisabeth Hardouin-Fugier, *Zoo: A History of Zoological Gardens in the West*, London: Reaktion Books. 2002. 此書已有中譯本可參考：喬江濤譯，《動物園的歷史》（臺中：好讀出版公司，二〇〇七），但其中有多處專有名詞等譯文待商榷（如 menagerie, zoological garden 等之譯法在各處不一致）。

35 Nigel Rothfels, *Savages and Beasts: The Birth of the Modern Zoo (Animals, History, Culture)*, Baltimore ; London: Johns Hopkins University Press, 2002.

36 Elizabeth Hanson, *Animal Attractions: nature on display in American zoos*, New Jersey: Princeton University Press, 2002.

37 Susan Davis, *Spectacular Nature:Corporate Culture and the Sea World Experience*, Berkeley, CA: University of

California Press, 1997.

38 參閱其論文：Irus Braverman, Looking at Zoos, *Cultural Studies*, 2011.10, http://papers.ssrn.com/sol3/papers.cfm?abstract_id=1956705，二〇一二年八月十六日點閱。另該作者已出版動物園相關專書：Irus Braverman *Zooland: The Institution of Captivity (Cultural Lives of Law)*, New York: Standford Law Books, 2012。

39 Vicki Croke, *Modern Ark: The Story of Zoos: Past, Present & Future*, Simon & Schuster Inc, 1997. 此書已有中譯本可參考：薇琪・柯羅珂著，林秀梅譯，《新動物園——在荒野與城市中漂泊的現代方舟》（臺北：胡桃木公司，二〇〇三）。

40 David Hancocks, *A different nature: the paradoxical world of zoos and their uncertain future*, Berkeley ; London: University of California Press, 2001.

41 渡邊守雄等，《動物園というメディア》（東京：青弓社，二〇〇〇）。

42 余慧君，〈從皇家靈囿到萬生園——大清帝國的動物收藏與展示〉，《新史學》，二九：一，二〇一八年三月。

43 呂紹理，《展示臺灣：權力、空間與殖民統治的形象表述》（臺北：麥田出版，二〇〇五），頁二五～四六。

44 同前註，頁二九九～三〇〇。

45 戴麗娟，〈馬戲團、解剖室、博物館——黑色維納斯在法蘭西帝國〉，收入李尚仁主編，《帝國與現代醫學》（臺北：聯經出版公司，二〇〇八）。

46 高島春雄，《動物渡來物語》（東京：株式会社学風書院，一九五五）。

47 鄭麗榕，〈清代臺灣方志中的動物記載〉，收入胡春惠、唐啟華主編，《兩岸三地歷史學研究生研討會論文選集》（臺北：政治大學歷史系，二〇〇九），頁二六五～二八〇。

48 許雪姬，〈邵友濂與臺灣新政〉，收入中央研究院近代史研究所編，《清季自強運動研討會論文集》（臺北：中央研究院近代史研究所，一九八八）。

49 主要有三本作品：阿久根巖，《サーカスの歴史——見世物小屋から近代サーカスへ》（東京：西田書店，一九七七）、《曲乗り渡出し始末帖》（東京：創樹社，一九八一）、《サーカス誕生——曲馬團物語》（東京：株式会社ありな書房，一九八八）。

50 郭憲偉，〈臺灣戰後雜技表演之發展研究（一九四五～二〇〇六）〉（臺南：國立臺南大學體育學系碩士班，二〇〇八）；鄭麗榕，〈跨海演出：近代臺灣的馬戲團表演史（一九〇〇～一九四〇年代）〉，《國立中央大學人文學報》，四三（二〇一〇年七月）。

51 鄭麗榕，〈帝國印「象」：殖民地臺灣的動物與政治〉，「二〇一一臺灣史青年學者國際研討會」，二〇一一年三月二十七日發表。

52 如林玫君，〈回頭看臺灣體育史〉，《國民體育季刊》，二八：三（一九九九年九月）；林丁國，〈觀念、組織與實踐：日治時期臺灣體育運動之發展（一八九五～一九三七）〉（臺北：國立政治大學歷史系博士論文，二〇〇九）。

53 韋明鏵，《動物表演史》（濟南：山東畫報出版社，二〇〇五）。

54 李鑑慧，〈十九世紀英國動物保護運動與基督教傳統〉，《新史學》，二〇：一（二〇〇九年三月）；李鑑慧，〈英國十九世紀動物保護運動與大眾自然史文化〉，《成大歷史學報》，三八（二〇一〇年六月）。

55 黃宗慧，〈劉克襄《野狗之丘》的動保意義初探：以德希達之動物觀為參照起點〉，《中外文學》，三七：

一（二〇〇八年三月）；黃宗慧，〈愛美有理、奢華無罪？：從臺灣社會的皮草時尚風談自戀、誘惑與享受〉，《臺灣社會研究季刊》，六五（二〇〇七年三月）；黃宗慧，《以動物為鏡：十二堂人與動物的關係的生命思辨課》（臺北：啟動文化，二〇一八）。黃宗潔，《牠鄉何處？城市．動物與文學》（臺北：新學林，二〇一七）；黃宗潔，《倫理的臉：當代藝術與華文小說中的動物符號》（臺北：新學林，二〇一八）。

56 賴淑卿，〈呂碧城對西方保護動物運動的傳介——以《歐美之光》為中心的探討〉，《國史館館刊》，二三（二〇一〇年三月）。

57 賴淑卿，〈一九六〇年代臺灣推動保護動物社會教育探析〉，二〇〇九年十二月二十八日國史館第一八八次學術討論會論文摘要，《國史館館訊》，四（二〇一〇年六月），頁二二九。賴淑卿，〈一九六〇～八〇年代臺灣有關國外保護動物觀念的引介及發展〉，二〇一〇年十二月二十四日國史館第二〇九次學術討論會論文，未刊稿。其他中文著作或譯作，與動保相關作品者，如北京的中國政法大學二〇〇五年出版、莽萍主編的「護生文叢」系列，收錄了八本鼓吹動物福利與動物權的作品，基於尊重生命的價值，從哲學與宗教、法規等角度，探討綠色生活、動物福利、動物權利、自然保護等主題。鼓吹動物解放的彼得．辛格也對人主宰一切的觀念進行歷史的探討，並予以嚴厲的譴責，參見氏著，孟祥森、錢永祥譯，《動物解放》（臺北：關懷生命協會，一九九六），頁三一九～三六四。《動物權與動物福利小百科》（臺北：臺灣動物社會研究會，二〇〇二）中，亦有不少詞條與動物園的歷史相關。

58 鄭麗榕，〈「體恤禽獸」：近代臺灣對動物保護運動的傳介及社團創始〉，《臺灣風物》，六一：四（二〇一一年十二月）。

59 中村生雄、三浦佑之編，《人と動物の日本史4　信仰のなかの動物たち》（東京：吉川弘文館，二〇〇九）。

60 許雪姬，〈臺灣的馬兵〉，《臺灣風物》，三二：二（一九八二年六月）。戴振豐，〈日治時期臺灣「建國祭愛馬行進」、「愛馬日」及「軍馬祭」的形成與進行（一九三六～一九四五）〉，《政大史粹》，六（二〇〇四年六月），頁六一～九四。

61 戴振豐，〈日治時期臺灣賽馬的沿革〉，《臺灣歷史學會會訊》，一六（二〇〇三年五月），頁一～一七。

62 曾華璧，〈釋析十七世紀荷蘭據臺時期的環境探索與自然資源利用〉，《臺灣史研究》，一八：一（二〇一一年三月），頁三。

63 實際的案例研究如：William Beinart & Peter Coates, *Environment and History: the Taming of Nature in the USA and South Africa*, Routledge, 1995。

64 Mark Elvin, *The Retreat of the Elephants: an environmental history of China*, New Haven & London: Yale University Press, 2004. 美國唐納德．休斯（J. Donald Hughes）所著《什麼是環境史》（*What is Envionmental History?*）一書中，在討論地區、國別和地方環境史中，列有一些與動物相關的書目。參見中譯本：休斯著，梅雪芹譯，《什麼是環境史》（北京：北京大學出版社，二〇〇八）。R. Sukumar, *The Asian Elephant: ecology and management*, Cambridge: the University of Cambridge, 1992 paper edition. 而江樹生對鹿的研究，其實也呈現了動物研究中，環境史、政治史與社會經濟史的多方位角度。江樹生，〈梅花鹿與臺灣早期歷史關係之研究〉，《臺灣梅花鹿復育之研究．七十三年度報告》（屏東：內政部營建署墾丁國家公園管理處，一九八五），頁三～六二；江樹生，〈梅花鹿與臺灣早期歷史關係之研究（續）〉，《臺灣梅花鹿復育之研究．七十四年度報告》（屏東：內政部營建署墾丁國家公園管理處，一九八七），頁二～二四，以上兩文主要討論十七世紀前後，臺灣大員附近村社，原住民與鹿的關係、鹿貨外銷日本或中國市場的情形、荷蘭人的殖民與獵鹿政策變革等，實際涉及的動物不僅限於梅花鹿，還包括水鹿等其他鹿種，作者詳盡整理了十七世紀前後的荷蘭與中文文獻，以動物為媒介描寫了當時東亞的國際交流情形。

65 可參考吳明益對自然書寫的歷史方面的整理：吳明益，《臺灣現代自然書寫的探索一九八〇～二〇〇二：以書寫解放自然 BOOK1》（新北市：夏日出版，遠足文化發行，二〇一二），頁一二三～二〇七。

66 范發迪（Fa-ti Fan）著，袁劍譯，《清代在華的英國博物學家：科學、帝國與文化遭遇》（北京：中國人民大學出版社，二〇一一）。

67 辛科利夫（Steve Hinchliffe）著，盧姿麟譯，《自然地理學：社會、環境與生態》（臺北：韋伯文化公司，二〇〇九）。

第一章

動物園的文化背景

本章擬探討官方正式設立圓山動物園前後，近代臺灣社會有關動物圈養、動物表演及動物展示的文化背景。這些文化背景不一定因為動物園的成立而消失，有些甚至到今天都還留有其餘韻。

一、動物圈養

「（我父親林烈堂）下南洋時，途經麻六甲等地，因為我四叔澄堂喜歡動物，所以我父親曾隨船買了許多動物，如猴、孔雀，以及熱帶花草植物種子……。」

——許雪姬編著，許雪姬、王美雪記錄，〈林垂凱先生訪問紀錄〉，《中縣口述歷史第五輯．霧峰林家相關人物訪談紀錄——頂厝篇》（臺中：臺中縣立文化中心，一九九八），頁三六。

（一）人與自然關係理想的寄託

以休閒、教育及科學研究三項目的為方向的近代動物園，出現在十八世紀末及十九世紀上半葉的歐洲，並傳入美國及包括亞洲在內的其他地方。此與各地城市及工業化的發展有關，許多人口集中的都市在這段時期都設立了公立動物園。也因此，探尋近代動物園的早期淵源時，多朝向城市生活相關議題思考，如馬戲團的動物表演史、博物館的自然展示史、公園的市民休閒史。然而，如果關注動物園的核心問題，亦即對珍稀動物的圈養、展示與研究的歷史過程，則我們也可以在城市之外的民間田園生活，找到動物園歷史的文化背景，特別是富豪權貴者的動物養殖、馴化的文化。本節首先討論近代臺灣民間田園生活有關圈養動物的文化現象，以下兩節再分別談馬戲團的動物表演史、博覽會的自然（含動物）展示史，而博物館的展示與公園的市民休閒功能和動物園的關係，則在下一章有關政府的角色中再處理。

人類對動物的養殖與馴化有長遠的歷史，動物如何從野生狀態被納入人類社會，之後在人類社會扮演何種角色，人們如何馴養、繁殖與傳布動物，以及兩者交會後對雙方產生的影響，凡此相關的文化史都極為複雜多樣，其中所顯現的人對包括動物在內的自然所採取的態度與所產生的影響，尤其值得關注。在此研究動機下，本書嘗試以近代臺灣兩個大家族——板橋林家與霧峰林家——田園生活中的動物圈養為例，從人與自然的關係著眼，思索養殖動物行為在近代臺灣的文化意涵。

本書所謂田園生活，是指包括園林及農場的生活。園林（或稱庭園）與農場的功能有相當的差異，園林本為休憩、觀賞、狩獵的空間，而農地則是提供食物來源的場地。但從近代臺灣大家族的實際生活來觀察，以動物圈養為媒介的休閒及營生活動，兩者的功能有不少交集會通之處，也都足以反映人們對自然的想像與雕琢。

大家族往往擁有豐厚的財力與人脈網絡，包括動植物在內的自然造物，都是彰顯大家族成員特殊生活品味的媒介。歷史上，在精緻的園林文化還沒有發展出來前，皇室貴族的園囿中，動物已和植物一樣在人們的生活裡佔有一定的位置。依《詩經》的記載，周文王時代經營的靈臺育有豐富的生命：「經始靈臺，經之營之，庶民攻之，不日成之，經始勿亟，庶民子來。王在靈囿，麀鹿攸伏，麀鹿濯濯，白鳥翯翯，王在靈沼，於牣魚躍。」[1] 這個帝王貴冑的園囿，養育著母鹿、白鳥及充滿活力的魚族等，安置在花木扶疏以及經過人為設計安排的山水景致中。這也是後來園林的精神，亦即以這個人造的空間，作為人類想像、構築人與自然理想關係的實踐，其表現方式與哲學具有地區的差異，除亭臺樓閣廊徑橋舫等人文景觀外，花木鳥獸山石池渠等自然景觀往往是其中不可或缺的內涵，動物與植物都在此一擬似的自然中佔有一席之地。

討論中國式園林最有名的著作——計成寫於一六三四年（明崇禎七年）的《園冶》一書，運用大部分的篇幅談園中屋宇欄杆門窗等興造，最終結束於「借景」的主題，亦即人類基於尊重自然的精神，與山水風月、花草魚鳥等「外物」產生共鳴，而動物即是其中的一環。以作者計成書中的文字舉例言之，理想的園林實踐，還要加上使用者在行為上、心理上與包括動植物等大自然的溝通，其中動物的部分如：「捲簾邀燕子」、「林蔭出鶯歌」、「觀魚濠上」、「聆賞蟲草鳴幽」、「寓目一行白鷺」、「風鴉幾樹夕陽」、「寒雁數聲殘月」。這些賞玩與觀看，都不強調建築的富麗堂皇與人工斧鑿，至多在假山中興造一個魚池或魚缸養魚，基本上是把人的情感融入自然景觀內，而人和自然同時保持一種自由感。[2]

然而這種與自然相互尊重、完全放任的理想，在實際的民間田園生活中，並不容易實踐，在動物養殖與馴化上，人為的介入痕跡尤深。這反映出人們對動物一直以來的看法，也就是人對包括動物在內的大自然，多從以人為主體的角度出發。筆者曾研究傳統方志關於動物的記載，從對動物的記錄方式，觀察到方志中的動物書寫所流露的動物觀，是從該動物與人的關係出發，強調其與國家、社會、人群的親疏關係、實用性及對人的意義，因此動物書寫主要放在物產志中，不只是重視此物之實然、生態及分布等狀況，甚至加上該物之應然的記載，這也是昆蟲學者朱耀沂所謂的「人為分類法」。[3]一八六〇年代臺灣開港後，許多傳教士、冒險家及博物學者在蒐集、記錄臺灣動植物的同時，利用十八世紀以來林內（Carl Linnaeus）等人所奠基的生物分類法，以新興的博物學（自然史）觀點重新對臺灣的動物進行研究與分類。無論如何，以人類為主體的位置似乎改變不多。[4]在人們形塑自然、詮釋自然的歷史中，除了博物學的面向外，在實際的民間生活裡，有關動物的養殖、展示與研究，呈現出何種文化史的意涵？下文擬以板橋林家及霧峰林家為例，從人與自然關係的面向思考。除了臺灣家族史研究的作品外，本書亦參考吳明益對於臺灣自然書寫的研究，尤其是有關劉大任園林觀的分析。[5]而關於近代人與動物關係的部分，本書受惠於哈莉特．里特沃對動物觀的研究；對於大家族中養殖的動物來源涉及的跨區域中動物流通情形，本書參考了普塔克（Roderich Ptak）有關亞洲動植物貿易流通的研究。[6]至於運用的資料，本書倚重不少日記記載與部分口述資料，除了傳教士馬偕（George Leslie Mackay）的日記外，中央研究院臺灣史研究所解讀的霧峰林家幾種珍貴的私人日記，有不少民間生活史材料，對於民間動物養殖的理解很有幫助。

（二）板橋林家園邸與動物飼育

首先舉的例子是北臺灣板橋林家園邸的生活文化，動物的飼育雖然不是其中的焦點，但往往成為主人與賓客的賞玩之物，其中也有深刻的文化背景。板橋林家園邸是一所江南式園林，不是臺灣最早的園林，[7]不過向被視為清末臺灣最重要的園林，是當時臺灣首富林本源家族財富與事業達於高峰的象徵。[8]落成的年代是一八九三年，可能在一八七〇年代即已著手修築。園邸完成才兩年，就遇到改朝換代，園邸的主人林維源內渡廈門，後來遷到小島鼓

圖 1-1　位於臺北郊外的板橋林本源宅邸。（資料來源：《臺灣紹介最新寫真集》，1931 年。國立臺灣圖書館典藏）

浪嶼，晚年閉門讀書，以文會友，詩酒自娛，同時以「賞玩鵪鶉為樂」。[9]家族中三房留在臺灣管理家產，仍在商場活躍，園邸盛況依舊。該園自興築後，就成為林家結交達官貴人的公共交遊空間，不論在清末或是日本統治時期，都有不少名人前往，並逐步開放公眾觀賞。[10]園中榕池大蔭旁有釣魚磯，是典型的水邊休閒娛樂，除此之外，也養殖了數種觀賞用的魚、鳥，而特別注意到這些動物的，是一位有博物學素養的訪客。

以下我們就利用這位訪客的記載來了解林家園邸中飼養動物的情形。[11]加拿大宣教師馬偕於清末一八七一年抵達臺灣，在北部開拓教會。一八八四年清法戰爭之後，他正式取得傳教許可，並獲得臺灣巡撫劉銘傳、地方官吏及士紳的支持。他本人對博物學很關心，自己在家中設立博物館，也常採集、記錄並分類臺灣的動植物，他的作品《臺灣遙寄》（*From Far Formosa*，或譯《臺灣六記》、《福爾摩沙記事》）等，有相當篇幅及專章談臺灣的動物。這種對自然史的興趣，在其他傳教士身上也偶爾可見，事實上是與其宗教信仰緊密結合。因為他們深信人與自然都是上帝所創造，上帝掌理一切，了解自然也是了解上帝的偉大，因此渴求自然的知識，並勤於向學生及信徒教導，包括《聖經》中的動物學、生物學。

一八八七年十月二十九日，馬偕赴板橋林家花園參觀長達三小時。其實這並不是他第一次到訪林家，因為他曾提及自己首次來到板橋林家時見到三百名士兵在守衛。這次訪問較為特別的是，他在日記裡詳細記錄了於園邸中所看到的動植物種類與數目。其中關於動物的部分計有：四隻鹿（馬偕特別形容牠們是「美麗的」）、一隻鸚鵡、一隻蝙蝠、兩隻孔雀、兩隻白鴿、很多在大魚池的金魚。這些動物的記載旁邊，是關於花園內的房舍、鐘、中國及外國形式的燈、橋、戲臺、水池等設施的數字，以及廚師、僕役、學堂的師生人數，當然，更為詳細的紀錄是關於園邸中豐富的樹木（二十六種）與花（十九種）的種類。[12] 其中鸚鵡及蝙蝠是單獨飼養的，與現代式動物園常會公母成對圈養不一樣，可能是這些動物不易取得或是養育後有死亡折損所致。

上述這些動物出現在花木扶疏的林家花園，其實並不是偶然。[13] 牠們在中國傳統文化中，或多或少都代表吉祥的意義。[14]例如蝙蝠與「福」同音，是福氣祥瑞的象徵；鹿與「祿」同音，意謂官位，而福祿雙全是中國人對幸福的標準，比喻升官發財、又富又貴的境遇。孔雀在佛教文化中是神鳥，原產地為古印度支那、馬來西亞及爪哇，蒙古西征之前，中國人即有飼養孔雀的長遠歷史，在繪畫與印刷品中經常出現孔雀的主題，清代官帽上也有孔雀羽毛（花翎）象徵其位階，官服的補服圖案中，孔雀是三品文官的象徵，具有崇高的意涵。[15]此外，鸚鵡能言，受庶民大眾所喜愛，鴿代表信使，前者尤其是中國傳統中常見的海外珍奇。學者普塔克曾借布勞岱（Bernard Braudel）地中海的研究概念用於亞洲海洋史研究，他以「海上絲路」為主題，談中世紀晚期與近代早期南中國海與東中國海的物品流通，尤其是有關植物與動物的部分，這些動植物雖不如白銀等受到重視，卻與當時港口商埠人們的生活較有關係。其中，明代如鄭和等具海外經驗者，對外蒐集的稀有鳥類包括鴕鳥、食火雞、鸚鵡、孔雀等，特別是鸚鵡在中國東南沿海一帶有長遠的歷史，自明末清初即常透過船運輸入中國。[16]板橋林家園林中的若干動物，事實上也附屬於這個文化系統。

而關於金魚的養殖，如前述，在中國造園中，金魚池本來就是不可或缺的一項，是富貴人家喜好的園林一景，金魚養殖的歷史在中國也淵遠流長。[17]然而在清末臺灣，金魚養殖尚局限於豪紳之家，在民間猶未產業化成為庶民風潮。臺灣民間社會廣泛興起觀賞魚文化，甚至發展出觀賞魚產業，則與近代的因素緊密扣連。事實上，十九世紀以還，正是世界上金魚養殖技術劇烈變化的時代，在中國及日本尤其興盛，也是走向庶民之家的重要階段。[18]臺灣自一九一〇年代起，開始流行把金魚養在玻璃缸後，金魚不但是玩物，也變成社交饋贈之禮，愛好者開始組織同好會，定期進行品種的觀賞評比與交流，在技術上互相砥礪。由於臺灣的溫度較日本高，在培育新種上所需的時間較短，有其優勢。一九一六年在臺灣舉行的共進會（一種博覽會）中有金魚的展出，其品種產地與市場已具備國際走向，除臺灣一地外，亦受到東京與美國等養殖者與營業者關心注目，可說金魚文化已逐漸走向全球產業化。[19]一九〇八到一九二四年間在臺灣總督府任職的魚類專家大島正滿，[20]也是一九一〇年代臺灣的動物園成立過程中重要的指導專家，對近代臺灣的動物行政有實質的參與及影響，他在一九三〇年代出版《動物物語》時，曾以「不可思議」來形容臺灣各地小河川的金魚，描述了寵愛金魚者對這種鬥志旺盛的觀賞魚的細膩觀察，也為臺灣的金魚文化留下見證。[21]

綜合上述清末板橋林家園邸的動物文化，基本上屬於原有的中國文化圈的動物玩賞養殖型態，結合傳統中國文化中園林造景等概念，將動物當成園林文化中的一景。雖然如此，這些動物也有跨國、跨區域的背景，部分來自東南亞等其他地區，經由海上絲路的物種交流方式輸入。當臺灣於一八九五年進入日本統治時期，原有的動物賞玩文化除了中國因素，又逐漸加入日本這個媒介，受到當時日本勢力圈的相關國際交流影響，有關這種新的動物圈養文化走向，以下就從霧峰林家的田園生活來討論。

（三）霧峰林家與動物養殖

霧峰林家祖先在十八世紀中期，清乾隆年間渡海來臺，發展成為臺灣中部的大地主，和板橋林家同屬臺灣五大家族之一。在地理位置上，霧峰在臺中南端，與南投、彰化相鄰，地近原住民區域（即所謂「蕃地」）。因為地理位置的關係，為了防衛需要，早期霧峰林家家族有習武的風尚，曾於幾次民變中協助政府，在臺灣及福建建立戰功。他們的發跡除傳統土地開發，也因和政府的合作關係而取得產業利益，包括林朝棟在一八八四年清法戰爭時立下汗馬功勞，又協助臺灣巡撫劉銘傳討伐原住民，因之取得樟腦業的經營權。其宅邸及庭園在清末陸續修築，是臺灣的重要建築群，宅邸附近也經營了別墅，日治時期林資彬更買下今天南投縣國姓鄉水長流一帶的土地一百多甲，招苗栗一帶客家人前往開墾而成良田。這些地方是這個家族經營田園生活的所在，各種動植物也分別飼養或種植在他們的田宅與別墅中。

作為臺灣中部的士紳階級，林氏族人的田園文化結合了田與園的特性，兼有休閒與營生的色彩。一方面，許多家族成員在動植物上都顯出象徵其階級的文化品味，如植物方面，頂厝的林烈堂喜好菊、蘭，堂弟林紀堂也種了大片菊園，[22]這是傳統中國文化中風雅文人的代表植物。而家族婦女也以園藝的興趣彰顯生活品味，如林烈堂妻何美雅好園藝，他的堂弟林獻堂之妻楊水心也使用附有詳細園藝資訊的日記本。除對植物的興趣外，他們也以蒐集與研究動物來突顯其特有的生活品味，表現出與自然的親密關係。而這個家族對動物的關切，比板橋林家成員更積極明顯，所飼養的動物在種類、數量上更多，來源也更廣。另一方面，他們的動植物除了可供玩賞，也同時具有經濟的價值。

霧峰林家成員中，對動物有濃厚興趣者，至少有頂厝的林紀堂、林澄堂、林垂芳以及下厝的林資彬四人。其中林紀堂本人留有三本日記，雖然僅是殘存不足兩年的片斷日記，但其中現身說法他的田園生活，有關花木植栽、動物飼育的活動，從購買、培育紀錄、觀看、運用到研究等，都有詳細的資料。

林紀堂在住家後園及別墅兩處地方經營他的田園生活，僱用花丁（園丁）及養鹿人等協助處理動植物事務。別墅可能位於今日的頤圃，此地原被拿來充當穀倉及客房，一九〇六年時林紀堂整理作為嬉遊偃息之地，名之曰「頤圃」，遍植菊花，也放置了各種動物，稱為「動物場」、「養蜂所」。[23]日記中提及他飼養的動物有蜂、白花七面鳥（七面鳥為日文，火雞之意）、[24]玉燕鳥、蠶、麋鹿、火雞、珠雞、斑紋錦雞、白鷺、山猿等。他個人對動植物的熱情關注，除寄寓其處世閒情外，也涉及頻繁的對外社交，同好間相互切磋知識，甚至旁及食用、藥用及經濟利益，顯示主人在園子裡營造自然、馴化自然、觀察自然，不僅能獨享幽靜世界，也可呼朋引伴以廣交遊。

上述動物中，蜂、蠶、鹿都是經濟性的養殖。蜂蜜向來被當成食用藥物，非常貴重，日本統治臺灣之前，臺地的漢人及原住民族都已有養蜂之舉，但是大多採自然野放方式，沒有運用進步的設備，離蜜的技術尚有改善空間，也沒有把蜂蜜拿來作藥用以外的食物。可是因為臺灣的風土氣候適宜養蜂，各地都廣為飼養，日治以後，養蜂技術大為提升，集中於嘉南地區。[25]霧峰雖不是最盛行的地方，但是林紀堂對養蜂很用心，會透過在東京的代理人採買養蜂器（可能是蜂箱），[26]即使他的技術還在摸索期，對新買的設備使用不熟悉，[27]但是他不但與其他養蜂人交流飼養經驗，也請教專業養蜂師，並且選擇好的改良蜂，蜂王品質之佳甚至成為農會人員覬覦的對象。[28]養蠶的部分，林紀堂是被動式地經營，只有極少量試驗。[29]鹿的飼養也是他在一九一五年才開始的新嘗試，但是他很投入，每天都去看鹿的成長，謹慎選擇養鹿人，並且觀摩其他養鹿人的作法，事實上，臺灣中部——尤其南投的養鹿事業，在技術及規模上都屬臺灣數一數二的地區。作為一名廣擁田產的地主，林紀堂並沒有把這些動物的養殖當成重要的經濟事業，而只是他生活中的嗜好，也是社交的工具。從他一面養鹿，一面仍如昔添購鹿鞭、鹿茸來看，他的養鹿就經濟的角度而言，連自給都不足。[30]而他購買的鹿隻數量亦不多，包括兩隻雄鹿、一隻小鹿等，後來是因為朋友贈送才有了母鹿，顯然一開始就沒有大量繁殖的野心。

火雞的養殖，也顯示這種不計經濟效益的玩家性質。他從臺中買回試養，不時把成功繁殖的火雞和所生的雞蛋餽贈親朋好友。對他來說，養育及繁殖的意義是「甚為有趣耳」，主要在於趣味，可以「玩賞」。[31]但也因為是新手，可能養殖技術待改進之處多，所以被犬隻咬傷致死或天候不合等情況，都會造成動物陸續死亡。[32]此外他也會到其他養殖者處觀摩改良，以求進步。他並不是把動物當成寵物養，賞玩動物的同時，也會消費及食用這些動物，但他投注極多的時間在動物身上，幾乎每日都會散步到別墅去觀看。

這些蒐集到的動植物來源，許多是就近從臺中的日本商號買來，而這些商號也是林紀堂獲得動物飼養知識的重要場所，他從那裡聆聽並親自觀摩養育的方法。他也偶爾透過在日本東京的代理人柯秋潔，從當地購買動物圖譜及新品種，[33]雖然仍屬實務面，但將眼界擴及東京，顯然對技術的改進有強烈研究心。事實上，當時臺灣與日本「內地」之間動植物的交流往來情形，除了從日本到臺灣，也有很多是從臺灣到日本，如東京及大阪的剝製標本店中總有許多來自臺灣的動物標本，而在一九二〇及三〇年代，東京、大阪及橫濱的寵物店中，亦展示著許多臺灣的鳴禽，如畫眉、檀鳥等，以供出售。[34]

關於養殖技術的改進，值得一提的是農會的角色。林紀堂也會到農會試驗場觀摩學習，參觀其中的動植物以及農會所舉辦的品評會，[35]他從東京購買來的斑紋錦雞也曾被農會出借，參加一九一六年的共進會展出。農會有新到的動植物品種，如鯉魚苗、雞種及金魚等，也會主動告知林紀堂，詢問他養殖的意願，他則會前往觀覽。[36]亦即在動物養殖上，林紀堂雖是業餘愛好者，但與農會保持密切聯繫，對新品種的取得及養殖技術的改善，都盡量向專業人員取經。上述臺中商號、農會與東京的動物來源，呈現林紀堂對日本動物養殖市場及技術上的依賴，雖然他也熟讀傳統中國詩書，而中國博物學的寶庫是在本草學的脈絡中，但林紀堂顯然並不排斥吸收透過日本傳入的西方動物知識。

除此之外，霧峰林家成員也會利用出洋機會採購異國珍奇。由於該家族在土地事業外也從事商貿投資，隨著經濟活動的開拓，事業跨出臺灣，到達日本內地、華南及東南亞（即當時通稱的「南洋」）等地，旅程中也適時蒐集動植物以豐富其收藏。以林烈堂為例，他在一九一〇年代初期親自到東南亞考察，走訪麻六甲等地尋找投資的可能時，因親弟林澄堂很喜愛動物，就藉商務考察之旅，在南洋港埠買了許多異國的動植物，包括猴、孔雀，以及南洋特有的熱帶花草植物種子。但回程在海上卻遭遇大風浪，船長為減輕船隻負荷，下令將動物扔到海中。[37]歷史上，東南亞（尤其是此地區中的主要港埠，如今日的新加坡等）在動物貿易中的角色不容忽視，十九世紀中葉起，由於帝國主義下的殖民地官員、探險家與狩獵者的到訪，東南亞成為動物貿易興盛之地，也是重要的動物輸出地區。通商大埠向來就是「文化接觸區」，尤其對外貿易口岸，更是所謂「交叉的世界」，往往是異國風商品匯聚的地方，動物在這裡也成為一種商品。[38]因此，霧峰林家在南洋購買動物，其實也部分程度反映當時動物貿易的縮影。

這些家族成員間不但在動物品種上互通有無，對動物的養殖也互相觀摩交流，例如林澄堂曾與其他兄弟去參觀林紀堂所養的玉燕鳥生雛，之後林紀堂也特意去看林澄堂所養的各種動物。[39]

霧峰林家中還有成員對野生動物很有興趣，例如林烈堂三子林垂芳也養有多種鳥類，並對鳥類有所研究，能維妙維肖模仿各類鳴叫。[40]林資彬是與林獻堂出身不同房（下厝）的子侄輩，在日治時期人士鑑中，林資彬登錄的嗜好是騎馬與狩獵，一九三七年時他登記擁有三把獵銃，是個備有獵具的獵人。他位於水長流（今南投縣國姓鄉）的別墅中養了鹿、兔、鴿、白孔雀、小綠鸚等鳥類以及馬匹，並在池塘中飼養草魚。而林獻堂日記中多次記載家族成員去看競馬（即賽馬），總是有林資彬的身影在。清末代臺灣民間社會雖不流行以養馬為樂，但在豪紳之家不乏養馬前例，如一八七〇年代，在西螺的李龍溪養了匹心愛的白馬，後來因為其子放任白馬踩踏盜食他人農田出產，此事遂演變成三姓械鬥的導火線。[41]不過大致而言，早期私人養馬者有限，日治期間隨著軍政官方有意提倡，民間愛馬者才逐漸大增，臺灣許多城市組織了乘馬會以推廣馬事，富者輒擁有專屬愛馬，即使雅好詩文者也難以自外於此風潮，這種愛馬的風氣到戰爭期間依舊維持不衰。[42]

林資彬的水長流別莊佔地廣闊，作為田園生活空間，活動內容較霧峰宅邸與庭園更為豐富，水長流的別墅裡除了有稻田、林地外，飼育動物、開設糖廍、進行狩獵等，村家生活多角度自由發展，主人林資彬則悠遊其中。客人來時，他捕食魚池草魚大者五、六斤，命人取來料理下酒；採收所養鹿隻「長已盈尺」的鹿茸，使工人縛而剪之，浸以莫蘭池酒（即白蘭地酒），作為補氣血之物；宰獐（一種大鹿）、網魚，盛設午餐。[43]在這片天地間，經濟性農作物也有生產，林獻堂去參觀過其中的舊式糖廍，食蔗與軟糖，同時也去看庭園之花鳥。主人林資彬也會從水長流別墅特別持雞蛋、蜜柑，回霧峰相贈長輩。[44]綜言之，田園生活退可以從城市的塵囂中隱遁，進可以作為社交場域，而動物與植物都在其中扮演了重要的媒介。[45]

二、動物表演

在分遣隊後面的練兵場一角，架設出臨時的小屋，高掛起空中飛人和節目曲藝的看板。由馬或大象等等動物浩蕩揭幕，場內人山人海，人氣滿滿。開幕當天，馬戲團一行以樂隊為先導，引領動物遊街，表演持續一個月。

——埔里尋常高等小學校「むつみ」特集號編集委員會，《異鄉の街（ポーレーシャ）》（日本山梨縣甲府市：埔里尋常高等小學校「むつみ」特集號編集委員會，一九八二），頁六三[46]

（一）傳統雜耍與小動物表演

近代臺灣第一個公營動物園的成立，與馬戲團及巡迴動物園（traveling menagerie）有密切的關係，至少直接與大竹娘曲馬會及矢野動物園這兩個兼營動物表演及動物展示的組織相關。首先是大竹娘曲馬會會主片山竹五郎於一九一四年在圓山設立定點動物園，不久由臺北廳承接購買，將總督府博物館苗圃內的動物移來，並透過矢野動物園（巡迴動物園兼馬戲團）加購動物，豐富其早期動物蒐藏。無論是動物園成立前史，或成立後的營運史，都涉及動物表演的歷史。由於巡迴動物園的動物展示與馬戲團動物表演兩者系出同源，有共生的關係，許多博覽會也邀請他們設攤，以動物展示與動物表演作為餘興節目。有關動物展示與近代動物園的關係，將在下一節討論，本節主要說明動物被運用在娛樂表演的歷史。

動物表演是人們的節慶式歡娛，能滿足觀眾的想像與願望；愈不可思議、愈罕見的演出，就愈能體現人類觀奇的心理。[47]這些表演都是靠密集的練習與訓練形塑出來的。早期的動物訓練技巧都是代代相傳，往往以棍棒、皮鞭及食物作為訓練工具。二十世紀新能源——電被大幅利用後，動物的訓練工具，除皮鞭與棍棒外，還新加入電流的處罰。[48]十九世紀末、二十世紀初，德國著名的動物園經營者卡爾·哈根貝克宣稱他發明了「新而不殘酷」的訓練方法：主張用愛、親切、毅力及紀律對待動物，在訓練動物表演時多多稱讚，少用（並非不用）鞭子，並善用食物，讓動物自己喜歡為人要把戲。[49]他的表演與宣言，試圖滿足人們對人與動物和諧關係的伊甸園式理想，想像有一天人和動物間，以及所有動物之間，都不再有弱肉強食、完全和平共處。[50]實際上在卡爾·哈根貝克提出此說後幾十年，於哈根貝克家族馬戲團表演中，仍可看到馴獸師帶著皮鞭指揮動物表演。[51]而卡爾．哈根貝克的門徒及為他工作過的馴獸師威廉．費拉德菲亞（William Philadelphia）所提出的動物訓練法，仍然是揮舞棍棒，而要領則在令動物心生畏懼：「野獸並不害怕身體疼痛，它們怕的是某種模糊、未知、既不能理解又無法應對的強大力量……不是用什麼個人魅力，也不是天生比別人英勇……不過是某一個人通過孜孜不倦的耐性，最終在獅子眼中把自己塑造成了宇宙中強大而無所不能的力量，讓牠們心懷惶恐並俯首稱臣。」[52]這種威嚇式的訓練，可以說是雜耍與馬戲團驅使動物進行表演的典型作法。[53]現代動物園真正較普遍運用人道訓練法訓練動物，反而不是為了動物表演，主要是用在動物醫療等用途，而這已是較晚近的事；事實上，許多地方至今仍存在著戲謔動物的娛樂而受到批評。[54]

不同地區、不同時期都存在著利用動物表演的歷史。在巡迴動物園與西方式馬戲團表演引進臺灣之前，臺灣民間社會已有零星的動物表演及江湖雜耍娛樂，文化來源主要是中國大陸，這與臺灣的漢人移民有密切關係，表演者所使用的動物多是鄉野小動物或農村易見者，少見十九世紀後馬戲團透過跨國、跨洲的動物貿易取得的猛獸類大動物。據研究者稱，中國的傳統動物表演有地域上的差異，如清代文人所記：「燕齊之俗鬥雞，吳越之俗鬥蟋蟀……金華人獨喜鬥牛。」這些以動物相鬥來取樂人類的活動，常與賭博相關（戰後臺灣曾流行的賽鴿亦有異曲同工之性質），而鬥雞走狗者並不被視為入流。但另一方面，卻也有俚語集中將動物表演看作是人類推行教化之效：「何不看那猴子尚且教能作戲，狗子尚且教能踏碓，老鼠教能跳圈，八哥教能吟詩，可見禽獸尚能教通人事，何況他是個人。」[55]充分顯現說話者相對於動物自居文明一方的優越心態。雜耍的演出，除賣藥郎中帶猴子表演以招徠觀眾，不定期巡遊四方外，一般會配合傳統農業社會生活節奏，如秋收之後，農閒期間，耍猴戲的人帶著猴子、狗，牽著羊，敲鑼穿街過巷，小孩看了就去央請父母把耍猴戲的人請到家中表演，演出「沐猴而冠」、翻筋斗、倒打鞦韆、轉十字竿、猴兒坐狗車或騎老綿羊等戲碼。上述是訓練動物模仿人的行為。此外，由人模仿動物、扮起猴戲，更是中國傳統文化中屢見不鮮的，據說唐憲宗好觀「獲雜」（如同今日雜技），崑曲與平劇中有不少猴戲段落；另還有周代以假猴作「棘猴」表演，可能是後世傀儡戲的元祖，都是動物引發人們靈感的例子。[56]

就雜耍表演而言，臺灣傳統社會有「弄樓」（或稱「弄鐃」）的習俗，是喪家在三旬（即查某囝旬）時，為亡者做完一日或二、三日的「功德」後，請人來做「弄樓」，也就是類似技藝表演，以扮雜耍的方式來沖淡喪家哀傷的氣氛。這類表演係附屬於喪禮行事中，為宗教文化活動，與公眾休閒娛樂的馬戲團表演有相當的差異。

動物表演常被利用為節慶娛樂，在這個功能之下，也與其他不同文化來源的展示及表演活動，一起被有意地包容進各種政治社會儀式裡。以下是發生在官衙新建築落成典禮的例子，日治時期身任保正的水竹居主人張麗俊，曾在一九二〇年代，於豐原郡役所落成時見到「生猴戲」表演，這次表演並與展覽會、來自日本的曲馬戲（即馬戲團表演）以及傳統子弟戲等活動同時舉行。事實上，就如傳統雜耍常配合農業社會的生活節奏進行，馬戲團也常在年節或重要假期等節慶期間，到各城鎮的常民空間內巡演。[57]

張麗俊所見雜耍裡的生猴戲，主角可能是由臺灣常見的獼猴扮演。猴子和人類同屬靈長類，聰明活潑，自古以來猴戲廣受民眾歡迎。中國大陸的猴戲常見三種動物混合演出：由猴與狗、羊同場表演，以猴取代人類的角色，讓牠演出犁田（以犬代牛）、跑馬（以羊易馬）戲碼。這類動物的聯合表演，在臺灣民俗節慶中有沒有出現？從有限的資料並無法得知細部情形，但在一九一〇年代於臺南舉行的共進會餘興節目裡，仍可見到猴子與狗同臺，表演場地是在傳統的牛畜市場——牛墟，這是臺灣中南部農村社會重要的獸力交易場所，也是與民間經濟生活密切相關的空間。日治之後到十九世紀末、二十世紀初，牛墟多已成為地方公共事業，由街庄長選定墟長管理，[58]在這個農村重要的生活空間裡，人們在官方策劃的共進會展覽活動，熱鬧地觀賞狗與猴聯合演出的戲劇，可說是傳統雜耍技藝與社會新事物結合的另一個例子。[59]

動物表演的背後，有一些事實是得到取樂的觀眾無從得知的。像是較易訓練的小猴，如果是由野外捕來，通常要殺去母猴才能順利取得。[60]且猴子也嚮往自由，若非用強迫手段實難以拘束，因此伺機脫逃並不令人意外。《聊齋志異》中記有鄉間猴戲，提及這種故事：「舊有猴人，弄猴於村。猴斷鎖而逸，不可追，入山中數十年，人猶見之。」[61]蒲松齡寫出了動物發揮自性脫離人類控制，也呈現猴戲之類動物表演的另一面。

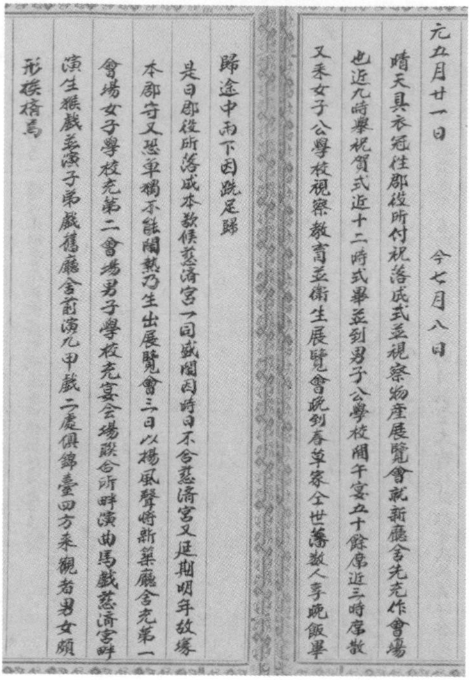
元五月廿一日　今七月八日
晴天具衣冠往郡役所付祝落成式並視察物產展覽會就新廳舍先充作會場
也近九時舉祝賀式近十二時式畢並到男子公學校開午宴五十餘席近三時席散
又乘女子公學校視察教育並衛生展覽會晚到春草家仝世藩數人享晚飯畢
歸途中雨下因跣足歸
是日郡役所落成本欲候慈濟宮一同盛閣因時日不合慈濟宮又延期明年故場
本郡守又恐單獨不能鬧熱乃生出展覽會三日以揚風聲將新築廳舍充第一
會場女子學校充第二會場男子學校充宴会場聯合所畔演由馬戲慈濟宮畔
演生猴戲並演子弟戲舊廳舍前演九甲戲二處俱錦臺四方來觀者男女頗
形擁擠焉

圖 1-2　張麗俊在其《水竹居主人日記》中記述觀覽「生猴戲」表演。（資料來源：《水竹居主人日記》，1928 年 7 月 8 日。中央研究院臺灣史研究所檔案館典藏）

臺灣到一九七〇年代以後，動物表演受到有識者強力批評，終而在公立動物園中逐漸消失，[62]而在這之前，中西式的馬戲仍並存於社會，甚至官方動物園也以動物表演作為吸引遊客的手段（詳參第四章）。以下簡述近代臺灣的馬戲團表演史。

（二）馬戲團與大動物表演

在一九一〇年代定點動物園設立之前，近代臺灣觀看動物的主要來源，除了上述雜耍的小動物外，還是在馬戲團與巡迴動物園中。

回顧歷史，一九一〇年代末到四〇年代初，觀看馬戲團表演，曾是臺灣社會一項休閒娛樂活動。馬戲團的興起背景和商業劇場類似，與當時的都市人口、交通條件、社會經濟發展息息相關。[63]與劇場相較，馬戲團更常進行巡迴表演（即日文的「旅興行」，也就是旅行演出），表演者常在城鎮之間移動，不但跨區，甚至跨國、跨洲，涉及的區域大，也需要更大規模的演員（含大型動物）移動。

臺灣在日本統治時期，主要的馬戲團都來自日本，然而日本並不是近代馬戲團最早的中心。西方近代馬戲團源自英國，菲利浦．艾特雷（Philip Astley）於一七六八年在倫敦創立騎馬學校，之後逐漸傳到法國等歐洲國家，再擴展到美國、俄羅斯等地，[64]傳入日本時，已是元治元年（一八六四）。[65]日本的馬戲團有中國及西方兩個淵源，早期以引入中國的馬戲為主，在奈良時期（七一〇～七九三）傳入了中國的散樂、雜戲。中國自漢代起，歷朝均有關於馬戲與馬舞的記載，其表演與西方的馬戲有所差異，在舞臺設計上也有不同。[66]日本自中國傳入馬戲後，漸形成其自有的馬戲傳統，包括「曲馬」及「輕業」，前者大致指馬藝，後者大致指特技雜耍。這些技藝本來僅在寺社境內表演，不對外演出，直到江戶中期（約十八世紀），才成為對外表演的「興行業」。[67]曲馬及輕業等活動，後來被含括入日本「見世物」文化當中。所謂見世物，大致有三項類別：各種技術與藝能的表演，展示奇人、珍禽、珍獸，以及製作精巧的手工器物。早期見世物都在簡陋的小屋中展示，在江戶末期的嘉永至文久年間（一八四八～一八六三），見世物文化達於極盛，曲藝繁多，道具完備，表演者衣著亦極盡華美。[68]近代以還，日本開國後，於元治元年在橫濱開始有歐美的馬戲團表演。首演團體是美國的李察．里斯利（Richard R. Risley）率領的馬戲團，把大帳篷搭在空地上，表演者及觀眾進入帳篷內，這也是近代馬戲團的基本樣態。[69]日本近代的馬戲團是在上述兩個源流中發展，也就是從中國引進馬戲，發展出曲馬、曲藝、輕業等見世物文化，並演出日本特有的「馬芝居」，也就是馬的戲劇。之後加入歐美的馬戲團表演型態，而成為日本近代馬戲團的內涵。早期（明治中期至大正初年，一八八〇至一九一〇年代）日本馬戲團表演中，傳統的色彩較強，尤其是「馬芝居」，而保有此種特色的馬戲團，有大竹娘曲馬團及金丸馬戲團曾經來臺演出。[70]

其實在日本統治臺灣之前，已曾有西方近代的馬戲團來臺演出。時間是清光緒十八年（一八九二）七月底、八月初，英國的伍迪家族馬戲團（Woodyeens' Circus）到臺北公演，這應是紀錄上臺灣最早的西方馬戲團演出，可能是該團當時亞洲巡迴表演的一站。對臺灣社會而言，這是一次「早到的」表演，當地社會還沒有足夠的條件去接受。新式馬戲團帶進了一種全新的娛樂表演方式：表演者在空地上搭起圍籬（後來改為圓形大帳篷），構成一個封閉的表演空間，在入口處公開對觀眾收費。之前臺灣人最常見的演戲，多是迎神賽會活動，結合宗教及娛樂功能，場所是寺廟前的簡易舞臺，經費來源大多是對信徒的募捐（緣金）或按丁口攤派，甚至由子弟團自願演出，不僅無酬勞，有時還要分攤經費，藉此聯誼並傳承文化。[71]由於清末觀眾沒有現場付費觀賞演出的習慣，因此對於馬戲團在入口處收費極為不滿，一再推倒圍籬，甚而丟擲石塊，衝入場內看白戲。英國領事只得向臺灣巡撫邵友濂求援，巡撫立刻派勇彈壓，使馬戲團能完成演出。[72]到了二十世紀初期，臺灣的商業劇場開始建立付費觀賞表演的習慣，[73]臺灣人也漸迎接馬戲團在臺表演的興盛時期。

依《臺灣日日新報》的報導，從明治四十三年（一九一〇）至昭和十五年（一九四〇）三十年間，計有來自日本本土約二十團、近三十系列的馬戲團表演，平均一年一團次。來臺的時間常在年底，趕上新舊曆春節期間演出。[74]昭和十二年（一九三七）中日戰爭後，報導明顯減少，或許是受到戰時體制影響，演藝消息幾乎絕跡。

各馬戲團名稱，早期常沿用日本傳統的「曲馬團」或「曲藝團」，後來較常使用「馬戲團」，或以英文「circus」的外來語「サーカス」為名。[75]事實上，馬戲團的演出內容是種種表演的結合，除了馬術及其他動物表演外，另有魔術、小丑、自行車或機車特技，加上日本傳統的短劇或見世物展示。

來臺演出的近代馬戲團，起初演出內容較具日本傳統色彩，規模也不大；而運送來臺表演的動物，初期在海上長途旅行後常有死傷，大為影響演出成果，因此並沒有引起太多人的興趣，除了北部，似乎較少到其他地方的城鎮巡迴演出。最早來到臺灣的日本馬戲，是明治四十三年二月，由明石彌藏安排，請山本照太郎等三十多人，在新起街真言宗廣場表演曲藝及曲馬，演出的場所是臨時搭建的簡易小屋。同時市場內有日人福井重吉引入動物展示，六十餘種動物包括：新加坡老虎、印度蛇、熊、袋鼠、駱駝、蝙蝠及猿等，這些動物在此之前於臺灣幾乎都是罕見的，被稱為動物「見世物」，亦即西方的巡迴動物園。[76]而與山本照太郎等幾乎同時來臺的曲馬團，為淺草的江川千吉一座，該團在次年亦再度來訪，表演以「東洋技藝曲馬大會」為名，由「東洋」兩字，可知主要節目是日本的技藝。[77]兩年後，即大正元年（一九一二），於新公園（今二二八公園）簡易建築小屋內演出的曲馬團，仍冠以「東洋」兩字，結合歐美馬戲、自行車特技，加上日本式的特技雜耍，還特別加入浪花節（以三弦琴伴奏的說唱藝術）、義太夫（淨琉璃的唱曲藝術）等日式傳統藝術。[78]

大竹娘曲馬團於大正二年（一九一三）年底來臺，團員七十餘人，是規模較大的團體。該團是日本馬戲團歷史中，從傳統曲馬團走向近代馬戲團的典範之一，其前身為明治二十九年（一八九六）成立於西京（京都）的「西京改良娘．渡邊一座」，以女子（日文的「娘」）表演馬芝居（以馬為工具的表演）為其特色。[79]會主片山竹五郎為第二代，人高馬大，因此有「大竹」的別號。他把表演轉型為結合日本與西方馬術特技的近代馬戲團，在大正二年於淺草揭舉「三國同盟娘曲馬大一座」之名，「三國」是指日本特色的曲馬技藝外，還加入包括清國小孩的特技雜耍，以及美式的獨輪車騎乘等技藝。該團在日表演內容除傳統技藝外，也加入新技，包括大鐵籠內的自行車技術、自行車上雜技、大象及小丑的表演、馬上特技等，來臺巡演是該團海外表演的序曲，在當時人口九萬的臺北大為成功，場場客滿，後來也到臺中、臺南演出。該團並沒有為海外巡迴特別設計節目，特技雜耍部分由於沒有語言障礙，博得臺灣觀眾——包括所謂本島人（漢族移民後代）、「蕃族」（當時用語，指臺灣原住民）——的支持。[80]值得一提的是，以這次來臺表演為契機，大竹娘曲馬團設立了大竹動物部，展示大蛇、鱷魚、羆等，經營附屬動物園，以在各地旅行的方式展出，大正三年（一九一四）大竹的會主片山竹五郎並在臺灣圓山成立動物園，成為次年臺北動物園成立的前身。[81]大竹動物部的動物園與同年兩度來臺的矢野動物園之間的差異，可能在於矢野動物園不但巡迴展示，還加入了「人虎相撲」等動物表演。[82]

大正七年（一九一八）木下馬戲團[83]來臺表演，創造了新的里程碑，帶動一股觀賞風潮，甚至有小學校為了看該團表演而停課，引起爭議。[84]與大竹娘相較，木下馬戲團更具有歐美近代馬戲團色彩，特別是俄羅斯式的技能。大竹娘曲馬團是從日本內地開始發展，而木下則是從日本的「外地」出發，創辦人唯助的叔父矢野岩太在甲午戰爭後，從朝鮮帶回山貓，開始舉行巡迴動物園表演。曾多次到朝鮮、東北，並抵俄羅斯聖彼得堡、莫斯科，經西伯利亞，到滿洲、神戶、上海等地巡迴演出。木下唯助能自行訓練表演動物，在傳統馬藝外加入大象、熊的表演，大型猛獸表演即為該團特色。[85]

木下馬戲團來臺表演約四個月，之後到廈門、福州演出，在華南時因剛好遇到五四運動後激烈的反日運動，兩個月間境況淒慘，因此又折回臺灣表演，到大正九年（一九二〇）才回到日本，前後達一年。[86]在臺巡迴演出的地點，除基隆、臺北乃至於打狗等西部重要城市外，也到東部的宜蘭、臺東，可以說是第一個在臺環島巡迴演出的馬戲團。其演出之所以大獲成功，小學校或公學校、軍事單位等公家機關或共濟會、壯丁團等團體，數百或上千人集體前往觀賞，予以奧援，應是重要原因。該團與演出各地公部門建立良好的關係，[87]常與教育機構和公部門合作，甚至安排「蕃族」觀賞，是後來許多馬戲團表演的模式。不過馬戲團

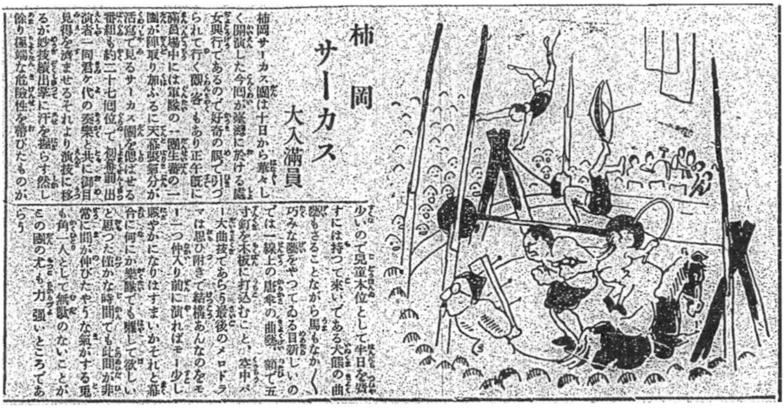
柿岡サーカス大入滿員

柿岡サーカス團は十日から華々しく開演した今回が[illegible]に於ける處女興行であるので好奇の眼で引つけられて行く觀客もあり正午既に滿員場中には軍隊の一團生蕃の一團が陣取り加ふるに天幕張氣分が活寫で見るサーカス團を偲ばせる番組も約二十七個位で初番前出演者一同君ケ代の奏樂と共に御目見得を濟ませるそれより演技に移るが妙技續出掌に汗を握らす然し餘り極端な危險性を帶びたものが少いので兒童本位として半日を費すには持つて來いである犬熊の曲藝もさることながら馬もなかなか巧みな藝をやつてゐる目新しいのでは一線上の唐傘の曲藝、續で五寸釘を木板に打込むこと、空中バー大曲技であらう最後のメロドラマは思ひ附きで結構あんなのをモー一つ仲入り前に演ればモー少し賑やかになりはすまいかそれと幕合に何にか樂隊でも囃して欲しいと思つた位かな時間でも此間が非常に間が伸びたやうな氣がする兎も角一人として無駄のないことがこの團の尤も力強いところであらう

圖 1-3　日本柿岡馬戲團亦曾在臺演出，以技術取勝，現場大為客滿。（資料來源：《臺灣日日新報》，1929 年 3 月 12 日，版 2）

的本質是商業表演，因此仍需適時舉行促銷活動，一九二〇年代的抽籤贈品即為其例。受民眾歡迎的木下馬戲團會舉行這類促銷活動，[88]遭逢不景氣的馬戲團也曾利用過，如大正十四年（一九二五）的神風馬戲團，便擬藉此挽回馬匹、颱風等造成的頹勢。[89]後來其他馬戲團也起而仿效，舉行摸彩，甚至每日贈送自行車（一等票）、白米二斗（二等票）及鬧鐘（三等票）等，以提振人氣。[90]

昭和十四年（一九三九）十一月，澤田大馬戲團（澤田サーカス）來臺演出。報導指出，其馴獸為哈根貝克式，可能係上文所提及的所謂以愛出發的訓練方式。[91]年底及次年初在臺北時，於大稻埕圓公園東的空地（日新町巴士站終點，今天的西門圓環一帶）演出，全團百餘人演出，節目包括特技、舞蹈、大型歌舞、歐美式的魔術、四頭獅子表演、狼、駱駝、英國迷你馬演出、機車與自行車特技、高級馬術等，尤其強調素來僅有歐美人士擅長的馴獅技術亦在表演之列。[92]次年（一九四〇）則改由矢野馬戲團（矢野サーカス）在同地演出，表演節目中較特出的是在鐵骨製圓球內進行機車特技，另有大象跳舞。[93]此外，有來自歐洲的皇家義大利馬戲團，表演呈現較多近代歐洲馬戲團特色，如動物表演，包括熊轉大球，象依命令俯仰並與樂團配合擊鼓，另有「犬之審判」等，加上自行車特技、舞蹈、戲劇及魔術。[94]

大致說來，大正至昭和初年間，日本的馬戲團在進行海外巡演時，除了到朝鮮、滿洲、中國東北外，往往也把臺灣、華南列為其中一站。日本馬戲團在傳統的曲馬、輕業等馬術、特技之外，與歐美、俄羅斯、中國的馬戲團交流，發展出自誇的「東洋第一」、具有「世界」性質的馬戲節目。在頻繁的跨區旅行表演中，沒有語言障礙的技藝特別受到歡迎。但在臺灣，會去看馬戲表演的，除了在臺日本人外，主要還是受過日本教育或與日本統治系統有關係者。事實上，多數臺灣人在馬戲團這個領域，一直都沒有跨過觀眾的角色進一步參與，即使日治時期有一家臺灣馬戲團（臺灣サーカス）於大正十年（一九二一）在臺北成立，亦看不出其中有臺灣本地人的參與。[95]

一九三〇年代以後，日本進入十五年戰爭時期，在戰爭動員的考量下，娛樂業也在政府統制之列，由於動物的飼育及移動費錢費時，馬戲團的巡迴演出空間被壓縮，演出時的新鮮感相對喪失，在一切為軍事的考量下，終走上衰頹萎縮的命運。以矢野馬戲團為例，如前所述，該團早自大正初年即曾來臺舉行矢野巡迴動物園的展示及動物表演，是當時日本國內六家巡迴動物園中最富規模者。大正五年（一九一六）矢野動物園設立第二演藝部，園主為矢野庄太郎，以動物表演為主要方向，最誇口的尤其是猛獸表演，大正七年（一九一八）在淺草演出獅子陪睡、接吻，老虎跳火圈、共餐、走木釘陣，黑豹立人肩，大豹騎車、玩大球，大象走木釘陣等。96

昭和初年，矢野動物園第二部轉型為馬戲團（矢野動物園本部於昭和三年〔一九二八〕解散），以在日本的「外地」巡迴演出為目標，早期在朝鮮、中國東北發展，昭和五年（一九三〇）開始跨足臺灣，大獲成功，因而留在臺灣六年，甚至在此設立本部，以構築發展的基礎。昭和八年（一九三三）哈根貝克馬戲團訪日，造成日本馬戲團熱潮，矢野馬戲團因此在昭和十一年（一九三六）回國，兩年後再到朝鮮、滿洲表演。昭和十四年（一九三九）天津發生大水災，矢野馬戲團從北京轉入濟南，次年正月再來到臺灣。這時戰事已漸進入緊鑼密鼓階段，矢野馬戲團沒有到其他地方，完全以臺灣為根據地，在全島進行巡迴表演。該團在臺灣的最盛時期，團員曾達一百二十人。雖曾以臺灣為第二故鄉，但戰爭結束後，日本人作為敗戰國人民，財產全被新到來的政權接收，一九四六年時，矢野馬戲團的成員在一貧如洗的狀況下歸國。[97]戰後十五年（一九六〇），矢野馬戲團重回臺灣表演時，當時的團長（前團長矢野庄太郎之未亡人）三澤福接受臺灣的媒體訪問表示：「（矢野）馬戲團曾在民國十五、六年的時候，到中國大陸表演，從東北到關內，到平津、京滬一帶，深受中國同胞的歡迎，其後並赴福州、廣東表演……。中日戰爭爆發後，矢野因有親華嫌疑，日本軍部起先都不肯讓他們到南洋一帶去慰勞日軍。」[98]可知矢野馬戲團戰前在日本「外地」表演時，到達的區域包括朝鮮、滿洲、華北、華南以及臺灣，這些地方若非日本帝國殖民地，就是日本亟欲發展勢力的地方，然而戰爭時期軍方對馬戲團的海外巡演並不表支持，甚至進行打壓。

戰爭末期任教於國民學校的黃稱奇，在五十多年後回憶起戰事方酣的昭和十九年（一九四四）時說：「矢野馬戲團來員林搭棚演出，已經有好長一段時間了，聽說因為馬、猴子、獅子以及老虎那些動物，都沒有配給食物，已經快沒有辦法飼養了。連帶馬戲團的表演人員也面臨解散的邊緣，因此馬戲團是處在進退兩難的地步，所以一直困在原地沒有辦法走。這也不能怪誰，日本已經實施糧食配給好幾年了，現在戰況又日益吃緊，國內糧食嚴重缺乏，連軍隊的糧食也已經亮起紅燈，哪有餘力來管那些動物呢。所以他們是來請求學校救救他們的，因而入場費很便宜，也因此場內已經爆滿了，很多學校特別來捧場支持，並且帶了很多學童來觀賞。」[99]明白指出戰爭末期實施嚴格的經濟統制，動物飼養困難，馬戲團處於十分困頓的處境。

事實上，動物的處境與福利問題，在馬戲團表演中通常是不被考量的，在巡迴表演的過程中，裝著柵欄的車子就是大型貓科動物的家，大象被鏈條鎖住，熊被拴在車輪上，蛇被放在木箱中，而鳥和猴子則被繫在杆子上，動物完全在人們的控制下生活，因此當人們生活困頓時，動物也無以為生了。

但馬戲團表演留在觀眾腦海的回憶卻不是那麼沉重，觀看動物與人的表演留給他們的印象，往往伴隨節慶似的、非日常生活的稀有歡愉感，也反映出回憶者眷戀的人、事與地，有個人生命史的樣貌。臺南善化人孫江淮，生於明治四十年（一九〇七），他在大正八到九年（一九一九～一九二〇）間，約十二、三歲時，於臺南觀看木下馬戲團表演，對空中飛人、馬匹、老虎以及小丑的表演留下印象。[100]大正三年（一九一四）在埔里社出生並成長於斯的在臺日人（所謂「灣生」）山下正男，到戰爭結束前，在臺灣生活了三十一年。離臺返日二十餘年後，他仍懷念異地童年及青少年生活，回憶曾在埔里看木下、矢野馬戲團演出，除了畫面，還有難忘的音樂。他記得開演當天，馬戲團的樂隊上街，以動物為前導在鎮上遊行宣傳。表演場內人山人海，首先由馬、象等動物開場演出，之後的節目有馬術、爬梯、自行車特技、走鋼索、猛獸表演，而讓大家驚呼連連的，則非空中飛人的絕技莫屬。由於表演長達一個月，這段期間鎮上日夜樂聲不絕，非常熱鬧。[101]也有人在回憶中，把馬戲團與「奇術」（即魔術）等其他娛樂表演活動相提並論。[102]由於馬戲團表演帶來了許多民眾前所未睹的異國動物，後來在文學作品中，也有以這種「大開眼界」的觀看經驗為描寫素材，並強調觀看者對於這種種「奇形怪狀」動物的「納悶」與著迷。[103]

三、動物展示

（大阪博覽會中）臺灣館為母國人戰捷的好紀念，據聞持有許多擴張的國民誇口的資料，尤其珍奇的是飾以丹碧色的樓門堂宇、漢蕃風俗、亞熱帶草木鳥獸和一切產物，均使人嘆賞，因此入此博覽會非先探訪臺灣館不可。

——木村地夫，〈博覽會瞥見記（五）臺灣館〉，《臺灣日日新報》，一九〇三年四月八日，版一

（一）博覽會中的動物展示

博覽會是十九世紀以降具有經貿商業功能的活動，許多研究者在社會經濟史之外復發掘出多元的視角，如帝國與殖民地關係、文明化儀式、現代性等意涵。研究者班奈特（Tony Bennett）並提出「展示叢結」（exhibitionary complex）的概念，亦即十九世紀歐洲文明的一種普遍心性，將萬物藉由空間理性秩序分類安排後展出，轉為「可視化」（visible）的過

程，而博覽會、博物館及百貨公司，都是這種概念下產生的展示體系，其中與國家歷史文化相關的博物館多由政府主事，與消費社會相關的百貨公司則由民間創發。[104]動物在這種展示叢結中，也被當成一種展品或商品。除了在臺灣的百貨公司似無發展出野生動物買賣而與本書關係較少外，[105]博覽會及博物館的歷史都與動物產生關係。本節將處理偏重臨時性的、商業功能的博覽會、巡迴動物園與動物展示的關聯，並探討被展示動物的生命動力，至於常設的博物館部分，則留待下章中有關圓山動物園設立與國家的關係時再觸及。

從動物文化史的角度來看臺灣博覽會的歷史，動物的展示大致是被編列入自然資源的地方物產（尤其是農產及水產），以及兼作為觀眾餘興節目的兩個面向，其中前者是國家將動物商品化、物產化，同時呈現相當的地方特色。博覽會中所陳列的臺灣動物類展品，許多根植於殖民政府的農經調查，與保甲和農會組織發揮的動員能力相關；[106]而餘興節目中的動物展示，則可觀察到早期私人動物園的運作形式，以異國珍稀動物為主，即所謂「異文化驚奇」的娛樂，牽涉到上節提及的商人以動物表演為主的營利活動。

首先談博覽會項目中的動物展示。活體動物被列入博覽會展品，一般是歸屬於農林漁業，其中最多的是畜產、狩獵擄獲、水產等，就臺灣的地理特色而言，還有所謂「蕃產」，亦即與原住民的社會經濟密切相關的動物，將平地、山與海等特有自然條件都含括在內。負責展出的單位除相關產業機構外，也有警察本署等提供毒蛇、鼠類等動物展出，[107]亦即動物除了是商品，也可以是人們生活環境的代表。這些動物展示是在地方特產的名義下進行，有時也使用到「動物園」的字眼，是指動物集合的處所，展示方式與其他非生命類的展品有所區隔，通常陳列於博覽會正式的展場外面，在庭園等室外空間裡，特別圈出一個飼養、展示動物的地方；有時也會考量該類動物的生態特殊性選定展示的地址，如在近河、近海的地方展出魚類水族等親水的動物。

早在一九〇三年島外舉行的大阪第五回內國勸業博覽會中，臺灣館即展出臺灣特有動物，如獼猴、山羌、梅花鹿、穿山甲等，在陳列館外，亭臺、惜字亭、芭蕉、檳榔樹及庭園中間，設置了小型的動物園。[108]而以動物展示來省思一九一六年四月在臺北舉行的臺灣勸業共進會，三個展場也各有不同的功能：第一展場原則上是沒有活體動物的，設於尚未完工的臺灣總督府，以臺灣的代表性動物水牛為入口造景，展場中陳列不少動物的獸皮標本；而包括活體動物在內，有關臺灣自然風土的展品，主要放在第二展場，即林業試驗場（苗圃）內，其中展出了臺灣、香港、英領印度、菲律賓、暹羅（今泰國）等地特有的家畜、園藝、蔬菜甚至各地「土人」。

東亞地區鳥類研究權威黑田長禮即曾於展覽期間來到會場，他在這次觀鳥紀行中，以研

圖 1-4　1903 年在大阪舉行的第 5 回內國勸業博覽會臺灣館場館。（資料來源：《臺灣風俗と風景寫真帖》，1903 年。國立臺灣圖書館典藏）

圖 1-5　1916 年的臺灣勸業共進會第一展場為未完工的臺灣總督府，入口可見白色的水牛造景。（資料來源：《臺灣勸業共進會記念寫真帖》，1917 年。國立臺灣圖書館典藏）

究者的眼光，特別對共進會第二會場留下紀錄：「在共進會第二會場內見到的野生鳥類有一隻黃鶺鴒、兩隻某種鶺鴒在矮木上婉囀地叫著。第二會場內飼養的臺灣產鳥類有黃頭鷺、秋小鷺（此鳥為目前臺灣還未捕獲的鳥類）、環頸雉、竹雞、烏鴝燕鷗、紅冠水雞、董雞等。」也就是在會場中，他除了觀察到展示飼養的鳥類，並記錄其珍貴的科學價值外，也對苗圃會場的野生鳥類留下記載。[109]

另第三會場則是設於港埠基隆的水族館，展出各式的魚類，這也是臺灣相當早期的水族館。除了對前兩展場的記載外，張麗俊在一九一六年四月十七日的日記中也詳載他在第三會場看到的魚類：「遊玩第三會場，觀水族魚類，分鹽、淡水兩種，共二十三室，前面用玻璃為牆便人觀玩，鹽水類：一室魦魚、什魚，二室鐵甲、宜把魚，三室赤翅、紅尾冬，四室虎魦、鱌魚、規魚，五室紅秋高，六室鱸苗、鯐，七室石狗公，八室鮋魚、烏仔魚，九室蝚魚，十室海鱺、班魚我，十一室虎魚飛虎，十二室苦蚵、花飛，十三室加蚋、紅甘、海膽，十四室龍舌、赤鯮，十五室龍蝦、花枝。淡水類：一室さ〔サ〕ルせ〔セ〕クた〔タ〕（按，原文如此），二室烏鰻、黃鰻，三室鱸鰻、鰱魚，四室金魚，五室鮘魚，六室鯽魚，七室鱺魚，八室鮎鮘、鯁魚，九室草魚。又另一池數種。」[110]他的寶貴記載為臺灣第一個水族館留下了觀覽紀錄。[111]

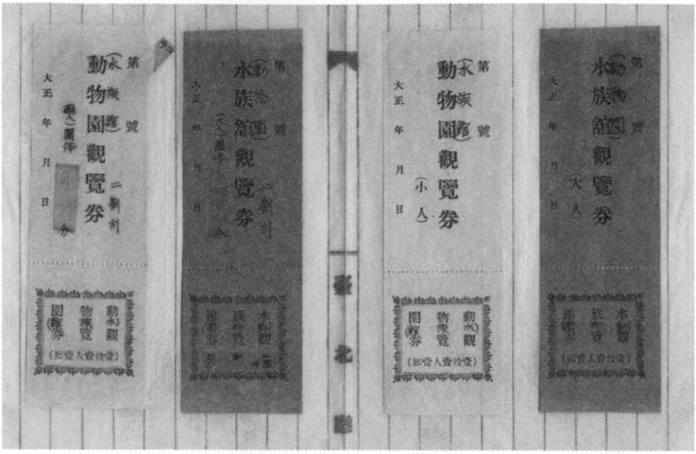

圖 1-6　日治大正時期動物園門票。（資料來源：臺灣總督府公文類纂。中央研究院臺灣史研究所檔案館典藏）

事實上，臺灣日治時期水族館建置的歷史，與兩次重要的博覽會都相關，除一九一六年臺灣勸業共進會外，另一次是一九三五年始政四十週年紀念會，也是臺灣嘗試建立定點水族館的兩次關鍵時間，當時臺灣的水族館，似可稱為「博覽會發生型的水族館」。[112]但博覽會中所展示的水族，是否像其他博覽會動物一樣具有地方特色，筆者尚無法判明。可以肯定的是，雖然水族館的專業性與動物園有別，但在日治時期甚至戰後初期，亦即水族館的早中期歷史中，官方一向把水族館與動物園勾聯在一起，經常將它設立在動物園的一角，門票收入也併同規範，如一九一七年臺灣總督府頒布的府令第十七號「公園附屬動物園水族館觀覽料收入規則」即是一例。不過對於以動物展示為營利工具的民間經營者而言，水族的展示卻沒有其他異國動物來得有吸引力，也就是動物園相較於水族館較受民間經營者青睞，從下段的博覽會餘興節目，即可見一斑。

（二）博覽會餘興節目與巡迴動物園

上述博覽會中的動物，主要是在帝國推動殖產興業的經濟企圖下作為商品展出。而本小段要談到的博覽會餘興節目中的動物，則主要是在娛樂的功能下，從事表演、競技或偏重娛樂的展示。前者的動物表演或競技，在博覽會裡雖然屬於餘興節目，但仍流露出些許的政治軍事色彩，如一九三五年日本為慶祝統治臺灣四十週年而舉行的博覽會中，有由臺灣軍步兵第一聯隊軍犬班負責的軍用犬調訓表演，以及由公家機關學校為主的人員組隊進行的乘馬競賽、由臺灣傳書鴿研究會主辦的「山岳横斷傳書鳩競翔大會」，這幾種動物——軍犬、馬及傳書鴿，因為可以在軍事上發揮作用，是日本走向戰爭時期最受國家重視的動物。[113]

至於博覽會中偏向娛樂作用的動物展示，則與私人經營的巡迴動物園密切相關，是官方有意地將民間消費娛樂文化運用於官方活動，例如同在始政四十週年紀念博覽會中，有所謂的「自由興行物」（即各種有關娛樂的活動），於第二會場新公園會場內，展出了水產經濟屬性的海產採集與海洋生物相關的海女實演館、水族館，具體而微展示海洋與人的關係。而

圖 1-7　1935 年始政 40 週年紀念臺灣博覽會第二會場的海女實演館。（資料來源：費邁克集藏。中央研究院臺灣史研究所檔案館典藏）

會場外，則在臺北舊城門南門外空地上，展出民間團體負責提供的珍奇動物秀。[114]這些被國家的慶典所收納的活動，是近代發端於民間的娛樂事業，屬於世界各地不約而同發展出來的民間社會大型娛樂活動（fairground）或遊樂園的一種，包括巡迴動物園在內，都象徵十九世紀起，民間經營者日益龐大的財力與影響力，並因學術界對自然史知識的增長，以及公眾對異國動物（尤其是過去少見的大型猛獸）的好奇，而更加興盛發展。[115]英美早在十八世紀就有以公眾為目標的巡迴動物園出現，都是以展出異國動物為吸引民眾的手段，初期僅是往來洲際間的船長或船員從事這類動物展示活動，到了十九世紀，隨著帝國主義的擴張，以及前述民間經營者財力大增、博物學研究的勃興、公眾的好奇等因素，而更廣為傳布在世界各地。無論如何，臺灣大致是到二十世紀初才開始參與這股潮流，而在巡迴動物園還沒有來臺展出前，臺灣人已曾在島外觀看博覽會時，於餘興節目中見到巡迴動物園與馬戲表演同場演出，如一九〇三年於大阪召開的第五回內國勸業博覽會。

作為博覽會餘興節目時，如果是由民間巡迴動物園負責，則除在官方安排下配合展期演出外，這類臨時的動物園運作方式，基本上還是和平時商業演出及展示類似。由於主要目的在取悅以中產階級為主的大眾、吸引參觀博覽會人潮，因此展示多設於人潮聚集處，如市場旁的空地或廣場，這些空間亦是巡迴動物園商業展示時經常利用的場地。也因為是臨時、限期的活動，多採取圍籠或小屋式展示，每隻動物能使用的空間比定點動物園更為狹小。此外，巡迴動物園是以展示異國動物為主，經營者透過獵者、跨國動物商或其他動物展示者等層層途徑取得動物，在將動物送達民眾眼前之前，多已歷經跨洲長途旅程，在交通、動物飲食及健康維持上，都需要相當龐大的資金及人力支應；而對動物本身而言，則是遠離棲地，旅途中長時間困於小籠裡，是很大的考驗，往往會有很高的傷亡，更遑論精神上的折磨。當時臺灣島內的交通，縱貫線鐵道已完工（一九〇八），可利用鐵路運輸，有利於動物、人或其他設備的移動；但當時汽車（即自動車或自働車）才剛發展，島內交通實不如想像中便捷。

然而有些官方文件中對餘興動物園的解釋，卻仍以裨益博物學研究為主要意趣。以一九○三年大阪舉行的第五回內國勸業博覽會中的餘興動物園為例，由博物學家織田信德執筆的相關出版品，即從博物學科學研究出發，認為餘興動物園的研究重點在於動物「活著時的形狀動作及齒牙骨骼等組織」。一方面，他了解動物離開棲地後，飼養者要供給食物並注意溫度等環境控制，日夜照料不易，因此動物常會「斃死」，希望有意觀察者把握觀看活體動物的時機。另一方面，動物死後剝製而成的標本，以及動物的骨骼也都具有研究的價值。因此該次動物園展出動物的形式，有「生」（活體）、「剝」（標本）及「骨」（全部或部分骨骼）三種。作者並強調因廣泛採集動物不易，而須花費較多金錢委託購買，雖然所費不貲，但目的在教育而不在營利，然因時間所限，沒有做到全面的蒐集，也是一項遺憾。[116]透過這位博物學家對一九○三年博覽會餘興動物園的解說，我們發現其展示方式多元（三種），非娛樂目的，而是研究教育取向，以及意欲向民眾展示全面而廣泛的動物的企圖。

但如前所述，在臺灣一地舉行的博覽會餘興動物園，並沒有呈現出這種展示全面的動物以及研究教育的取向，甚至是否有三種展示方式都令人存疑，較多呈現的仍是巡迴動物園的性質。在二十世紀初期，中等財力的臺灣民眾在非博覽會期間，已可以在大城市的市集空地中，透過巡迴動物園觀看原棲地在東南亞、華南、日本北海道、朝鮮、甚至澳洲的異國動物。組織這些巡迴動物園的經營者主要是日本商人，臺灣島是他們巡迴展示的地點之一。臺灣最早出現的巡迴動物園，可能是上節提及的，在一九一〇年春節期間，日本商人福井重吉從日本內地運來六十多種動物在臺北市集的商業展示，展出動物包括新加坡老虎、印度蛇、熊、袋鼠、駱駝、蝙蝠及猿等。[117]一個多月後，豐原地區保正張麗俊於三月十四日搭乘火車，到臺中觀看了巡迴動物園以及馬戲表演。這次展示及表演可能與上述臺北的展出有關，也就是春節檔次的延長與巡迴展示，但也可能是由不同的商人舉辦的類似展覽。當時巡迴動物園在臺灣還極為罕見，張麗俊在日記中仔細記載了所見的動物種類及其產地：

午后十二時，仝懋球乘列車往臺中玩珍禽奇獸，獏（印度產）、星虎（仝）、駱駝（亞細亞產）、駝鳥（按，原文如此）、巨蛇、大蛇、狒狒、豪豬（日本產〔按，原文如此〕）、羆（北海道產）、猩猩（印度產）、狸猿、黑蛇、黑猿、狸（仝）、狐猿、魚、獸、熊（仝）、山豬、栗鼠、山鼠、笹熊（朝鮮產）、猿、蝙蝠（印度產）、鳳凰、小鶴（印度產）、鳥、九官鳥、火喰鳥、孔雀（清國產），餘不知其名者，間有見者、有目所未見者。出時遇雲衡、德全、盛祥、振通、遇春、少超、王興等，遂並入玩大舞戲。其間有大人者、有小兒者，小兒大約十歲左右而已，其膽力真令人寒心，其演齣乃立球上行走、倒豎飲茶、戲鞦韆、馬上立走、頭置十三個大碗舞走，共演十餘齣，難以備述，近五時方乘列車回墩。[118]

可知張麗俊先看了巡迴動物園，再觀賞他所謂的「大舞戲」，實即雜技類（含馬技）表演。他所記載觀賞的動物，從產地看來，幾乎全是臺灣以外的動物，與臺北曾展出的相較，許多是重複的，如虎、蛇、熊、駱駝、蝙蝠及猿等，沒看見袋鼠，但也多了很多來自清國或其他地區的鳥類，包括九官鳥、火喰鳥、孔雀等。從上列動物名單觀之，已含括許多大型動物。

一九一〇年六月時，甚至有兩家巡迴動物園同時在臺灣大稻埕水果市場展出，這兩家動物園的名稱分別是關西及高橋，前者展出的動物包括狸、猿、豹、獏、小鶴、麝香貓、新加坡虎、火雞、白狸、大蝙蝠、栗鼠、雉等，而後者則展出鴕鳥、豪豬、棕熊、大蛇、花栗鼠、水鹿、日本睡鼠、豹、狼等。[119]而矢野動物園又於同年十一月來臺展出，據稱最受歡迎，可能是因為除動物展示外，另加入動物表演，而成為吸引人潮的利器，次年矢野動物園並成為南部物產共進會餘興節目，該園也寄贈臺灣博物館動物。一九一四年片山竹五郎在圓山公園內開設動物園後，矢野動物園仍兩度來臺展出／演出。[120]從上述可以看到博覽會、巡迴動物園、馬戲團、甚至博物館及後來的定點動物園，即使具有不同的公私立機關團體本質，但各方之間實維持著密切的交流關係，而動物正是它們之間聯結的交集所在。

（三）博覽會動物的脫逃史——以臺灣松鼠為例

被展示的動物與人類有何互動關係？甚至於，動物有沒有可能主動影響歷史？筆者曾於二〇一二年在一次偶然機會中，聽到亞細亞大學國際關係學科的青山治世教授提及一個臺灣動物展示與小型動物園成立的故事，為這個問題提供了一個解答的選項。青山教授的老家在日本岐阜縣，當地金華山有許多臺灣松鼠（タイワンリス），牠們是在一九三六年一次由岐阜縣主辦的全國性博覽會中，被從臺灣送到當地，結果展覽期間部分臺灣松鼠脫逃了，在附近的金華山繁衍，現在成為當地松鼠村裡很受歡迎的動物。其實臺灣松鼠「移民」到日本後，廣布在九州許多地方，岐阜僅是其中之一。這起有史可稽的臺灣松鼠在日傳播事件，與一九三六年三月二十五日到五月十五日，在日本岐阜市舉行的「躍進日本大博覽會」有關。當時臺灣是日本的領地，在展場三十多個館中也包括臺灣館，館中展出臺灣特有的物產，除了茶、藺草產品、大甲藺製品等生活用品，也包括臺灣特有的動物，而這些活潑的生命，是博覽會中一般較受忽略的。

依當時《臺灣日日新報》的報導，該次博覽會會場佔地約四萬坪，背面是金華山，臺灣館則設在會場中央，地近山麓。[121]依當時博覽會主辦單位發行的宣傳明信片，[122]可知會場除接近山區外，另靠近長良川水岸，也就是該次展覽會展示當地傳統的鵜飼捕魚法的地方，這種利用鳥類替人類捕魚的方法，到今天都還是觀光的焦點。同樣在當時博覽會發行的明信片中所見的臺灣館外觀，顯然是依山而建，館後那片茂盛的樹林，應也是參展的臺灣松鼠後來脫逃前往定居的區域。[123]其實這次展覽會在當時臺灣島外展覽活動中，並未特別受到注目。事實上，幾乎同一時間內，在日本的福岡、四日市、津山也正舉行博覽會，並且都設立了臺灣館；甚至同一年（即一九三六年）裡，在神戶、大阪、富山、豐原町的其他展覽會中，也都出現臺灣館。若不是後來金華山松鼠村的設立，重新召喚了這次博覽會中臺灣館的歷史，這次臺灣松鼠的展覽，可能會完全被遺忘了。[124]

所謂臺灣松鼠，可能是指臺灣的赤腹松鼠。依日本官方外來種生物資料庫的記載，牠們原產於印度東邊的錫金、緬甸，後分布於印度支那、中國東南、臺灣。日本的臺灣松鼠是從臺灣南部傳入，野生於東京都（伊豆大島）、神奈川縣（東南部）、靜岡縣（伊豆半島東部、濱松）、岐阜縣（金華山）、大阪府（大阪城）、兵庫縣、和歌山縣（和歌山城、友島）、長崎縣（壹岐、福江島）、大分縣（高島）、熊本縣（宇土半島）等地（如圖1－8）。傳入的

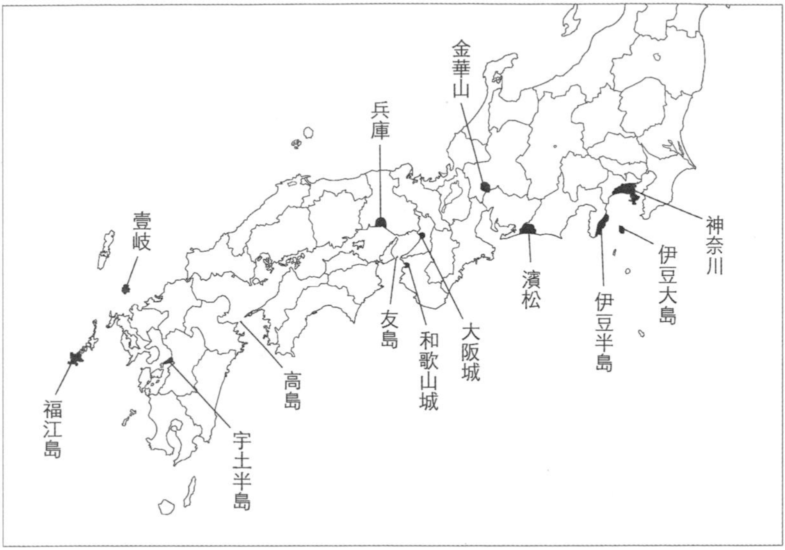

圖 1-8　臺灣松鼠在日分布圖。（資料來源：參照日本農林水產省相關網頁繪製而成）

途徑是一九三〇年之後被當成寵物引進日本，從私人養殖處及動物園脫逃。[125] 也就是說，依日本官方資料，廣布於九州多處地方的臺灣松鼠，除了從動物園（博覽會中短期的動物展示亦屬之）逃出後野生化之外，還包括一些將臺灣松鼠當成寵物引入日本，而後棄養於野外的情形。

多半時候臺灣松鼠在日本並不被賦予正面的形象，牠們的地位像是一群不太受歡迎的非法移民。許多日本官方資料曾提及臺灣松鼠的種種問題，包括啃食樹皮對農作物及林業造成的巨大傷害，在屋頂築巢破壞住居、咬壞電線及電話線，在生態系中損壞樹木、食用綠繡眼鳥的蛋、攻擊日本大黃蜂的巢等，因此被列為需要防制捕獲的外來種動物。

從生物多樣性的角度觀之，外來種的入侵是一項嚴重的生態問題，就如十五世紀末歐洲人到達美洲後造成「哥倫布大交換」的結果，新的外來家畜大量繁殖的同時，美洲當地許多本土物種也跟著滅絕。即使在臺灣，松鼠所引起的人和野生動物的緊張關係，以及如何維持自然生態平衡的問題，直到今天都沒有獲得圓滿的解答。早在一九〇八年的媒體報導中，就曾提到總督府殖產局在調查樟母樹時，發現深山裡的樟樹「多被栗鼠及小鳥之害」。[126]戰後臺灣關於赤腹松鼠為害的紀錄始於一九五一年，被啃剝的樹種以外來種的柳杉和杉木為主，自一九六三年起，林務單位、國科會等歷次組成研究小組、召開研討會，針對松鼠之生態及林木著手研究，試圖找出防除方法。[127]

但日本岐阜金華山松鼠村（リス村）是目前日本少數將臺灣松鼠觀光化／動物園化的地方，此地對於臺灣松鼠的書寫也配合展示的需要，偏向正面的筆法。這座松鼠村位於金華山山頂，是一九六五年開業的小型松鼠動物園，僅約百坪。據該園官網的說法（也是青山治世教授的看法），其中的臺灣松鼠是一九三六年從上述「躍進日本大博覽會」中逃出，野生後又被捕，重新被馴化而在松鼠村展出，是日本第一個松鼠園。[128]現在在網路上，還可以看到遊客戴著白手套親自餵食這些小動物的錄影實況，觀光客的反應充分顯示臺灣松鼠可愛的形象。而在金華山松鼠村的網頁說明中，也提到這種敏感的小動物會將吃不完的橡樹果實埋入土中，果實入春後則會發芽成長，因此臺灣松鼠也算是造林的功臣。在松鼠村的網頁中，有關人與臺灣松鼠相處的問題及生態上的難題，幾乎隻字未提。可以說，同一種動物在不同的人類眼中，也會呈現出全然不同的形象。

臺灣松鼠在日本的歷史不但與博覽會有關，也觸及複雜的生態變遷問題，顯示出人與動物之間微妙複雜的關係，動物不僅被動因應，許多時候其發展也會超出人類的預期，而促使人們必須去思考應對之道。英國研究自然與環境的社會學家辛科利夫在談自然地理學中的社會、環境與生態時，很強調「非人類」（non-humans）的角色，認為牠們在自然歷史中充滿活力與動態，「自然」可能深受人類社會影響，甚至成為依存人類的「殖民地」，然而也可能與社會相互展演，相輔相成，因此當一方愈活躍時，另一方也會被帶動，亦即自然與人類社會具有共同創造的關係；如果只用人類中心主義來看待這個世界，會備受局限而且不充分。[129]近代臺灣松鼠的日本「移民」史，似乎就是這種看法的具體實例。[130]

四、結語

從近代臺灣大家族在園林、宅邸及別墅間的田園生活，可以看到動物的養殖及觀覽，甚至技術學習在民間的實際狀況，其中呈現了微妙的動物文化的在地性及跨地域性意義：許多動物是在臺灣特定的地區取得的，包括從當地的商販、親友、農會或同好間獲得，也有千里迢迢，特意從海外——如華南、日本本土或南洋——運送到臺灣的。無論如何，這些動物可能都已經歷了一段跨地域的傳播運輸過程。傳播運輸的方式有時是短短數日或數月，有時甚至是經過數年或多個世紀的緩慢的經驗累積，而形成一種動物養殖文化。

無論是在地或跨地域的動物，人們對於動物的養殖與觀賞，實寄寓對自然（包括動物）關係的想像，將動物帶入人們規劃的空間，圈養在新環境裡，本質上是人為的自然。以對外開放為目標的公共動物園和私人畜養動物，都同樣是對自然的人為創造。而由於人們觀看動物具有好奇心理，通常愈罕見的動物愈珍貴，動物因而從原棲地被送到民眾面前，其間的移動運輸需有適當的運籠，途中要提供食物及飲水才能維持其生命，加上種種交通條件，均需相當的技術與財力支援。到達新環境後，亦需要一定的技術才能維持動物的生存，對於動物的生物性掌握得愈多，動物的馴養才能愈順利。即使如此，天候不佳或種種意外的威脅（如上文提及的林紀堂別墅內的狗襲擊火雞）都會致死。在前文的例子裡，飼養技術諮詢的對象可能是商人、同好或農會，也有部分專兼職人員，如花丁或養鹿人等。

民間社會對動物的馴養、展示與傳播，有經濟利用的目的，也有社會文化生活的需要。動植物在歷史上一直是受歡迎的禮物之一，也是受注目的標的，園林及田園生活中的動物對飼主而言，除怡情養性，也有增進社會關係、建立友誼、促進商貿的作用。[131]事實上，動物園中的許多動物是基於社交的功用而被交換，尤其是作為下對上表示忠誠，或國與國之間鞏固邦誼的象徵。

民間富貴之家雖然可在庭園或田園中圈養展示動物，但與動物園還是有相當的差別。從圈養的動物種類來看，民間社會所馴養的動物普遍以小動物如各式鳥類為主，規模亦與動物園差距較大。不過在馬戲團或巡迴動物園等商業性的動物表演或展示活動引入臺灣之前，民眾能看到的珍奇動物，大致都屬於這種小規模的小動物，這也包括了民間藝人的街頭動物表演。

而從近代臺灣動物表演的歷史，可知傳統雜耍與民間社會的生活節奏結合，扮演起季節性的節慶娛樂功能，為人們規律的日常生活帶來變化與新鮮感。所運用的常是野生小動物或農村中較常見的小動物；這些表演隨著社會變遷，也會和其他新型態的表演並存，融入新的社會政治儀式活動中。而十九世紀末、二十世紀初來到臺灣的馬戲團表演，亦是在這種節慶休閒的氛圍中，透過複雜的交通網絡，為民眾帶來許多跨洲、跨海而來的大型動物。馬戲團幾乎是臺灣社會公眾接觸到非本土動物的開始，甚至促成一九一〇年代臺灣近代動物園的設立。

民眾觀看這些動物表演的角度，基本上是娛樂功能大於教育功能。本章第一節中曾提及，臺灣傳統文化裡某些動物的飼養具有文化象徵意涵，而日本江戶時期的「動物見世物」觀覽傳統中，也有為觀者延年益壽、祛病驅魔、夫婦和合、招納財寶等效益，江戶近世後期在引進海外異國動物時，商人也會挪用這些原有的民俗文化觀念，以增加人們觀看動物的興趣。[132]但在近代臺灣動物表演中，主要仍顯示人們觀看罕見動物的娛樂心理，其印象在於驚異動物表演或展示的出神入化，並藉此對人與動物、動物與動物間的關係，發揮種種新的想像。至於教育上，對於動物本身與其生態環境的認識難稱深入，有關運用於表演的動物是如何捕獲、買賣、飼育、訓練、搬遷，以及動物本能在表演中如何被扭曲、約制以至於改變，都受到普遍的忽視。另外，由於表演動物的飼養條件完全受制於人，因此馬戲團與動物園的動物命運，也與所在之處的社會、政治、經濟景況相呼應，二次大戰期間這些離鄉背井的動物的歷史，不正也映照出戰時人們物質環境的動蕩不安？

而博覽會結合了地域性代表或異國風動物的展示，列為展品的動物多具有地域特色，和其他展品都被看成是物產或人們生活環境的象徵，且多由地方組織提供；作為博覽會餘興節目的巡迴動物園，則是以跨地域性的異國動物為主，多由經營動物商業展示及表演的商人提供。後來臺灣公立動物園成立初期，對於要走地方特色動物或異國動物為主的蒐藏，曾歷經討論，最終走向也類似博覽會的兼採兩者。而其後定點動物園在設立目標上所強調的研究、教育與休閒功能，在博覽會的動物展示裡，也都各有彰顯或宣揚的實例。無論如何，動物的生命動能亦是不能忽視的，不僅是臺灣松鼠被列為展品卻自行脫逃繁衍的例子，一般情況下，在人們為了展示動物的捕捉、飼養、移動過程中，動物也都透過牠們的生命象徵或強或弱的反應——包括疾病與死亡——來表達牠們的主體性，人們則必須觀察並回應這些聲音，這也是後來動物園運作時一項不能忽略的事實。

註釋

1 〈大雅・靈臺〉，《詩經》，見：糜文開、裴普賢，《詩經欣賞與研究（三）（改編版）》（臺北：三民書局，一九八七），頁一二七三～一二七七。

2 計成原著，黃長美撰述，《園冶》（臺北：金楓出版社，一九九九），頁二〇三、二四二～二四三。

3 「人為分類法」語出朱耀沂針對清代地方志對昆蟲學的記載所作之研究，見朱耀沂，《臺灣昆蟲學史話》（臺北：玉山社，二〇〇五），頁三三～六〇。另可參考：鄭麗榕，〈清代臺灣方志中的動物記載〉，收入胡春惠、唐啟華主編，《兩岸三地歷史學研究生研討會論文選集》（臺北：政治大學歷史系，二〇〇九），頁二六五～二八〇。

4 研究近代英國動物觀的學者哈莉特認為，十七、十八世紀以後產生的近代生物分類學（taxonomy），用種（kinds）或結構親緣性（structural affinity）來對生物進行分類，自然界（包括動物王國）是理性排序且易於理解的，這一套知識是人類力量的具體明證，提高了人的地位。十九世紀中葉達爾文提出進化論，人與動物的藩籬被打破，但人類被列為高級的動物，在各物種中仍具有優越地位，而生存競爭的口號更被用來合理化人類對自然環境的宰制。Harriet Ritvo, *The Animal Estate* (Cambridge: Harvard University Press, 1987), pp.1-42.

5 吳明益，《自然之心——從自然書寫到生態批評：以書寫解放自然 BOOK3》（新北市：夏日出版，遠足文化發行，二〇一二）。其中有關劉大任園林書寫的研究見該書頁二八四～三二六。

6 主要參考作品為 Harriet Ritvo, *The Animal Estate* 以及 Roderich Ptak, "The Circulation of Animals and Animal Products in the South and East China Seas (Late Medieval and Early Modern Periods)", *Review of Cultures*, 32 (Macau,2010), pp.7-23。

7 最早在臺灣出現園林是鄭氏王朝時期寧靖王朱術桂的元子園，清中葉以後較大規模的園子更見於今臺南、新竹、臺中等多處。許雪姬，《樓臺重起（上編）林本源家族與庭園的歷史》（板橋：臺北縣文化局，二〇〇九），頁七〇。

8 夏鑄九，《樓臺重起（下編）林本源園林的空間體驗：記憶與再現》（板橋：臺北縣文化局，二〇〇九），頁四。

9 史威廉（William M. Speidel）、王世慶，〈林維源先生事蹟〉，《臺灣風物》，二四：四（一九七四年十二月），頁一七一。

10 觀覽或藉林家園邸所舉辦的活動，包括詩會雅集，參考許雪姬，《樓臺重起（上編）林本源家族與庭園的歷史》，頁九七～一〇九、一一一～一一二。

11 許雪姬，《樓臺重起（上編）林本源家族與庭園的歷史》，頁七五。

12 馬偕著，林昌華等譯，《馬偕日記：一八七一～一九〇一》II（臺北：玉山社，二〇一二），頁二〇四～二〇五。

13 比較十九世紀中葉華南廣州行商的中式庭園，也會發現許多類似的動物被養殖在其中：蓮塘中養魚與龜，鹿、鶴、孔雀和鴛鴦又為這如詩如畫的庭園景色增添了美麗與生氣。參見范發迪（Fa-ti Fan）著，袁劍譯，《清代在華的英國博物學家：科學、帝國與文化遭遇》（北京：中國人民大學出版社，二〇一一），頁二六～二七。

14 郭風林等曾探討中國園林動物的象徵文化意義，該文專注於中國文化的正面因子，較忽略中外文化交流的層面；文中所論動物也不以活物為限，尚包括具動物形象無生命的器物。郭風林、張艷、安魯，〈中國園林動物象徵意義初論〉，《西北農林科技大學報》，八：二（二〇〇八年三月），頁一二七～一三二。

15 克里斯蒂娜・E、杰克遜著，姚芸竹譯，《孔雀》（北京：生活・讀書・新知三聯書店，二〇〇九），頁一三三～一四一。並參閱《欽定大清會典圖 冠服》，感謝許雪姬老師提供清代補服圖案訊息。

16 Roderich Ptak, *The Circulation of Animals and Animal Products in the South and East China Seas (Late Medieval and Early Modern Periods)*, pp.7-23.

17 中國最早飼養金魚的歷史可追溯至北宋，明代由池養發展出盆養技術。但到十九世紀，除了原本眼球突出的品種外，日本人再培殖出頭部肉瘤的品種。參見李焯然，〈知識與品味：從《朱砂魚譜》看明代江南的休閒文化〉，中央研究院文哲所主辦，「二〇一一明清研究前瞻國際研討會」，二〇一一年十一月二十五日；イーフー・トゥアン（段義孚，Yi-Fu Tuan）著，片岡しのぶ、金利光譯，《愛と支配の博物誌》（東京：工作舍，一九八八），頁一四五～一四六。

18 イーフー・トゥアン（段義孚，Yi-Fu Tuan）著，片岡しのぶ、金利光譯，《愛と支配の博物誌》，頁一四四。

19 參加一九一六年共進會展出的金魚，於臺灣島外來自神戶、東京、大和郡，島內則由臺北錦鱗會會員負責提供，產地包括臺南及嘉義。參見〈勸業共進會と金魚〉，《臺灣水產》雜誌，期一〇（一九一六年十月），頁一〇一～一〇二；須田義次郎，〈臺灣の金魚に就て〉，《臺灣水產》雜誌，期五（一九一六年五月），頁四四～四六。

20 大島正滿（一八八四～一九六五），札幌人，東京帝國大學理科學士，一九一八年取得美國史丹佛大學博士學位，是白蟻、蛇類及魚類專家。一九〇八至一九二三年間，曾任臺灣總督府土木局（部）營繕課、殖產局博物館工商課囑託（一九〇八～一九一〇）、技師（一九一一～一九二三）、農業部應用動物科技師（一九二一～一九二三），並曾任殖產局博物館學藝委員（一九一三～一九二三，一九二〇年改為內務局）、中央研究所化學部囑託（一九一〇～一九一一）、技師（一九一三～一九二一，一九一九年改任動物學部）。參考中央研究院臺灣史研究所臺灣總督府職員錄系統，二〇一二年八月二十一日點閱。

21 大島正滿，《動物物語》（東京：大日本雄辯會演講會，一九三三），頁一三～一五。

22 許雪姬編著，許雪姬、王美雪記錄，〈林垂凱先生訪問紀錄〉，《中縣口述歷史第五輯．霧峰林家相關人物訪談紀錄——頂厝篇》（臺中：臺中縣立文化中心，一九九八），頁九。

23 林紀堂著，許雪姬編註，《林紀堂先生日記（一九一五～一九一六年）》（臺北：中央研究院臺灣史研究所，二〇一七），一九一五年一月二十四日，頁五〇。

24 七面鳥（火雞）原產地為北美，在十五世紀航海時代歐洲人登陸美洲時，已發現原住民養殖此種鳥類，十六世紀後引入歐洲，經各國改良後再傳回美洲。據說日本所養品種是以美國種為主，為青銅色，而白色種為法國及荷蘭品種。此處所謂「白花」，不知是否為白色。無論如何，林紀堂應是從臺中的日本商人處取得。七面鳥之資料見：岡田要監修，《動物の事典》（東京：東京堂，一九五五），頁二三〇～二三一。

25 井上德彌，〈臺灣の養蜂〉，《臺灣教育》，一四六（一九一四年），頁六～一一。作者身分為新港公學校校長，此份資料刊於該刊物研究調查專欄。定居於雲嘉一帶西螺地區的文人江藻如（一八六三～一九二九）雖以設帳授徒的私塾為主，但日治期間也曾在其香蕉園中養蜂釀蜜，且倚為重要財源，每次風災時，最掛心蜂箱的保護。由此例似可知當時嘉南地區養蜂作為副業之一斑。江藻如之資訊由江家後人提供學友楊朝傑，感謝楊氏轉告筆者此條訊息。

26 林紀堂著，許雪姬編註，《林紀堂先生日記（一九一五～一九一六年）》（臺北：中央研究院臺灣史研究所，二〇一七），一九一五年五月五日，頁一七一。

27 同註26，一九一五年七月一日，頁二二七。

28 同註26，一九一五年三月二十日、一九一六年二月十九日，頁一二一、二七四。

29 同註26，一九一五年六月三日，頁一九一。

30 買鹿茸：同註26，一九一五年六月十四日，頁二〇五。

31 同註26，一九一五年三月二十一日，頁一二二。

32 同註26，一九一五年一月十六、十八日、一九一六年四月十六日，頁三三、三七、三二八。

33 同註26，一九一五年三月二十二日，頁一二三。

34 白安頤（Aniruddh D. Patel）、林曜松著，吳海音譯，《臺灣野生動物保育史》（臺北：行政院農業委員會，一九八九），頁一三～一四。該書作者此段係引自 Hachisuka & Udagawa, "Contributations to the Ornithology of Formosa (I)", *Quarterly Journal of Taiwan Museum*, 1950-1951。

35 同註26，一九一五年二月十五日、一九一六年七月七日，頁八三、三九八。

36 同註26，一九一六年五月二十四日，頁三六四。

37 許雪姬編著，許雪姬、王美雪記錄，〈林垂凱先生訪問紀錄〉，《中縣口述歷史第五輯・霧峰林家相關人物訪談紀錄——頂厝篇》，頁三六。

38 「交叉的世界」一詞引用自范發迪，見氏著，袁劍譯，《清代在華的英國博物學家：科學、帝國與文化遭遇》，頁七。除了東南亞的港口是亞洲野生動物貿易的重要地外，南非如開普敦，也是輸出非洲野生動物的主要港口。

39 同註26，一九一五年五月二十五日，頁一八五。

40 林獻堂著，許雪姬、周婉窈等註解，《灌園先生日記（五）一九三二年》（臺北：中央研究院臺灣史研究所，二〇〇三），頁一八七；養馬則見於林獻堂一九四五年一月十九日日記，詳參李毓嵐，〈〈林紀堂日記〉與〈林癡仙日記〉的史料價值〉，收入許雪姬總編輯，《日記與臺灣史研究：林獻堂先生逝世五十週年紀念論文集》上冊（臺北：中央研究院臺灣史研究所，二〇〇八），頁四八。

41 林偉盛撰，〈西螺三姓械鬥〉，收於許雪姬總策劃，《臺灣歷史詞典》（臺北：遠流出版社，二〇〇四），頁三三二。感謝學友楊朝傑提供筆者此條資料。

42 一九一〇年代臺北乘馬會可能是較早開風氣之先的騎馬社團組織，從社交上而言，此種組織往往與軍政界及商界維持良好關係，對於拓展社會人脈有所助益。一九二〇年臺南聞人黃欣等組織乘馬會時，相關報導對於騎馬的形容是「馳馬試劍，本士人騷客之嗜好」，將乘馬視為是一種文雅之士的嗜好。〈結乘馬會〉，《臺灣日日新報》，一九二〇年十二月二十六日，版六。

43 《灌園先生日記》，一九三二年四月二十七日。

44 《灌園先生日記》，一九四一年十一月二十四日、一九四二年三月二十七日。

45 吳新榮在一九三八年時，曾在日記中寫道，為了孩子的教育，在家中飼養許多動物，家中成了「動物園」：包括日本狗、長尾猿、五色貓、月兔、傳信鴿、火雞、家雞、食用陸螺、烏龜。以兒童教育為養殖動物的主要目的，似是民間較為特殊的情形。他到晚年時，家中又曾因飼養多種動物而有「動物園」之狀，但從其所養動物來看，除金絲鳥與九姊妹是娛樂功用外，包括大量的蜂、七面鳥、雞、鴨、狗，似以經濟類或守望家居的實用性為主。《吳新榮日記》，一九三八年十月二十三日及一九六五年十二月六日、一九六六年三月十七日。

46 此段引文原文為日文，經筆者譯為中文。

47 這種觀奇的心理，造成某些馬戲團的展示不僅包括動物，也包括「畸人」，例如極瘦者或一手一足的人，馬戲團也對展出畸形死胎表示興趣。〈南部近信　畸人來歷〉，《臺灣日日新報》，一九一一年二月二十四日，版三；〈南部近信　稀代畸胎〉，《臺灣日日新報》，一九一〇年十二月七日，版三。

48 尾崎宏次，《日本のサーカス》，頁一〇九～一一一。

49 Nigel Rothfels, *Savages and Beasts: the Birth of the Modern Zoo* (Baltimore and London: the Johns Hopkins University Press, 2002), p.149.

50 人與動物及動物間的和平願景，在基督教文明中並不陌生。如《聖經》中描繪的景象：「豺狼必與綿羊同居，豹子與山羊羔同臥。少壯獅子，與牛犢，並肥畜同群。小孩子要牽引他們。牛必與熊同食。牛犢必與小熊同臥，獅子必吃草與牛一樣。喫奶的孩子必玩耍在虺蛇的洞口，斷奶的嬰兒必按手在毒蛇的穴上。在我聖山的遍處，這一切都不傷人，不害物。」（〈以賽亞書〉十一：六～九上，《聖經》（和合本））

51 參見一九三三年哈根貝克馬戲團赴日表演時的照片，阿久根巖，《サーカスの歷史─見世物小屋から近代サーカスへ》（東京：西田書店，一九七七），頁二五二。

52 馴獸師的話引自蘇茜．格林（Susie Green）著，喬云譯，《虎》（北京：生活．讀書．新知三聯書店，二〇〇九），頁一三七。亦見於 Nigel Rothfels, *Savages and Beasts: the Birth of the Modern Zoo*, pp.157-158。

53 長期研究人與動物關係的學者哈爾．賀札格（Hal Herzog）在訪問許多馬戲團訓練師後，認為「他們和動物伙伴間的關係太深了，在道德和心理學層面上極為複雜，難以真正地理解」。關於動物訓練的歷史有待更多的觀察與探討。參考：哈爾·賀札格著，彭紹怡譯，《為什麼狗是寵物？豬是食物？——人類與動物之間的道德難題》（臺北：遠足文化公司，二〇一二），頁四〇〇。

54 近年來一些動物園運用人道訓練法，如響片和食物並用，讓動物能在引導下，自願移往不同欄舍或由醫護人員進行必要的醫療或檢查。凱倫·布萊爾（Karen Pryor）著，黃薇菁譯，《別斃了那隻狗！》（臺北：商周出版，二〇〇七年初版），頁一二八。但對於動物的戲謔問題仍有待更多的教育宣導，參見：關懷生命協會，〈記者會報導　學習愛，從小開始——拒絕動物戲謔，提倡友善動物旅遊〉，網址：http://www.lca.org.tw/news/node/2602，二〇一二年九月十六日點閱。

55 韋明鏵，《動物表演史》（濟南：山東畫報出版社，二〇〇五），頁二。

56 夏元瑜，《百代封侯》（臺北：九歌出版社，一九八〇年初版），頁五七～六〇。

57 「弄樓」之記載見吳瀛濤，《臺灣民俗》（臺北：進學書局，一九七〇），頁一五六。猴戲的表演則見張麗俊於一九二八年七月八日談豐原郡役所落成活動之記載：「是日，郡役所落成，塚本郡守……乃生出展覽會三日以揚風聲，將新築廳舍充第一會場，女子學校充第二會場，男子學校充宴會場，聯合所畔演曲馬戲，慈濟宮畔演生猴戲並演子弟戲，舊廳舍前演九甲戲，二處俱錦臺，四方來觀者，男女頗形挨擠焉。」張麗俊著，許雪姬、洪秋芬、李毓嵐編纂，《水竹居主人日記（七）》（臺北：中央研究院近代史研究所、臺中縣文化局，二〇〇四），頁三八八。因馬戲在臺灣社會不受注目，民俗專家等學者記錄臺灣民俗技藝，不論是趣味、演劇、運動或音樂，往往都不及於馬戲等動物表演。如東方孝義的《臺灣習俗》（臺北：同仁研究會，一九四一）即無相關資料。作者曾嘗試在《臺灣日日新報》等媒體搜尋猴戲、雜耍等民間娛樂活動記載，但無所獲。

58 王世慶，〈清季及日據初期南部臺灣之牛墟〉，收於氏著，《清代臺灣社會經濟》（臺北：聯經出版公司，一九九四），頁二七九。

59 〈犬猿芝居〉，《臺灣日日新報》，一九一一年二月一日，版五。

60 參考夏元瑜，《百代封侯》，頁五五。

61 蒲松齡，《聊齋志異》卷五〈侯靜山〉，轉引自韋明鏵，《動物表演史》，頁一一一。

62 一九七〇年代末，與動物園有密切業務關係的夏元瑜所寫的動物散文，是很好的例子。他曾假藉一隻他從獵人手中救回的幼猴的口吻，站在抗議的立場，嚴詞批判動物表演，認為是「人類最可惡的事」：俘擄野生動物作為奴隸，役使其表演，以「攢錢給他一家老小吃飯」，演得不好猴子要吃皮鞭的處分；而觀眾也毫無同情心，「瞧著我們痛苦而歡樂」。此文寫於一九七〇年代末臺灣野生動物保護觀念開始大幅進展的時代，也可能與一九七五年生效的「華盛頓公約」（全名是「瀕臨絕種野生動植物國際貿易公約」，Convention on International Trade in Endangered Species of wild Fauna and Flora，簡稱ＣＩＴＥＳ）管制國際間野生動植物的貿易有關。夏元瑜，《百代封侯》，頁五七～六〇。

63 商業劇場興起之社會背景，係參考邱坤良，《舊劇與新劇：日治時期臺灣戲劇之研究（一八九五～一九四五）》（臺北：自立晚報，一九九二），頁六九～七〇。

64 詳參：Helen Stoddart, *Rings of Desire: circus history and representation* (Manchester: Manchester University Press, 2000), pp13-33.

65 阿久根巖，〈蘆原先生とサーカス渡來〉，收入蘆原英了，《サーカス研究》（東京：新宿書房，一九八四），頁一五三。

66 韋明鏵，《動物表演史》，頁九〇～一〇四。

67 尾崎宏次，《日本のサーカス》，頁二三。

68 阿久根巖，《サーカスの歴史─見世物小屋から近代サーカスへ》，頁二七～三〇。

69 阿久根巖，〈蘆原先生とサーカス渡來〉，收入蘆原英了，《サーカス研究》第五章，頁一五三。

70 阿久根巖，《サーカスの歴史─見世物小屋から近代サーカスへ》，頁一一〇～一一六。

71 邱坤良，《舊劇與新劇：日治時期臺灣戲劇之研究（一八五九～一九四五）》，頁三～六、四五。關於傳統廟會演出戲劇經費問題，承石婉舜博士指教，謹此致謝。

72 *The North China Herald*, 1892.8.19, p26. 轉引自許雪姬，〈邵友濂與臺灣的自強新政〉，《清季自強運動研討會論文集》（上冊）（臺北：中央研究院近代史研究所，一九八八年六月），頁四五二。

73 徐亞湘，《日治時期臺灣戲曲史論：現代化作用下的劇種與劇場》（臺北：南天書局，二〇〇六），頁八八。

74 本書對表演團、系列的計算，是利用《臺灣日日新報》表演報導所作粗估。

75 究竟中、日文字彙中，何時開始使用「馬戲團」為「circus」的譯文？中文的部分尚待釐清，而日文部分，外來語「サーカス」的出現，據尾崎宏次指出，一九一八年日本就產生「東洋のハーゲンベック・木下大サーカス」的團名。但事實上，日本流行使用「サーカス」一語，則晚至昭和初期（即一九二〇年代下半葉）。西田實編，《木下大サーカス　生誕一〇〇年史》，頁四四。阿久根巖甚至認為是一九三三年卡爾・哈根貝克訪日後，全日本各馬戲表演團體才確定改用「サーカス」為名。阿久根巖，《サーカスの歴史─見世物小屋から近代サーカスへ》，頁二二三。

76 〈新起街の曲馬〉，《臺灣日日新報》，一九一〇年二月四日，版五。〈動物見世物興行〉，《臺灣日日新報》，一九一〇年二月十一日，版七。

77 〈江川の曲馬〉，《臺灣日日新報》，一九一〇年二月二十二日，版七；〈演藝界　江川座曲馬〉，《臺灣日日新報》，一九一一年六月十五日，版七。

78 〈演藝場めぐり　バラツグの曲馬〉，《臺灣日日新報》，一九一二年八月二十七日，版七。

79 大竹娘曲馬團成立的時間，另一說為明治二十年（一八八七），本書採阿久根巖考證後之說。阿久根巖，《サーカス誕生──曲馬團物語》（東京：株式会社ありな書房，一九八八），頁九〇。

80 大竹娘曲馬團的海外表演，以臺灣為始，之後也到新加坡、上海演出，甚至到歐美各國「漫遊」。阿久根巖，《サーカス誕生──曲馬團物語》，頁一〇七～一〇八。

81 阿久根巖，《サーカス誕生──曲馬團物語》，頁一〇八。〈大竹娘曲馬〉，《臺灣日日新報》，一九一四年一月一日，版七。

82 〈矢野動物園來る〉，《臺灣日日新報》，一九一四年十二月三十一日，版五。

83 此次來臺，正式使用名稱為「アームストロング木下曲馬團」，本書著重其前後傳承，因此概稱為木下馬戲團。二〇〇二年木下馬戲團成立一百週年時，該團已成為日本最大馬戲團。

84 〈十把一束〉，《臺灣日日新報》，一九一九年一月十日，版七；〈編輯日乘（金曜日）〉，《臺灣日日新報》，一九一九年一月十一日，版七。學校引領學生前往觀賞馬戲團表演的爭議，在一九三二年九月也曾發生。〈中壢〉，《臺灣日日新報》，一九三二年九月二十一日，版三。

85 該團一直到今天都還有大象的表演，由於一九七五年生效的「華盛頓公約」管制國際間野生動植物的貿易，為確保大象的來源，木下家第三代已在泰國設立象醫院，得到泰國政府輸出大象到日本的許可。西田實編，《木下大サーカス　生誕一〇〇年史》，頁三三、四七。

86 西田實編，《木下大サーカス　生誕一〇〇年史》，頁四四。

87 例如土木局、陸軍部、艋舺公學校等一千人同往觀賞。〈曲馬を總見〉，《臺灣日日新報》，一九一九年一月十日，版七。

88 〈木下曲馬團　抽籤券番號〉，《臺灣日日新報》，一九二八年一月二十六日，夕刊版二。

89 舉行此一活動者為神風女曲馬團。〈新竹特訊　贈品招客〉，《臺灣日日新報》，一九二五年九月二十二日，夕刊版四。

90 〈柿岡サーカス抽籤で自轉車白米等贈呈〉，《臺灣日日新報》，一九二九年三月二十日，夕刊版二。

91 卡爾．哈根貝克（Carl Hagenbeck，一八四四～一九一三）為德國之動物供應商及馴獸者，他經營動物與人種展示事業，最有名的是用「自然分隔」式來展示動物。馬克．貝考夫（Marc Bekoff）著，錢永祥、彭淮棟、陳真等譯，《動物權與動物福利小百科》（臺北：桂冠出版社，二〇〇二），頁三七三。

92 〈澤田の大サーカス　一日から大稻埕〉，《臺灣日日新報》，一九三九年十二月二十九日，夕刊版四。

93 〈矢野サーカス團　元日から日新町廣場で〉，《臺灣日日新報》，一九四〇年十二月二十九日，夕刊版四。

94 〈電報／曲馬術之好評〉，漢文《臺灣日日新報》，一九二二年一月十八日，版五。

95 昭和四年（一九二九）報上刊出這個臺灣馬戲團在臺北演出的消息，根據報導，其團員尚少，在臺北本町表演後，將在南瀛新報社廣島縣人會的援助下往華南演出。〈樂天地で興行〉，《臺灣日日新報》，一九二九年八月二十一日，夕刊版二；〈樂天地の曲馬　晝夜二回興行〉，《臺灣日日新報》，一九二九年九月二十一日，夕刊版二。

96 阿久根巖，《サーカス誕生——曲馬團物語》，頁一七〇～一八二。

97 西田實編，《木下大サーカス　生誕一〇〇年史》，頁五四～五五。該團戰後仍續有演出，如一九四九年時曾於高松博覽會中再度公演，甚至在一九五九年起赴西貢、香港、曼谷、臺灣巡迴表演，但時運不濟，一九六〇年在臺灣演出時，發生臺北新公園場地續租不果，以及娛樂稅課稅問題等而不獲准續演，轉赴臺北縣三重鎮表演，卻又與該鎮發生債務問題，收入被扣，至全團人獸斷糧的處境，境遇十分淒慘。但後來臺灣本土的遠東大馬戲團，是受戰後矢野馬戲團這次來臺公演影響而組成的。〈細數馬戲滄桑觀眾越發寥落　忍見人獸俱疲慨嘆日暮途窮〉，《聯合報》，一九八一年二月十六日，版三。

98 〈大馬戲團　男女個個懷絕技　出入江湖六十年〉，《聯合報》，一九六〇年五月八日，版三。

99 黃稱奇，《撐旗的時代》（臺北：悅聖出版社，二〇〇一），網路版：http://www.naw1.com/huang_book/CHPTER1.HTM，二〇一〇年七月七日擷取。黃稱奇，一九二五年生，臺灣彰化人。臺灣大學醫學院畢業。曾任臺大醫院內科醫師、臺灣省礦工醫院內科主任，後於基隆開業。國立臺灣文學館網站：http://www3.nmtl.gov.tw/Writer2/writer_detail.php?id=1911，二〇一〇年七月七日點閱。

100 林玉茹、王泰升、曾品滄訪問，吳美慧、吳俊瑩記錄，《代書筆、商人風——百歲人瑞孫江淮先生訪問紀錄》（臺北：中央研究院臺灣史研究所，二〇〇八），頁九。

101 山下正男，〈わが三十一年の歩み〉，收於「むつみ」特集號編集委員會，《異郷の街（ポーレーシャ）

——私たちの昭和前史・その前々史》（甲府市：東和プリント社，一九八二），頁六三。本書為埔里鎮圖書館特藏書，感謝該館惠允影印參閱。同樣是在埔里社觀看馬戲團演出，透過記者的引述，有另一種很不一樣的看法：昭和七年（一九三二）矢野馬戲團到埔里社演出時，報上刊出「蕃社」頭目的感想，把象看成是大水牛，猿猴的表演很懂禮貌，女孩的演出像是搏命，結論是日本人很偉大。這條報導代表記者的認知，不一定是事實。〈埔里たより／夜は目下開演中の矢野曲藝團の見物〉，《臺灣日日新報》，一九三二年十二月十三日，日刊版三。

102 林衡道口述，卓遵宏、林秋敏訪問，林秋敏記錄整理，《林衡道先生訪談錄》（臺北：國史館，一九九六），頁七九。

103 施叔青描寫日治時期一位東部原住民在日人移民村看到矢野馬戲團海報，「上面一隻龐大灰色、鼻子長長拖到地上、奇形怪狀的生物，笛布斯從沒見過的東西。他納悶地回家，在村子口碰到族人們奔相走告，成群到南濱碼頭看熱鬧……大象在水深的蘇澳上岸，沿著蘇花公路走了三十公里路來到花蓮。笛布斯和看熱鬧的族人跟在大象後走了全程。『矢野馬戲團』的陣仗令他大開眼界……」施叔青，《風前塵埃》（臺北：時報出版，二〇〇七），頁二一九～二二〇。

104 呂紹理，《展示臺灣》，頁二九三～二九四。

105 英國哈洛德百貨公司（Harriods）在一九六〇年代末還在販賣小獅子給一般消費者飼養。參見安東尼．柏克（Anthony Bourke）、約翰．藍道（John Rendal）著，蔡青恩譯，《重逢，在世界盡頭：從倫敦到非洲的人獅情緣》（臺北：遠流出版社，二〇〇九）。

106 呂紹理，《展示臺灣》，頁一九九～二〇〇。

107 事實上，山地警察也常是博物學研究者蒐羅活體動物或動物標本的重要來源。警察本署提供動物展品，參見一九一六年四月十六日張麗俊對臺灣勸業共進會的觀覽記載：張麗俊著，許雪姬、洪秋芬、李毓嵐編纂．解讀，《水竹居主人日記（四）》（臺北：中央研究院近代史研究所、臺中縣文化局，二〇〇〇），頁三二四。

108 〈島政／設臺灣館〉及其附圖，漢文版《臺灣日日新報》，一九〇三年三月一日，版五。

109 見黑田長禮著，吳永華譯，〈臺灣島的鳥界〉，收入吳永華著，《被遺忘的日籍臺灣動物學者》（臺北：晨星出版社，一九九六），頁一四四。

110 張麗俊著，許雪姬、洪秋芬、李毓嵐編纂．解讀，《水竹居主人日記（四）》（臺北：中央研究院近代史研究所、臺中縣文化局，二〇〇〇），頁三二五～三二六。

111 當時中華民國人士張遵旭亦曾來臺觀看這次勸業共進會，於一九一六年五月二十日留有記載，參見其《臺灣遊記》。（參見中央研究院臺灣史研究所臺灣日記知識庫）

112 世界史上水族館的歷史大約可以分成幾個階段：草創期是一八五〇年代至十九世紀末，以歐洲法國為先驅，並漸傳至歐美其他國家，日本於一八八二年設立上野動物園時，也在園中一角設了觀魚室；二十世紀初至二次世界大戰前後可視為第二期，當時亞洲除日本外，臺灣是在第二期中開始建置水族館，英屬印度亦設有水族館，另東歐、加拿大與中南美各地亦興起水族館設施；戰後五十年則進入第三期。堀由紀子，《水族館のはなし》（東京：岩波書店，一九九八），頁二～八一。

113 日本靖國神社中奉祀的動物是軍犬、軍鴿，之外再加上軍馬。

114 鹿又光雄，《始政四十周年記念　臺灣博覽會誌》（出版地不詳：臺灣博覽會，一九三九），頁六六五、六

七一、六七二。

115 英國的雪菲爾大學（the University of Sheffield）設有一個關於這類娛樂活動的歷史研究網站「National Fairground Archive」，研究包括馬戲團、巡迴動物園、魔術、遊樂場與海邊遊樂園等表演活動的歷史與文化，網址：http://www.nfa.dept.shef.ac.uk/history/index.html，二〇一二年九月十一日點閱。

116 參見一九〇三年第五回內國勸業博覽會，餘興動物園動物目錄相關出版品之說明：織田信德，《餘興動物園集容動物目錄及解說》（大阪：第五回內國勸業博覽會餘興動物園，一九〇三），頁一～二。引自日本國立國會圖書館數位圖書館網頁，「近代デジタルライブラリー」：http://kindai.ndl.go.jp/info:ndljp/pid/832905，二〇一二年九月二十日點閱。

117 汽車被引入臺灣可能是一九一二年之後，至一九二〇年代才漸盛。一九一二年之時間，係參考以下報導推估，據記者所言，一九一二年時日本東京的貨運用汽車約兩百輛。〈無絃琴〉，《臺灣日日新報》，一九一二年二月二十三日，版二。尼格爾·羅特費爾斯的作品曾對十九世紀末、二十世紀初，主宰世紀動物貿易的德國哈根貝克家族從捕獲者手中取得動物的長程運輸有詳細的描繪，也可據以想見當時艱困的運輸過程對動物的折磨情景。參見：Nigel Rothfels, *Savages and Beasts: the Birth of the Modern Zoo*, pp.53-59.

118 張麗俊著，許雪姬、洪秋芬編纂．解讀，《水竹居主人日記（二）》（臺北：中央研究院近代史研究所、臺中縣文化局，二〇〇〇），頁三三五～三三六。

119 〈大稻埕市場の動物園〉，《臺灣日日新報》，一九一〇年六月十七日，版九；〈動物園の競爭〉，《臺灣日日新報》，一九一〇年六月二十三日，版九。

120 〈動物園を観る　猛獸の吼ゆる聲〉，《臺灣日日新報》，一九一〇年十一月十七日，版七；〈動物園の日

延〉，《臺灣日日新報》，一九一〇年十一月三十日，版七；〈動物園〉，《臺灣日日新報》，一九一一年二月一日，版五；〈博物館の新陳列品　異彩を放つ大蛇〉，《臺灣日日新報》，一九一一年二月十八日，版三；〈矢野動物園來る〉，《臺灣日日新報》，一九一四年十二月三十一日，版五。

121 〈岐阜博覽會臺灣館去一日興工〉，《臺灣日日新報》漢文版，一九三六年三月三日，版八。

122 可參考岐阜市歷史博物館網站中有關博覽會明信片的部分，「館蔵品紹介　絵はがき」：http://www.rekihaku.gifu.gifu.jp/kanzouhin/postcardindex.html，二〇一二年六月十九日點閱。

123 可參考岐阜縣圖書館網站中，「鄉土繪葉書」裡有關躍進日本大博覽會之繪葉書：http://www.library.pref.gifu.lg.jp/digitallib/ehagaki/8111647168.htm，二〇一二年六月十九日點閱。

124 程佳惠，《臺灣史上第一大博覽會——一九三五年魅力臺灣 show》（臺北：遠流出版社，二〇〇四），頁七二～七三，表一～五。

125 日本國立環境研究所侵入生物資料庫網站，http://www.nies.go.jp/biodiversity/invasive/；以及日本農林水產省的調查：http://www.maff.go.jp/j/seisan/tyozyu/higai/h_manual/pdf/data8.pdf#search='タイワンリス'，均為二〇一二年六月二十日點閱。

126 〈實業彙載／查樟母樹〉，《臺灣日日新報》漢文版，一九〇八年六月二十三日，版三。

127 尤少彬，〈臺灣赤腹松鼠的生態與防治——兼論不平衡自然體系下之野生動物問題〉，《科學月刊全文資料庫》，一三八期，一九八一年六月，http://210.60.224.4/ct/content/1981/00060138/0004.htm，二〇一二年六月二十一日點閱。

128 〈金華山リス村〉，日文維基百科，並可直接查詢該松鼠村官方網站：http://www.kinkazan.co.jp/0000.htm，二〇一二年六月二十日點閱。

129 辛科利夫（Steve Hinchliffe）著，盧姿麟譯，《自然地理學：社會、環境與生態》（臺北：韋伯文化公司，二〇〇九）。

130 另一個經由動物園或博覽會的動物展示而造成的外來動物繁殖例子是臺灣獼猴，日本科學史研究者瀨戶口明久曾從環境政治學的觀點，針對臺灣獼猴在日本和歌山縣等地與日本獼猴混種及其環境問題寫成專文。參見：瀨戶口明久，〈移入種という争点——タイワンザル根絶の政治学〉，《現代思想》，三一：一三（二〇〇三），頁一二二～一三四。

131 參考范發迪討論中國商埠中的博物學時，對近代廣州商貿社會的描述。范發迪著，袁劍譯，《清代在華的英國博物學家：科學、帝國與文化遭遇》，頁二八。

132 川添裕，《江戸の見世物》（東京：岩波書店，二〇〇〇），頁九二～一二四。

第二章 國家與動物園

本章將從國家政府來分析國家與動物園的關係，包括帝國、臺灣總督府及城市政府機關的面向。文中針對動物園的近代發展、圓山動物園的成立與經營，探討動物園對國家、地方政府的意義。

一、動物園的政治意涵

西洋各國中，由官府設置此類禽獸園、草木園、博物館等場所，芻蕘雉兔者亦得觀也。因思使下民得共遊樂、復可識博物等，為得裨益，應設此等場所。

——一八六二年日本遣歐使節團成員市川渡記，《尾蠅歐行漫錄》，轉引並漢譯自佐佐木時雄著，《動物園の歴史》（東京：講談社，一九八七），頁一七

（一）文明工具與帝國榮光

近代官方在首都或重要城市設立動物園，有別於私人的商業目的，常與帝國教化有關，具有文明象徵或宣示國家權威的雙重意涵。尤其在十九世紀至二十世紀初，歐美各大城市競相設立動物園，以作為標誌城市地位不可或缺的建設，並得到中產階級的贊助與支持。而動物園設立後，也因為符合城市休閒生活的需求，有助於人們暫時逃離城市的喧囂，創造散步

與社交場域，展現人與自然的聯結關係，而得到大眾的喜愛。二十世紀初一篇談論臺灣作為殖民都市規劃的報紙社論中，也曾舉歐美國家在南洋（大致為今日東南亞）的殖民都市為榜樣，認為植物園、動物園及運動場等休閒設施，為進步國家不可或缺的都市建設。[1]

動物園所具有的種種國家的文化意義，可以幾個顯例來說明。首先是維多利亞時期的英國，其所屬動物園多由動物學會等博物研究相關機構發起。宣稱以科學為職志的倫敦動物園，是源起於一八二〇年代創建新加坡殖民地的拉菲爾爵士（Sir Stamford Raffles），他身兼殖民官與博物學家，熱心為殖民地的動植物分類命名，並蒐集殖民地動植物，退職後將蒐藏帶回倫敦，成立倫敦動物學會及動物園，創設目的以科學研究為職志，並隨著逐步對中產階級與大眾開放，[2]而對倫敦市民日常生活產生深刻的影響。動物文化史研究者哈莉特認為，大英帝國動物園蒐集各地動物，有藉著擁有各殖民地動物來宣示國威的意味，因此倫敦市民到訪動物園時，園中動物就如同各自然棲地的代表，觀者彷彿看到帝國在殖民地擁有的榮光。[3]另一方面，在殖民地設置的動物園，也反映出帝國殖民者在當地知識與文化上的優越地位，如英國在海外設立的加爾各答動物園（Zoological Garden in Calcutta, Kolkata Zoo），是二十世紀初亞洲知名的近代式動物園，成立於一八七五年，與當時英國在孟加拉設立的博物館或亞洲研究學會有密切的關係。[4]研究者認為，英國、法國、荷蘭等殖民國在殖民地設

圖 2-1　1920 年代英國倫敦動物園的遊客騎乘大象。（資料來源：《新世界の旅より》，臺灣總督府圖書館藏書。中央研究院臺灣史研究所檔案館典藏）

立動物園，可視為文化輸入工具及為歐洲母國移民殖民地者設置的設施。[5]

有別於英國等歐洲殖民帝國，日本是近代亞洲的新興國家，但動物園的設立歷史，也同樣具有文明設施與國家榮光的雙重意涵；日本上野動物園成為亞洲第一個非由歐美殖民帝國設立的動物園，個中意義是很明顯的，因為這類動植物展示機關往往與科學進步、公眾教育、健康休閒娛樂等意識型態結合。[6]學者陳其南認為，日本設立包括動植物展示在內的博物館，是在引進西歐現代性價值中，同時孕育反現代的要素，尤其是國民國家和國族主義的思想，「甚至動植物標本也從原來的生態體系中被割離，移至動植物園和博物館，合理化為科學知識權威」，「成為協助合法化和進行文化霸權（hegemony）的一種機制」。[7]一八六〇年代幕府派遣人員出洋考察，帶回「近代西洋文明」的制度與設施，其中近代式動物園是作為博物館的一部分，也作為國家文明開化的象徵。

早在一八七〇年代，藉由博覽會參展品為基礎，日本即設立以巴黎植物園的自然史方向為典範的山下町博物館，開始動物的飼養、展示。巴黎植物園是法國大革命後，向公眾開放且具有科普與科學研究目標的風景花園，其實也是法國的國家自然史博物館，並帶領出動物公園的風潮，在這個公園裡，植物可說是動物獸欄的裝飾。而山下町博物館中陳列的動物，係以日本各地域的本土動物為主，也有來自對外戰爭中擄掠或從日本帝國外地運來的動物，如由陸軍省貢獻、來自臺灣的山貓，琉球及北海道買來的鷲與海狗等，另有向橫濱中國商人購買的廣東水牛與孔雀。[8]一八八二年成立的上野動物園，亦從屬於博物館，早期規劃朝自然史博物館的方向進行。雖然後來因為財政因素，動物園的經營朝向大眾娛樂設施發展，但基本上仍歸屬於博物館系統。[9]

中國最早的動物園也是在文明化、「導民善法」的目標下創設，設立後也對民眾日常生活產生影響，成為城市中休閒社交的重要場域。一九〇〇年庚子事變後，清廷派遣端方等五大臣出國考察，回國後，除針對軍政、教育提出建言，端方並於一九〇六年十二月提出「奏陳各國導民善法四端請次第舉行摺」，這「四端」就是指圖書館、博物院、萬牲園及公園四種「開民智而衛民生」的設施。其中有關萬牲園的說明是：「各國又名動物院、水族院者，多畜鳥獸魚鼈之屬，奇形詭狀，並育兼收，乃至獅虎之倫、鯨鱷之族亦復在囿、在沼，共見共聞，不徒多識其名，且能徐馴其性。德國則置諸城市，兼為娛樂之區；奧國則闌入禁中，一聽芻蕘之往，此其足以導民者……」將萬牲園定位在蒐集各國動物、水族，供一般大眾觀覽，以收教化與娛樂功效，[10]這也是一九〇八年中國在北京設立第一所公共動物園——萬牲園的起源。據英國《泰晤士報》報導，在英國記者眼中，此類新政呈現中國人渴慕西方生活方式，在趨新、趨洋的風潮中，萬牲園「是北京人娛樂方式中增加的完全效仿歐洲模式的新元素」，除了珍禽異獸，也包括花卉林木，代表一個「西方式」、「近代化氣息的新空間」，前往動物園一遊，成為北京居民舉家大事。由於萬牲園是中國人自辦的公園，足令北京市民感到自豪。[11]

以「文明工具」之名，動物園也曾被日本帝國運用為政治降服的象徵。在「日韓合併」的前一年，日本有意消除朝鮮民族精神，而主導將原朝鮮皇家昌慶宮改設動物園，命名為昌慶苑，即京城御苑動物園，朝鮮宮內府事務局局長則成為動物園園長。次年日韓合併，韓王被稱為李王，該園也改稱李王職動物園。日治期間，都由日本人園長掌理動物園事務。一九八四年昌慶宮復原，該動物園遷往現在的首爾大公園，與植物園、玫瑰園、兒童樂園、美術館等，同被規劃進大型主題公園。[12]而一九四二年開園的滿洲國新京動物園（位於今日吉林長春），雖非屬日本領土，但實為日本傀儡政權下的動物園，因此也是日本人建立實驗性質新式動植物園的地方，計劃以生態展示，全面採無柵欄方式飼養，並結合「北方馴化動物」的目標，某種程度也是日本人藉以彰顯其文明優越感的設施。[13]

日本帝國中，第一家設立的動物園是上野動物園（一八八二），屬於國家級的動物園，也是帝國圈內的龍頭，研究者認為，該園之經營大大影響到當時日本勢力內的其他動物園，各園都是在上野動物園的基礎上創設或改革，而日本勢力內的動物園也都以公立為主，大異於歐美動物園。[14]上野動物園設立不久即從商務省改歸宮內省，成為皇室的財產，關東大地震後，一九二四年才由皇室「下賜」給東京市，移由東京市管理而走向大眾化。[15]第二家成立的京都市紀念動物園（一九〇八），一開始就有意與上野的國家動物園區別，以自治體成立，具有市民性格，成立主旨明訂以啟發公眾一般智能為主；其後日本帝國內成立的其他動物園，也多具有這種市民性格。日韓合併後，李王職動物園成為日本帝國內第三家動物園，大阪天王寺動物園則是第四家（一九一五），臺灣的圓山動物園在同年成立，是當時日本五大動物園之一。沒有寫入近代動物園歷史的，還有東京淺草的花屋敷（一八五二，花屋敷指擁有動植物的遊樂園）、由娛樂業商人或動物商成立的名古屋今泉動物園（一八九〇）、豐橋市的安藤動物園（一八九九）。依動物園研究者川村多實二的看法，這些地方雖然都飼養大量動物，但和日本幕末的動植物遊樂園一樣，完全以大眾娛樂為主要設立目的，不是「通俗學術教育」機構，因此與近代的動物園有所差異。[16]也就是從另一方面來說，這些沒有被寫入動物園歷史的動植物遊樂園，是民間自行成立的營利事業，與公營的性質有所差異。

在臺灣尚未正式設立動物園之前，臺灣的報紙經常談及上野動物園，除了代表該園的龍頭地位，其中有些飼養的動物來自臺灣，故也象徵殖民地與母國間的上下權力聯結關係。依一九一三年底的一篇報導，上野動物園內由臺灣官民寄贈的動物中，獼猴最為遊客所喜愛。報導者強調該動物園對兒童的教育功用，如宜蘭山區的鳥，在平地是珍寶，對日本兒童也是很好的「實物教授品」。而臺灣獼猴送入上野動物園猴檻後，與原有的日本獼猴及其他產地獼猴激烈格鬥，結果成為猴王，記者且仔細形容臺灣獼猴具有「日本武士的典型」。當時上野動物園所藏與臺灣有關的動物包括：臺灣產水鹿（宜蘭廳長寄贈）、一對捕自宜蘭山區的鳥（宜蘭廳長寄贈）、臺灣野兔（臺南拓南社及日本土佐的原某氏寄贈）、南美產羊駝（民政長官內田嘉吉寄贈）、大熊（民政長官內田嘉吉寄贈）、蛇類（民政長官內田嘉吉寄贈）等。[17]戰後初期日本研究者談到日本外來動物史時，也不免要將日治期間臺北動物園的動物寫入。[18]

以臺灣動物呈獻皇室的例子，更彰顯動物被運用在帝國與殖民地之間領有與順服的關係。一九一八年，臺灣總督明石元二郎首先將在阿里山捕捉到的「尾長猿、山雉子二羽、竹雞、帝雉二羽」獻給日本大正天皇夫婦，飼養在皇家的新宿御苑；一九二三年，日本裕仁皇太子來臺，以軍艦比叡號載回臺灣各界的獻上物品，其中包括臺北圓山動物園的主管（佐藤磯吉[19]囑託，即動物園主任）所帶的代表臺灣特有的動物，包括活物與標本，總共一百零四種、五百零六隻到東京，裝了三輛貨車呈送到東宮御所。這麼多的動物，幾乎是一座動物園的規模，也代表臺灣各種動物的縮影。在裕仁返日剛抵達的第二天早上，這些來自臺灣的動物便全部陳列在御所廊下，佐藤囑託利用一個多小時，詳細向裕仁解說臺灣的各種動物。裕仁對阿里山的山椒魚、藪鳥、木蜥蜴、加令、高麗鶯、腰白金雀、畫眉等深感興趣，而留在其宮室飼養賞玩，此外珍貴鳥獸則送至上野動物園供大眾觀覽，另有一半送到新宿御苑飼養。據記者報導，皇太子對於臺灣鳥、獸、爬蟲類很有研究，對這些動物的分布狀態是專家，連鳥類專家佐藤囑託也幾度無言傾聽。此行佐藤同時將臺灣獼猴及斑頸鳩各一對，呈送給同年也來臺的伏見宮博義王。[20]

（二）帝國中的動物園儀式性觀覽

從上述可知動物園作為國家的文明化象徵、權力關係設施之一斑。而本小節擬以觀看作為一種國家權力的儀式，來回顧二十世紀初臺灣人到日本帝國內地觀覽動物園的經驗。日本皇室觀覽上野動物園的活動，當時也曾在臺灣的媒體披露，[21]報導中仔細描述皇族觀覽的動物與其觀覽趣味，除顯示觀看動物園的優越與文明性，也藉此彰顯皇族擁有此一帝室動物園的權力。另一方面，殖民地臺灣民眾對以上野動物園為主的觀覽，實亦有政治文化上的意義。

在官方設立臺北動物園前，不少臺灣人曾赴島外觀看近代式動物園，並且寫入遊記。除去臺灣大家族出身者從事的環球之旅外，該等旅遊經驗最常是因為參觀日本內地博覽會而發，甚至是在官方的贊助下成行，可以說是一種殖民地人民到殖民母國的儀式性觀覽，是另一種帝國權威的「可視化」。十九世紀末、二十世紀初，臺灣人到日本觀光的主要行程，除了往訪皇居等具有帝國統治符號的地點外，代表「文明」設施的博物館、動物園、植物園也常不會被略過，因此遊記中，這幾個場所的紀要幾乎都是寫在一起，多數表達出開眼界、觀賞稀有動物「異國風情」的心情。這種觀看近代動物園的經驗，與當時（主要是二十世紀初）在島內觀看市場內或市區空曠空間中，由商人基於商業目的而提供的馬戲團動物表演或巡迴動物園的動物展示，雖然同樣以動物為工具，但因為官方動物園的存在有更多政治的考量而有所區別。

以下舉數個臺灣士紳在官方安排下赴日參加博覽會而到訪動物園，以及回臺後撰文回想的例子。明治三十四年（一九〇一），滬尾辨務署第二區庄長汪式金赴日參加九州沖繩聯合八縣共進會，調查九州的產業，並到大阪以東觀光，曾參訪東京上野公園內的動物園及淺草公園的動物園。[22]他提及觀覽的動物包括大象，強調是「活獸」，並對種類之多表示驚嘆。[23]明治四十年（一九〇七）到東京參觀勸業博覽會的江健臣，在博覽會地點上野公園同時觀看動物園，亦對其中大型哺乳動物大象等奇珍異獸之齊備印象深刻，留下「特奇」、「為臺地罕見者」之形容。[24]同次博覽會期間，到訪東京的傳統詩人洪以南也對博覽會的內容大為稱奇，事後他以漢詩記行，展場附近的動物園則使他想起中國《爾雅》傳統之學術與對動物的命名。[25]上述臺人觀看島外動物園的書寫，除顯示當時日本帝都動物園蒐藏了臺地所無的動物外，洪以南對傳統學問的提及，則反映出觀看者本身的文化土壤。因此，雖然在博物館及動物園中，主事者有意以西方的知識譜系為動植物的蒐集、整理、命名重作分類，使觀覽者經歷知識馴化的過程，[26]但觀覽者本身的文化背景，卻難免反映在其表述的心得中。

如果由他者來描寫觀覽心得，而不是由觀看者書寫本身的情緒與體驗，呈現的重點可能又有不同。以下列舉幾個經由官方安排、臺灣原住民到日本內地或對他們而言是異地的臺灣城市觀光的例子。如前所述，動物園被國家視為一項文明的設施，因此在安排原住民觀光行程時常是被強調的地點；就臺灣島內而言，在臺北的官方動物園設於臺灣神社旁的圓山公園內之後，參拜神社而後觀覽動物園，更成為一個官式例行旅程。[27]明治三十三年（一九〇〇）七月，阿里山鄒族知母勝社學生阿帕利（アパリ），在嘉義辨務署第三課課長石川的帶領下，於臺灣本島及日本內地的大城市進行了為期三個月的觀光行程，這名學生在上野及淺草公園觀看各種珍鳥異獸時，覺得「頗為有趣，但見到臺灣所產的鹿與山豬時，開始懷念故鄉」，顯示觀看動物時，鄉土經驗產生的情感連動。[28]明治四十四年（一九一一）九月，臺灣總督府曾安排兩位警部帶領四十多名臺灣原住民到日本內地觀光，在東京看了動物園及博物館，據記者報導，原住民把象當成水牛，象鼻則視為水牛的尾巴。[29]次年，另一批臺灣原住民因為東京上野公園舉辦拓殖博覽會而被安排到該地觀光，行程中也看了動物園，據報導，原住民見大象居然有牛的四倍大，驚異於日本人竟能掌控猛獸；同時他們把獅子比喻為「大貓」，見到河豚（疑指河馬）則視為「水中大豬」。[30]新竹州大湖郡的各警察駐在所甚至到所謂「蕃地」播放有關圓山動物園與日本動物的活動寫真片（影片），讓觀看者對帝國統治者產生巧妙驚異的經驗。而花蓮港廳璞石閣（今花蓮玉里）的原住民被安排到臺北時，看到捕自花蓮山區、後由當地巡查捐贈給圓山動物園的月輪熊（黑熊），腳步不忍離去；在博物館中看到山貓、鹿以及象等剝製標本，則訝異其逼真。[31]這些事例都顯示觀看者是基於自身的動物經驗，與陌生的、異域的動物相遇，並藉著原有的動物經驗去比附與聯想；而報導者則在這類報導中，經常強調被殖民的他者（臺灣原住民）觀看動物時所顯示的無知、驚異與讚嘆。

上述觀看經驗，大致顯示在動物園對觀看者進行知識馴化的同時，卻也喚起了觀看者本身的文化背景及實際生活經驗的回憶，而當時臺灣人所熟悉的動物，以家畜的水牛、山豬、貓及野生的鹿、熊為主，這些動物也常被用來比附形容新見的異國動物。

另一種島外觀看動物園者，則從自然界物種差異中生出階級觀，並思及人類國家社會的競爭，而發出優勝劣敗的感觸。深具漢學素養的《臺灣日日新報》記者魏清德，曾以筆名「佁儗子」，記錄自己在一九一三年到日本內地一遊，參觀上野動物園的心情。他注意到公獅及母獅分籠而居，請教原因後得到的說明是：「產地異。種類差。同籠則日夜軋轢無已。必斃其一。」他因此體會到「物種之排斥。亦行於禽獸」，並聯想到各國對外政策「其猛烈當不讓於獅子」、「武裝之平和。口頭禪之正義。視獅子猶險」。他仔細記錄了所見到的動物，最後的結論是動物園中種種動物：「皆供人賞玩者。人智在萬物之上。故能使萬物為權利義務之□□。淘汰競爭。劣敗之人種亦當降主體而為優勝者之客體。不能無思。」[32]也就是他認為人類高於萬物，而人類中強者也必定支配弱者。

魏清德同時又以筆名「潤菴生」，透過漢詩談觀看上野動物園所感，點出離開「江山故國」進入新「繁華園」的動物之淒涼。他描述上野動物園的非洲鴕鳥：「鴕鳥菲洲產。疾行駕駟驤。無功憐就養。有翼不能翔。莎草何邊認。江山故國望。繁華園上野。飲啄總淒涼。」[33]寫出鴕鳥有翅難翔、在繁華園想念原居地（「故國」）的淒涼感。這究竟是暗指臺灣被剝離故國、受日本殖民控制的悲哀；或是揣想動物遠離棲地，無法發揮原有能力的「同理心」；抑或兩者兼而有之？筆者不敢斷言。若為前者，顯然寫出了殖民地人民觀看動物園特殊的心境；若為後者，則是與動物同感，將動物作為一種有感覺的生命來觀察。無論是何者，魏清德從被圈養動物的可憐與淒涼，映照到人類離散故國的哀愁，對照上段因自然界物種差異而對現實世界優勝劣敗的感觸，都深刻寫出了二十世紀初臺灣人觀看動物時，從觀察大自然的生命而返身自照的時勢感，可說是人類在動物園內，透過對被圈養動物的凝視，產生對自然的「（人文）社會體驗」。

就異地動物園的儀式性觀看對自然的社會體驗而言，也可對照中華民國大陸人士旅行到殖民地臺灣的回憶。原籍湖南的沈儆樵於一九三七年元月，在板橋林家成員林爾嘉的陪伴下，經由廈門來臺旅遊。他觀看臺灣動物園的感想略從兩方面發抒：「亦是中國傳統博物學的喚起，另則是自然界中愚智高下的差別，令他想到生命裡福禍相倚的道理。因此他提到博物學之可廣見聞：「似王鑄九鼎，所以覺斯民；柏翳著山經，所以廣見聞；君子貴博物，記醜非其倫。」並感嘆福禍相倚中動物的處境：「毛羽非不豐，未能庇其身；爪牙非不利，胡為擒於人？人生天地間，角逐若紛紛；……萬物為芻狗，大造何不仁！」對照上段魏清德使用故國等與殖民地情境有關的文字，沈傲樵對動物園的觀看，筆下似乎更流露其中國文人的知識來源與對人生天地間角逐的慨嘆。[34]

（三）展示叢結：博物館與動物園

臺灣本地最早的官方動物園，是設在一九一三年總督府殖產局博物館之下的小型動物展示場所。如前章所述，十九世紀末、二十世紀初的博覽會與博物館都屬於「展示叢結」的一環，兩者最大的差別在於博覽會是臨時機構，展期結束後即消失，以殖產興業為主要目標；而博物館則是常設機構，以社會教育為主要目標，所有西方知識系統中所認知的「文明」事物都含括在展示的內容中，動植物亦不例外。

但是動物園在臺灣的動物展示歷史，卻有從自然博物館走向公園休閒設施的趨勢，從早期列為博物館中自然物的一種，到僅留存動物標本及骨骼皮毛等在博物館，而將活體動物的飼養與展示獨立出來，在公園的一角成立動物園。依陳其南的研究，除了馬偕在一八七一年所設立的博物室外，臺灣第一所公共博物館是一九〇一年由臺南縣（後來改為廳）官方成立的臺南縣博物館，其展品中有魚鳥獸類之剝製和解剖骨組、動物之繪圖、農產品動物等。這所公共博物館的前身是物產陳列所，早在十九世紀末，日本殖民政府已善用展示物品來推動產業，因而在臺南、臺北、臺中陸續成立了物產陳列所（或陳列館），與前章第三節所述的展覽會，都在殖產興業的原則下推動。動物標本外，臺南博物館早期也飼養孔雀、梅花鹿及鳥類等，其中孔雀是總督寄贈，梅花鹿則是由屏東阿緱廳代購自小琉球，據報導，活的動物展示為博物館吸引了不少民眾，小琉球梅花鹿的「秀美」還受到民眾稱讚，記者特別指出「與內地宮島產之神鹿殆相伯仲」。但到一九一三年時，除鳥類外，其他動物都漸移飼於臺南公園，而早年臺南博物館內的鳥類標本，數量與種類據說也比臺北的總督府博物館還

圖 2-2　銀座街頭穿動物皮草的女士被形容為動物園。（資料來源：《臺日畫報》2 卷 2 號，1931 年 2 月 15 日）

圖 2-3　臺灣總督府博物館動物標本陳列室。（資料來源：費邁克集藏。中央研究院臺灣史研究所檔案館典藏）

多。[35] 從臺南博物館的例子，可知博物館與動物園、甚至公園的早期歷史間的互動關係，但至少到一九一三年時，鳥類以外的動物展示已從博物館中區別出來，博物館既不展示動物生存的生態環境，也不典藏活體生物的生命史活動。具有市民休閒娛樂新模式、代表進步健康與文明的市民生活空間的公園，提供了蒐藏動物的去處，這也顯示活體動物的展示，從學術與社教功能逐漸走向市民休閒功能的傾向。

這種發展更可以在直接催生臺灣官方動物園的總督府博物館看到。總督府博物館的規劃是從殖產興業商品的產業展示，發展為科學性的自然史博物館，主事者是殖產局農務課的川上瀧彌，而動物部門的主要關係者則是伊藤祐雄、新渡戶稻雄、菊池米太郎、稻村宗三、林旭、素木得一等。[36]據森丑之助回憶，菊池米太郎在殖產業擔任採集工作，連飼養在總督府官邸庭園內的梅花鹿、孔雀、鷹、鳩等動物，他都敢開口請求作成標本。[37]這些專家也是一九一〇年成立的臺灣博物學會主要成員，亦為一九一二年起出版《臺灣博物學會會報》的重要研究支柱，其中如素木得一，後來也參與了一九三〇年代的臺灣天然紀念物動物方面的調查工作。博物館在學術研究與社會教育的取向上，與臺灣主要的動物研究者有密切的往來，事實上，兩者幾乎是當時臺灣自然史研究體制與人員的重鎮，可說是相應成套的知識生產與傳播機構。在國家權力的意義上，日本皇室也藉頻繁觀覽總督府博物館，來作為統轄臺灣的政治儀式。[38]另一方面，自然史學者與動物園經營的關係卻不如與博物館那般深，臺灣博物學會的刊物也罕見動物園的相關活動報導，似乎明白區隔了博物館與獨立後的動物園之間的功能。換句話說，雖然動物園和博物館一樣都是代表「文明」的設施，近代臺灣動物園的發展走向卻更趨近於市政性，與地方的關係更為密切，如何滿足市民的需求，往往是經營者的重要考量。

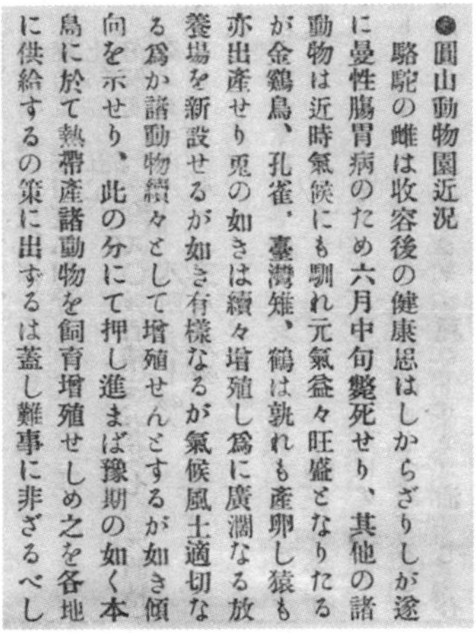
●圓山動物園近況

駱駝の雌は收容後の健康思はしからざりしが遂に慢性腸胃病のため六月中旬斃死せり、其他の諸動物は近時氣候にも馴れ元氣益々旺盛となりたるが金鷄鳥、孔雀、臺灣雉、鶴は孰れも產卵し猿も亦出產せり兎の如きは續々增殖し爲に廣濶なる放養場を新設せるが如き有樣なるが氣候風土適切なる爲か諸動物續々として增殖せんとするが如き傾向を示せり、此の分にて押し進まば豫期の如く本島に於て熱帶產諸動物を飼育增殖せしめ之を各地に供給するの策に出ずるは蓋し難事に非ざるべし

圖 2-4　臺灣博物學會刊物中提及圓山動物園近況。（資料來源：《臺灣博物學會會報》，1916 年。國立臺灣圖書館典藏）

二、市政型動物園

入園觀動物。禽獸各有異。幼兒纔三歲。憨態智未饒。見狼云是犬。見虎云是貓。見鹿云是馬。聞者能解嘲。阿父教獸名。幼兒即應聲。猛虎臨風嘯。幼兒啻又驚。

——小維摩，〈圓山觀動物園〉，《臺灣日日新報》，一九一六年四月五日，版三

（一）從博物館到公園

臺灣近代式動物園的設立，事實上與都市建設的階段性發展相關，亦即在鐵路等重要交通網建立後產生了需求。最早提議在臺灣設立動物園及水族館的言論，出現在一九〇八年十月臺灣縱貫鐵道全通式舉行前。當時西方式都市建設常與鐵道系統有關，鐵路經過的地方往往會設置公園、植物園、動物園、博物館等。[39] 因此在籌議鐵道全通式慶典的同時，也有論者公開主張設立一座兼具娛樂與研究功能的臺灣動物園及水族館，希望臺灣豐富的生態環境

中，除苗圃試驗場及博物館外，也有蒐集臺灣珍貴海陸動物的機構。[40]然而，這項提議或許因時間緊迫（距通車式過近）而沒有獲得迴響。但如前章所提及，在縱貫鐵道通車式完成後，臺灣民間的動物展示與相關臨時商業表演活動成長活絡，這也可能創造了市民對常設動物園的期望。

到了一九一一年末，總督府博物館從自然史的立場，開始規劃籌設一座小型動物養殖展示場所，透過臺灣各廳蒐集臺灣島特有的動物，[41]除學術目的外，也供一般民眾觀覽。地點在當時的農業試驗場所苗圃（位於今臺北植物園），在那裡飼養本島的小動物，以鳥類蒐集為先，之後逐步蒐羅獸類。[42]這處附屬於臺灣總督府殖產局博物館的小型動物園，創設時間為大正二年（一九一三）。臺灣總督府在創設計畫中提及，當時臺灣的珍貴動物並不少於日本內地所產，但是沒有一處可供民眾觀覽的動物園。因此運用地方稅追加預算一萬圓，將前農事試驗場苗圃的一部分規劃為動物園，其中六千圓用於建設一個「金網籠」（鐵絲網大鳥籠），高兩丈，長十間（約等於十八．一八公尺），寬五間（約等於九．〇九公尺），此外亦設計了「動物小屋」，也就是圍欄式的動物檻舍。主要蒐集的動物除鳥類外，另有豹等，希望從蒐集臺灣島特有的動物開始，漸次及於外國的動物。[43]

之前在地點規劃上，尚有於市區（當時所謂「城內」）「新公園」籌設動物園的報導：

「聞道總督府改正博物館制程。更擬建設動物園。而其位地大略決定新公園。次經費雖未確定。容由臺北廳籌出之。而將目下於博物館所畜臺東產熊兒、火燒島產蝙蝠、南投產猴及山羊等。移之飼育場。以供眾覽。蓋謂以供教育上資料為宗旨也云。」[44]證諸事實，除地點改為苗圃（當時位於所謂「城南」）外，各項報導大致無誤。新公園位於市區，腹地不如近郊。然此項報導實非毫無所據，因為早在一九〇五年總督府土木局規劃這座設於臺北市區中心的新公園時，在公共娛樂、衛生風紀、政治紀念意涵外，確亦曾將學術指導也列入考量，期望公園能兼顧娛樂與景致，栽培植物並飼養動物。[45]但最終還是研究取向為主的苗圃，在動物園的設立地點上勝出。

次年苗圃的動物園以臺灣總督府博物館附屬動物園之名成立，但其實未編列多少蒐集動物的經費，先將原博物館及總督府官邸飼養的動物遷到苗圃，以中小型動物為主，其中不乏今日視為家畜者，包括日本內地猴、臺灣猴、白鼻心、木鼠、熊、紅頭嶼（今蘭嶼）的雞及山羊、火燒島（今綠島）的大蝙蝠、火雞、鴨、小鹿、臺灣雉、鷹、兔等。這些動物主要來自臺中、南投、嘉義、阿緱四廳，[46]另外也有海外、尤其是東南亞寄贈者，如一九一〇年後主要在南洋發展的愛久澤直哉，便曾自新加坡寄贈苗圃小猴兩隻及懶猴一隻。[47]這所動物園在一九一三年五月一日開園，但一九一五年十二月，因臺北廳決定經營圓山動物園，原苗圃動物即決定移由臺北廳管理，實際移交的動物，除上述外，另有鴨、鴿、孔雀、棕熊、馬、羌、蛇等，共七十隻。[48]

總督府博物館之下動物飼養場移交臺北廳成立的動物園，正代表近代臺灣動物園的性格從自然史功能走向市民取向，尤其是都市休閒空間的功能。與這方面的發展相關的，是臺灣第一家由商人建立的常設動物園，它呼應了都市建設中中產階級市民的欲望，亦即觀看罕見動物、尋求休閒娛樂空間的需要，在民間對巡迴動物園產生濃厚興趣、引發商機後促成。商人片山竹五郎來自日本的馬戲團（大竹娘曲馬團），大正三年（一九一四）在圓山公園「舊花屋敷」創設動物園，並於是年四月五日試行開園。他強調此一動物園與向來的巡迴動物園有所不同，計劃投入更多設備，使它成為與公營動物園相當的動物園。[49]除片山氏外，另一位與圓山公園內的動物園設立有關的是日本人大江氏，他自稱在官營動物園之前，即曾從日本內地引入動物到圓山公園內，後來則留任官營動物園的飼養人員。[50]這座新設的動物園與巡迴動物園不同，除展示更多罕見的動物外，在空間上，巡迴動物園是暫時設於市場等人潮聚集處的廣場，而常設動物園則是設於風景清幽的公園中，更有利於創造供民眾賞玩休憩的散步空間，也將動物園的觀覽，從節慶式的一時觀看，轉換成長期的、與人們日常生活更密切結合的都市生活模式的一環。

這所基於商業目標成立的動物園，成立的直接原因是大竹娘曲馬團在前一年（一九一三）底及是年（一九一四）初在臺灣的動物表演大受歡迎，遂以此為契機，在馬戲團中另外成立大竹動物部，購入大蛇、鱷魚、棕熊等，專門從事以休閒娛樂為前提的動物展示活動（即日文中的「動物見世物興行業」）。此後該團除在臺灣成立定點的民營動物園外，在日本也維持了多年的動物展示生意。[51]如前章所述，這種民營的動物見世物興行業，在日本江戶時期常被稱為花鳥茶屋或孔雀茶屋，亦即設在都市中園地的茶屋同時附有動物之展示，可說是城市中公園及遊樂場的原型。[52]雖然片山竹五郎所設的動物園以達到公立動物園的水準自期，然而事實上後來官方接手該園後，對於虎、豹等「猛獸」之檻，都再作了加強措施，詳細的整備清單中包括柵欄、猛獸室、駱駝室、小鳥館、小動物鸚鵡館、大鳥館、水禽籠、猿雜居室、鱷池等。[53]而片山家族向來經營動物表演事業，與官方設置動物園的文明啟蒙意義及提供市民休閒場所的角色，偏重亦各有不同。

臺北廳在大正四年（一九一五）五月，藉御大典紀念事業的名義，[54]買收民間於圓山公園內經營的動物園、合併前述苗圃中飼養的動物，復從矢野馬戲團／巡迴動物園購買更多動物，並在設備上再加充實。[55]次年（一九一六）四月二十日，藉一次吸引日本內地投資臺灣的博覽會——臺灣勸業共進會舉行之機，圓山公園內的官營動物園正式開園。一九一七年，

圖 2-5　1920 年代的圓山動物園。（資料來源：《臺灣風景寫真帖》，1925 年。國立臺灣圖書館典藏）

東京的木村謙吉捐獻圓山公園附屬動物園門飾石膏製獅子像，東京三井物產株式會社亦捐獻圓山公園附屬動物園休憩用木造平房一棟，兩者因此都獲得木杯下賜（即賜予木杯作為表揚）。一九一八年，山本悌二郎復因寄贈圓山公園附屬動物園大蛇一尾，而得到木杯下賜。[56]

臺北動物園雖然以大正天皇即位紀念的名義而設，但設立以來，主管機關大致都是地方層級，亦即屬於臺北廳及其後（大正九年，即一九二〇年地方制度改革）的臺北市，是市政型的動物園，以市民為主要對象。當時主事者（臺北廳）似乎沒有建設一個大規模、具特色的文化設施的理想，而是朝向一項基礎城市設施規劃。類似的例子是京都的動物園，該園雖因皇家慶典而設立並植樹紀念，命名為京都紀念動物園，但事實上京都動物園的本質是市民自治體。另一個例子是一九二三年日本裕仁太子來臺視察，在所謂「東宮行啟」中，臺灣總督府博物館被列入視察行程，但圓山公園附屬動物園則否，亦可說明該動物園較屬於市政型性格，而非臺灣殖民地教化事業的代表性設施。[57]而就臺北動物園的設立經費而言，早在官方開啟設立動物園之初，即明治四十五年度（一九一二），總督府就以訓令第一六一號，將動物園費歸於臺灣地方稅支出經常部公園費項下。[58]因此可以說，臺灣總督府的立場，是將動物園視為公園的一部分建設。

（二）公園與動物園

近代臺灣的動物園從設立開始，就是以對公眾開放為主，可說是屬於民眾的場所，即使是在總督府博物館之下，亦以公眾觀覽為要務，而這個場所早期也一直附屬於市民公共休閒空間——都市公園內。[59]日本治臺後引入都市公園的觀念，有意改變臺灣傳統城市中以廟埕為社交場所的習慣；在日本人眼中，廟埕不符衛生要求，代表著不文明，而都市公園的興建，則可展現殖民者提倡的健康而衛生的市民生活模式，足以代表其進步與文明。[60]公園是市民逃離城市喧囂、避開擁擠人潮，散步攬勝，呼吸新鮮空氣的空間，園中豐富的動植物也是人們視覺的焦點，寄託著人與自然交流的理想，此外，公園更是重要的公共集會空間。

日治之後陸續興築的公園中，位於郊區、風景優美的圓山，是臺北的第一座公園，屬於自然休閒式公園；北臺灣與此型態類似的著名公園，是第二座設置的基隆高砂公園，而這第一與第二座公園的一角，便是官方動物園與水族館選擇的位置。在公文書中，購買圓山公園內的動物園並整理擴張，與同時進行的高砂公園內新設基隆水族館事宜，都是以地區性的公園管理出發，滿足市民大眾需求為其主要目標。臺北廳長加福豐次於一九一五年十月二十日，為募集這兩項設施的寄附金（即捐獻，實為強制性質）相關事項，以「圓山公園及高砂公園管理者」名義，對臺灣總督安東貞美提出經費說明的稟請，其中提及：

在臺北附近設動物園、在基隆設水族館，夙為一般人士的意圖，也有預先寄贈幾分經費提出申請者，但本來經費鮮少，而只能等待時機到來。今年春天圓山公園內以些許設備試行飼養動物，而該處動物之棲息意外呈現好成績，成為最受公眾歡賞的地方。另基隆設立水族館，不獨是基隆在住者的希望，也是一般所歡迎倡導者。

稟請中加福廳長提及「一般人士」的期望、「公眾歡賞」等，是設立動物園及水族館的主要原因。他規劃的資金募集方式，是以臺北廳內名望資產者為對象，標準為臺灣人資產兩萬五千元以上，及日本內地人繳納家稅年額十圓以上者，擬在兩年內募集四萬圓，其中三萬圓用於動物園的整備，一萬圓用於新建水族館。[61]將動物園與水族館都設置在公園內，可見當時這兩個與動物圈養、展示相關的設施所具有的都市民眾休閒空間的功能。一九一六年四月二十日圓山動物園舉行正式開園典禮時，臺灣日日新報社社長赤石定藏出席致詞，也再次確認動物園可供家族遊憩玩賞的價值：「（現在園中動物）初由本社寄贈二十四種、五十點，去年由苗圃移入二十一種、四十九點，此次新買入二十五種、四十九點。共七十種、百五十四點（按，總合有誤但原文如此）。雖其數未甚豐富，設備亦難云無遺憾。然利用天然之勝景，固饒風致，綠樹點綴其間，檻籠配置得宜，可為帶子女曳杖其上之絕妙消遣場所。」[62]

上述向地方人士募集經費的方式，一度引起公開的批評。曾任臺灣總督府法院判官（法官）、辯護士（律師）的評論家兼實業者伊藤政重，[63]便對臺北廳長加福豐次發出公開信，嚴詞批評其在設立動物園的過程中，違反內務大臣對動物園案延緩進行的訓令，片面決定藉御大典紀念的名義，執行強制性的樂捐，以作為動物園設置金及維持費。[64]但臺北地方團體組成的臺北中央公會會長木村匡亦出席了圓山動物園開園典禮，由此看來，地方團體大致是支持加福廳長政策的，反對者並沒有達成目的，加福廳長順利募集到經費，成立了官方動物園。這兩座分設於圓山公園內的動物園及基隆高砂公園內的水族館，於正式開園後，自一九一六年四月二十五日開始對一般公眾開放，收費標準是大人（十二歲以上）五錢，小孩（六歲至十二歲）三錢，六歲以下免費，三十人以上的團體收費八折，公益、教育、慈善團體及軍隊則收費五折。到了地方制度變革，主管機關改為臺北市後，於一九二一年提高收費為大人十錢，小孩五錢，但團體的部分降價，與軍人均為五折。另外，若有學生要到園內研究學術及畫水彩畫，則免收觀覽費，但要攜帶證明券。[65]這樣的收費標準大致是一般中產階級可以負擔的，而以折扣鼓勵公益、教育、慈善團體及軍人參觀，也部分實踐了官方藉動物園施行教化的目的。[66]事實上，以普及為原則的入園收費，也常是臺北市協議會會員關心的方向。[67]

上述有關基隆港邊水族館之設立，實為臺灣一項全新的嘗試。從報導中可知，規劃與實行的過程中，基隆地方水產業者曾在水族的蒐集上予以協助（如從漁獲中提供鹹水魚）。或許因其營運方針非由學術界主掌，在開幕之初，針對未來的活動方向，曾有人主張定期舉辦「試食會」，由廚師挑選水族館內飼養的魚類作成美味可口的料理，以增加趣味。[68]不知此議是否真正實踐，但亦可由此想見當時官方興辦水族館，並非全朝觀賞魚的方向思考；當然館內蒐集之水族，除魚類外，也還沒有蒐集海中其他生物的規劃。

作為都市公園的一部分，動物園與市民的密切關係，可從許多家族旅遊的回憶裡尋得，顯現的是濃郁的庶民生活滋味，而非嚴肅的學術研究或官方教化氣息。瀛社詩人王少濤（名新海，以字行）在一九一六年時，以筆名「小維摩」，題名「圓山觀動物園」之古詩，記述他帶著長子嘉禾參觀開園不久的動物園的經驗：「黃昏出古寺。行行明治橋。宛轉圓山道。風靜柳垂條。入園觀動物。禽獸各有異。幼兒纔三歲。憨態智未饒。見狼云是犬。見虎云是貓。見鹿云是馬。聞者能解嘲。阿父教獸名。幼兒即應聲。猛虎臨風嘯。幼兒啻又驚。歸來天昏黑。星光幾點明。抵家猶記憶。說與隣人聽。」[69]詩中記錄詩人於黃昏時分帶孩子散步出遊，在幽靜的氣氛裡走進動物園，幼兒觀看罕見動物衍生種種趣味反應，在輕鬆愉快中教導孩子認識動物的名稱，貫串著父對子溫暖的情感，也彰顯動物園在常民生活中的休閒功能。由於當時是在正式開園之前，王少濤與其子應是免費入園。正式開園後雖有收費，仍是大受推薦的家庭遊樂場所，記者實地探訪，認為在近郊中，圓山的交通便利，收費也不高，據一九一六年時的估算：車資往返八錢，入園費大人每人五錢、小孩三錢，加上遠離市囂，地勢高低變化有致，可供遊玩一日而不倦。[70]

為發揮休閒與教育的特質，臺北廳在圓山公園整建動物園後，也曾將所蒐藏的動物以教育參考品的名義外借出展，以支援臺北以外的地區。一九一七年十一月間於臺中公園舉行的教育展覽會所設置的臨時動物園，即為其中一個例子。當時係由圓山動物園內動物飼育人員大江常四郎等帶了三十多種動物到臺中展出，包括猩猩、白猿、山豬、羌、白鼻心、天竺鼠、火雞、鴛鴦、丹頂鶴、九官鳥、蝙蝠、黃冠鳳頭鸚鵡、鱷魚、熊、豹、狐狸、狸、金鳩、白鳥等。[71]展出動物名單中，除中型哺乳類外，還有不少鳥類。值得注意的是，在這座臨時性的小動物園外，特別設置了一個運動遊樂場，放置體操設施與運動器材，如單槓、平衡桿、鞦韆等，擬供運動者與學生使用。將動物園與運動場結合，併設在公園內，是都市公園在創造市民休閒娛樂空間的目標下，長期延續的規劃方式，到一九三〇年代，更擴大為遊樂園（時人稱為遊園地），包括設於新竹公園內的新竹動物園，都是在此風潮中成立的；另高雄壽山公園也是一個著例，一九二〇年代初期規劃中，曾有天然式動植物公園的理想，以保護增殖動植物作為自然教育素材，一九三〇年代並

圖 2-6　充分發揮市民遊憩功能的圓山動物園。（資料來源：《臺北市動物園寫真帖》，1941 年。國立臺灣圖書館典藏）

圖 2-7　圓山動物園內相當受歡迎的大象。（資料來源：《臺灣寫真大觀　產業編》，1934 年。國立臺灣圖書館典藏）

圖 2-8　原產非洲的斑馬。（資料來源：《臺灣紹介最新寫真集》，1931 年。國立臺灣圖書館典藏）

結合兒童遊園地風潮，曾由州廳主管於一九三四年，從高雄州東港郡琉球庄（今小琉球）三十餘隻梅花鹿中，取兩對到壽山建屋養殖，然後再放到公園內。[72]有關該時代遊樂園與動物園的關係，將於第四章再探討。

（三）圓山動物園的經營

近代臺灣的動物園經營伊始是從日本的體系出發，因此也承襲了日本動物園公立的模式，多隸屬地方的市級政府機關，而非歐美常見的非營利組織的公益團體，也就是非由動物學會設立經營；如前所述，與動物學會的學術性質類似的臺灣博物學會，與動物園的關係並不密切。日治時期臺灣較具聲望且長期經營的動物園幾乎都附屬於官方，少見由私人經營者，同時期日本則另有私人動物園，是在交通幹線上由鐵道會社設立經營，此與一九二〇年代末、三〇年代的遊樂園時代有關。

早期公立圓山動物園的展示規劃是承接民營動物園，僅作了部分設施的擴充補強。而臺北廳克服籌募經費的困難成立公營動物園後，初期也似乎沒有為該園設置專職常任主管，對動物園的整體發展當有一定的限制。究竟官方接手圓山動物園後，初期有哪些專家參與？由於檔案文獻不存，我們僅能從報導的蛛絲馬跡去推測。大正五年（一九一六）四月二十日，圓山公園內的動物園正式開園，當天除了臺北廳長加福豐次到場致詞外，開園式後，代表園方引領貴賓巡視動物園的是大島正滿技師。[73]大島氏在總督府民政部土木局營繕課工作，兼任民政部殖產局附屬博物館勤務，負責博物館陳列品及調查動物園動物種類，[74]應也曾對圓山公園內動物園的規劃提出專業的意見，但可能是顧問性質，而非主事者。

日治時期臺北市動物園[75]的經營，主要由市役所之下的「課」負責，通常由課長兼任主管，而由囑託實際執行園內業務；可以說囑託即是動物園的真正負責人，因此外界常稱之為主任，而園長的職稱則自昭和三年（一九二八）才出現。該園所屬單位經歷過多次組織調整，曾歸屬庶務課、土木課、財務課、社會課、教育課等，到戰爭結束前是在土木課內，與公園及遊園地、史蹟名勝天然紀念物等事項均屬庶務係職掌。從各該主管單位來看，在組織設計上，臺北市役所對動物園的定位，仍不外公園等市民遊憩場所及社會教育兩種功能，而遊憩尤為主要。

但動物園的職員人數極其有限，以昭和十一年（一九三六）預算員額為例，除兼任的園長（即教育課長）外，園內的員額僅囑託兩人、雇員一人、看守（相當於今日的警衛兼售票人員，並負責向觀覽者解說）五人、保導員一人、飼養夫六人、園丁三人、常傭夫四人，總共二十二人。[76]除了囑託之外，到戰爭末期還出現了技師這個職稱，各實際負責人通常具有獸醫出身的背景，之前自一九二八年起，動物園即置有技手一職，承園長之命從事動物飼育保健工作，而獸醫則自一九三〇年起列入臺北市動物園的職員錄中，獸醫員額的定制化，可看成動物園開始重視獸醫在園內的角色，但人數仍不多。從上述預算員額中，亦可發現該園並未設置研究人員，亦無專責教育推廣者，業務重心主要在動物的飼養與展示。由於制度上管理者可能出身自與動物全無關係的背景，因此戰後有美國專家認為這是日系動物園的問題。[77]

圖 2-9 《臺日畫報》的「紙上動物園」專欄，介紹了印度的鱷魚與圓山的動物們。（資料來源：《臺日畫報》1 卷 2 號，1930 年 11 月 15 日）

飼養人員（即上述飼養夫）與動物互動密切，負責飼料調製給養及動物舍的清潔等工作，往往有豐富的飼育經驗，然因未受學院訓練，在市役所位階不高，未列入職員錄，但其角色實不容忽視，也可以代表日治時期動物園飼養動物的方式，亦即與傳統動物表演團體有很深的淵源，從馴獸與飼養經驗中摸索，具有強烈的個人氣質，也常強調個人與動物間親密的聯結。日治初期圓山動物園有一位著名的飼養人大江常四郎，[78]自島外帶動物到臺灣，養在圓山，雖然無明確資料說明，但其經歷很可能與大竹娘曲馬團有關。官方接手圓山公園內的動物園後，大江氏留任飼養人，在動物園內有重要影響力，曾受命帶園內動物到臺中借展（詳如本節第二項），也曾負責到日本內地及新加坡向動物貿易商購買動物，後來官方紀錄可能也因此將早期私營時期的圓山動物園創建者歸功於他。一九一九年，他接受採訪談及自己的動物飼養經驗，是重視食物調配與糞便觀察。面對外界批評園內動物營養不良、瘦骨嶙峋，他認為是檻欄式飼養的必然，因欄中動物強勝弱，弱者少食。但他辯明這不會危害遊客，動物再瘦也不能穿欄脫逃。不過，由園內繁殖、巴掌大的可愛小猴則會跑出檻外與遊客玩耍，雖然園內公告禁止餵食，但「看守」不能禁止遊客的好意。大江氏表示，動物本來住在深山內，自由慣了，如今關在檻欄中，運動不易，過胖會影響其壽命。他也觀察到遊客因接近檻欄，而易有虐待動物的問題——在檻外投石，刺入棍棒雨傘，激怒動物，揮打動物等，都對動物為害甚大。[79]

在法規上，動物園缺乏專責研究與教育人員的事實更為明顯。以「臺北市動物園處務規程」（一九二八年制定，一九三〇年改正）為例，動物園例行性須留下的工作紀錄包括以下五種：（一）動物園日誌、（二）飼養日誌、（三）看守日誌、（四）園丁日誌、（五）宿直（即夜班）日誌。其中各項登載的事項：（一）登載月日、星期別、天氣、氣溫、職員出缺勤情形、動物及工作機具檢點結果、園內事故及處理等，可說是園內一般行政管理事項；（二）由飼養人員負責，登載動物飼育及保健狀態、飼料配置、動物舍狀況；（三）、（四）及（五）登載勤務者姓名、作業勞動與巡視狀況等。[80]上述各項中，教育、研究業務均不在其中。

人事之外，一九一六年起動物園就訂有門票收入規定，成為重要的財政來源。其經費雖然是以臺北市的市費為主，但仍須依賴總督府的補助，以昭和十一年度（一九三六）為例，歲入三萬九八〇七圓中，市費佔兩萬九八一一圓，總督府補助金佔九九九九圓，前者約佔四分之三，後者約佔四分之一。[81]由此亦可知，雖然動物園的主管機關為市役所，屬都市型動物園，但或因臺北在政治上另有島都地位，因此圓山動物園在經費上也得到總督府的挹注。然而地緣上，臺北這個區域，仍是主要的財政支援來源，設立初期，臺灣總督甚至要求向臺北各官方機關、機構募集捐款三千圓，結果總督府內單位、臺北的學校、法院、監獄、神社、郵局等官衙都參與了捐款。[82]

表2－1　日治時期臺北市動物園歷任主管及職員

時間	姓名	職稱	臺北市役所中所屬單位	備註（相關人員）
一九一五～一九二〇			庶務課（未詳）	大江常四郎飼育主任 （未列入總督府職員錄）
一九二三～一九二四			庶務課	佐藤磯吉囑託／主任
一九二五～一九二七			庶務課	正池恕太郎雇／書記 畝田主任
一九二八～一九三〇			土木水道課或土木課	金森吉三郎書記／吏員 末永玄吉囑託（獸醫）
一九三一	有馬一郎	課長兼園長	財務課	勝浦輝囑託（獸醫）／主任
一九三二	長坂周一	書記代理園長	財務課	勝浦輝囑託／主任（獸醫）
一九三三			財務課	勝浦輝囑託／主任（獸醫） 豐田正雄囑託[83]　井上龍代雇
一九三四			財務課	勝浦輝囑託／主任（獸醫） 豐田正雄囑託　嶋田善吉雇
一九三五	古市健	課長兼園長	社會課	勝浦輝囑託／主任（獸醫） 豐田正雄囑託　根岸鄰衛雇
一九三六	千葉元枝	課長兼園長	教育課	勝浦輝囑託／主任（獸醫） 豐田正雄囑託　根岸鄰衛雇 宮本助手

一九三七	古市健	課長兼園長	社會課	豐田正雄囑託 勝浦輝囑託（獸醫） 根岸鄰衛雇
一九三八	古市健	課長兼園長	社會課	勝浦輝囑託（獸醫） 根岸鄰衛雇
一九三九	榊原貫逸	課長兼園長	土木課	勝浦輝囑託（獸醫） 根岸鄰衛雇
一九四〇	赤松稔[84]	技師兼園長	土木課	八城憲次雇 （圓山遊園地上田寛一書記）
一九四一	赤松稔	技師兼園長	土木課	吉野京藏雇　八城憲次雇 （圓山遊園地上田寛一書記）
一九四二	赤松稔	技師兼園長	土木課	吉野京藏雇　小林稔雇 （圓山遊園地上田寛一書記）
一九四四	赤松稔	技師兼園長	土木課	正池恕太郎屬　吉野京藏雇 小林稔雇 （圓山遊園地上田寛一書記）
一九四五	正池恕太郎[85]	園長（未詳）	土木課	

資料來源：由中央研究院臺灣史研究所檔案館「臺灣總督府職員錄系統」查詢資料及臺北市動物園研考室提供之資料綜合製成。

至於對觀覽者的管理，園方在一九三三年制定的「臺北市動物園使用條例」與「臺北市動物園觀覽者心得」中，明定拒絕入園者包括：他人嫌忌有傳染病者、攜帶槍砲火藥及其他危險之虞物品或污穢物、大容積物品及狗與其他動物者、酒醉者及精神病患，且禁止遊客污損園內設施，不准威嚇戲弄動物，不可攀折花木、飲酒，不可高聲、快跑、遊戲，非經許可不得在園內攝影，不可騎自行車及使用保姆車（可能指孩童使用的車子），對其他觀覽者會造成困擾的行為也一概禁止。[86]洋洋灑灑的禁止事項，顯示當時動物園管理者對秩序的高度關切，也反映其作為教化者的思維，但事實上，遊客虐待動物的情事仍常發生。

戰後臺北圓山動物園經營仍在市級政府之下，延續日治時期的體系出發，主管多由市府派遣，而非自園中飼養人員升任。[87]但如前述，也因此產生管理者與飼養人員之間觀念不一，引致業務推動的困境。自一九七〇年代初起，議員質詢中常提及動物園專業分工問題，認為須由動物園專家主司動物園業務，但所謂動物園專家，當時並沒有明確定義。同時議員也開始關心獸醫問題，因動物死亡率高，成為質詢的重點。據稱在一九六八年時有動物一千八百餘隻，到一九七二年時僅留近半，死亡率之高，顯現管理上出了問題。面對議員質詢，動物園表示園地狹小及獸醫編制僅兩名，卻需負責九百餘隻動物，在飼養指導、動態觀察、糞便化驗、病理檢查及治療上，難免因人手短少而兼顧不周。據市府調查報告，動物患病治癒率僅達百分之一．二一，「獸醫一員形同虛設」。[88]對於飼養人員，一九七三年市府的調查亦形容他們多半「不僅缺乏知識，不懂動物習性，且乏負責精神」。因此建議增加員額，並將任用職改為聘任職，以利羅致人材，增加獸醫陣容。[89]圓山動物園人員專業素質的提升，事實上是一九八〇年代的事了，此又與當時國際潮流、社會觀感、經濟財政力量等相關，詳細情形可參考本書第五章之探討。

三、結語

動物園與政府的關係，主要是作為都市文明建設並宣示國威，也被日本帝國運用為政治降服的象徵，殖民地與帝國間的動物交流，常隱含上下從屬的關係。臺灣尚未設立動物園時，臺灣人到日本內地參觀，包括被安排觀覽動物園的行程在內，常具有儀式性的政治意涵，臺灣設立動物園後，也常列為島內原住民的觀光行程。然而觀看者受到知識馴化的同時，卻也喚起本身的文化背景及實際生活經驗的回憶，可以說是在自然的認識與想像中產生人文社會體驗。

而原為自然博物館的小型動物場，經擴充成為鄰近臺灣神社的市郊公園，在國家施行教化的同時，更成為市民家族的遊憩場所。

近代臺灣的動物園從設立開始即對公眾開放，即使在總督府博物館之下，仍以公眾觀覽為要務，而這個場所也一直附屬於市民公共休閒空間——都市公園內，並且承襲日本動物園公立的模式，多屬地方市級政府機關管轄，由其中的公園單位負責，最終決策者則是在園之上的行政官員。由於偏重遊憩功能，園中一直沒有專司研究與教育的人員。而入園者除須支付園費，行為也在教化者的規範中，須符合官方對文明人的想像，與動物園作為文明都市基本設施的初衷結合。

註釋

1 〈都市設備の改善：論說〉，《臺灣新聞》，一九一八年十一月二十九日，引自「神戸大学附属図書館　新聞記事文庫」，二〇一二年十二月二十六日點閱。

2 動物園從上層階級到大眾化的過程，重要關鍵是維持財務，大致而言，二十世紀初臺灣設立動物園時，世界上許多城市動物園都已走向大眾化、向民眾公開的趨勢。大眾化過程可參考埃里克・巴拉泰、伊麗莎白・阿杜安・菲吉耶著，喬江濤譯，《動物園的歷史》，頁一〇〇～一〇二。

3 Harriet Ritvo, *Animal Estate*, pp.229-230.

4 參考該園官網：http://kolkatazoo.in/urls/history_zoo.html，二〇一二年十一月十七日點閱。

5 石田戢，《日本の動物園》（東京：東京大学出版会，二〇一〇），頁一九九～二〇〇。

6 Ian Miller, "Didactic nature: exhibiting nation and empire at the Ueno Zoological Gardens", Gregory M. Pflugfelder & Brett L. Walker eds, *JAPANimals: history and culture in Japan's animal life* (Ann Arbor: University of Michigan, 2005), p.274.

7 陳其南，《消失的博物館記憶：早期臺灣的博物館歷史》（臺北：臺灣博物館，二〇〇九），頁一一九。

8 山下町博物館設於今日比谷公園附近，在東京千代田區內。一八七五年山下町博物館內之動物詳見佐佐木時雄，《動物園の歴史　日本における動物園の成立》（東京：講談社，一九八七），頁一一〇。

9 若生謙二，《動物園革命》（東京：岩波書店，二〇一〇），頁三五。

10 原文無標點，為便利閱讀筆者酌加。課吏館選印，《秦中官報》，丙午年十一月分（一九〇六年十二月）第三冊，頁二〇七～二〇八，收於姜亞沙、經莉、陳湛綺主編，《晚清珍稀期刊續編》二八冊（出版地不詳：

全國圖書館文獻縮微複製中心，二〇一〇），頁五三三～五三五。

11 竇坤，〈西方記者眼中的北京「新政」：以英國《泰晤士報》的報導為中心〉，《北京社會科學》，期二，二〇〇八，頁六四～六八。

12 參考首爾動物園網站：http://grandpark.seoul.go.kr/Eng/html/seoul/0101_intro.jsp，二〇一二年十月十一日點閱。

13 石田戢，《日本の動物園》（東京：東京大学出版会，二〇一〇），頁六六～六七。犬塚康博，〈新京動植物園考〉，《人文社会科学研究》，一八號（千葉：千葉大学大学院，二〇〇九年三月），頁一五～二五。

14 上野動物園在當時日本動物園中擁有政策領頭性格，特別是一九三九年日本成立動物園之間的聯合組織後更是如此，在其影響之下受到批評的政策，如各動物園在戰爭時期跟隨上野動物園的腳步，在空襲尚未發生於各區域的動物園前，就陸續先行執行陸軍要求的猛獸處分政策，屠殺了共約三百頭的動物。Mayumi Itoh, *Japanese Wartime Zoo Policy*, Loc446, 548。

15 渡邊守雄等，《動物園というメディア》（東京：青弓社，二〇〇〇），頁四二～四三。

16 石田戢，《日本の動物園》，頁四五～五三。如以石田氏對近代動物園的觀點來思考，臺灣的圓山動物園雖然在一九一四年由馬戲團商人成立，仍宜以臺北廳接管的一九一五年為創始時間。

17 〈雜報／臺灣の猿が動物園の首領〉，《臺灣日日新報》，一九〇八年一月九日，版五。〈動物園の昨今〉，《臺灣日日新報》，一九一三年十二月九日，版七。

18 如生於婆羅洲、一九二五年至一九四四年被圈養在圓山動物園的猩猩一郎，即甚受日本動物園界關注。高島春雄，《動物渡來物語》（東京：學風書院，一九五五），頁一八～二二。

19 佐藤磯吉為東京人，最早出現在總督府職員錄為一九〇〇年，在臺灣守備砲兵第三大隊擔任中隊長心得，為砲兵中尉。他自一九二一年起列名臺北市役所庶務課囑託，至一九二四年身故，一直都在動物園工作。詳見：中央研究院臺灣史研究所「臺灣總督府職員錄系統」。他於一九二一年在日本沖天堂出版《養鳥秘訣》一書，並曾在臺灣報端新春特刊中，撰文介紹當年度生肖動物的習性。佐藤磯吉，〈野豬と豚　其習慣其他〉，《臺灣日日新報》，一九二三年一月一日，版三七；佐藤磯吉，〈鼠の種類と其習性〉，《臺灣日日新報》，一九二四年一月一日，版三五。

20 〈獻上の鳥、獸〉，《臺灣日日新報》，一九一八年十月二十三日，版二；〈本島産の獸、鳥、爬蟲類に御趣味を持たせられ　日夕御飼愛遊ばす　ことゝ相成りたる由拜承〉，《臺灣日日新報》，一九二三年五月十三日，版九；〈本島動物之獻上〉，《臺灣日日新報》，一九二三年五月十四日，版四。

21 〈昨今の動物園　三皇孫殿下の御見物〉，《臺灣日日新報》，一九〇八年十一月二十七日，版四。

22 汪式金與簡朗山、陳雲如、王明思、蔡天培、蔡九群、張達源、黃流明等八位臺北縣人士，獲總督府殖產局農商課的選拔，在農商課一名技士的帶領下赴日，他們參訪的時間長達一個多月，從一九〇一年三月五日至四月八日。〈雜報　內地に於ける觀光士人〉，《臺灣日日新報》，一九〇一年四月十日，版二；〈雜錄　內地觀光日記〉，漢文版《臺灣日日新報》，一九〇一年五月二十九日，版四。汪式金（一八五五～一九三六）漢學基礎深厚，是初代基督徒，曾協助馬偕在八里坌購買教會用地，並在馬偕編纂《中西字典》時，書寫其中漢字。參見賴永祥，〈八里坌長老汪式金〉，《教會史話　第六輯》，五一四，賴永祥長老史料庫：http://www.laijohn.com/book6/514.htm，二〇一一年三月十六日點閱。

23 上野動物園最早飼養大象是在明治二十一年（一八八八），當時由暹羅國王致贈了一對亞洲象。其中一頭於明治二十六年（一八九三）病故，留下來的這一頭象到大正十二年（一九二三）時被賣到「花屋敷」，牠也是汪式金於一九〇一年、江健臣及洪以南於一九〇七年時見到的象，當時尚無命名。東京都編集，《上野動物園百年史（資料編）》（東京：東京都生活文化局広報部都民資料室，一九八二），頁四六九、五六八。

24 〈雜報　觀光記錄（二）〉，漢文版《臺灣日日新報》，一九〇七年八月九日，版四。

25 〈藝苑　東遊吟草（二）〉，漢文版《臺灣日日新報》，一九〇七年十一月十九日，版一。

26 參考呂紹理，《展示臺灣：權力、空間與殖民統治的形象表述》（臺北：麥田出版，二〇〇五），頁三〇〇。這種知識馴化的過程，加上空間的設計上使動物居於被凝視、遠離自然的孤立型態，如同監獄中的囚犯一般，也使動物園的設置被視為一種政治權力的象徵。渡邊守雄等，《動物園というメディア》，頁二二～二八。

27 到一九三三年，在原住民的觀光之旅中，都還常見這種先訪神社，再看動物園，以及鐵道、工場、官方建築等行程。〈未歸順達馬皓蕃人見學動物園鐵道工場警務課長訓い後贈與物品〉，《臺灣日日新報》，一九三三年三月二日，版八。

28 鄭政誠，《日治時期臺灣原住民的觀光行旅》（臺北蘆洲：博揚文化，二〇〇五），頁二三八～二四四。

29 Phoa^{n}Tō-êng kì-ê（潘道榮記），〈Chhe^{n}-hoan Lōe-tē koan-kong〉（生蕃內地觀光），《Kàu-hōe-pò》（教會報），第三一九號（一九一一年十月二日），頁八四。

30 〈觀光蕃人の感想〉，《臺灣日日新報》，一九一二年五月十三日，版五。一九一二年在東京上野公園舉行的是拓殖博覽會，參考呂紹理，《展示臺灣：權力、空間與殖民統治的形象表述》，頁九六。

31 〈活動寫眞を觀て　蕃人君が代を唱ふ　到る處驚嘆の的となる〉，《臺灣日日新報》，一九二二年三月十一日，版四；〈圓山から博物館　見物の蕃人一行　大華表は石ではない　動物園で態が見たい　蕃人風格

人形と剝製〉，《臺灣日日新報》，一九一八年八月十四日，版七。

32 〈雜俎　東遊見聞錄（十三）〉，漢文版《臺灣日日新報》，一九一三年五月十三日，版六。

33 〈詞林／東遊吟草（八）上野動物園雜咏〉，漢文版《臺灣日日新報》，一九一三年五月十八日，版七。類似描寫離開「故」地而難展威的動物的古詩，有加藤錠五郎的「觀虎動物園」：「容貌獰猙可畏哉。地難用武失雄才。故山有夢凭誰訴。曾是負嵎嘯谷來。」〈觀虎動物園〉，《臺灣日日新報》，一九三二年七月七日，版八。

34 沈驥，〈先父傲樵公有關臺灣的詩〉，其中〈圓山動物園觀動物抒感〉，《臺灣風物》，二四：四（一九七四年十二月），頁二八三。

35 陳其南，《消失的博物館記憶：早期臺灣的博物館歷史》，頁五一～五三。

36 同前註，頁六八～六九。

37 吳永華，《被遺忘的日籍臺灣動物學者》（臺北：晨星出版社，一九九六），頁四四。

38 同註35，頁九四。

39 臺灣總督府鐵道部事務官村儀保次後來出國考察，也曾力言鐵路與公園、動物園及市民遊覽場所間的密切關係。〈濠洲鐵道細論（十）（村儀保次氏談）公園地動物園及遊覽地と鐵道との關係（上）〉，《臺灣日日新報》，一九一二年十月二日，版三。

40 〈臺灣動物園〉，《臺灣日日新報》，一九〇八年七月二十一日，版七。

41 所謂臺灣特有動物，一九三〇年代臺灣總督府指定的臺灣天然紀念物，可以代表當時專家對臺灣自然界的調查結果，其中動物的部分有：儒艮（高雄州恆春郡沿海）、黑長尾雉（全島）（以上兩者為一九三三年指定）、寬尾鳳蝶（全島）、華南鼬鼠（全島）（以上兩者為一九三五年指定）、臺灣高地產鱒（臺中州東勢郡大甲溪流域大保久駐在所以上）、穿山甲（臺北州、臺中州、臺南州、高雄州）、水雉（全島）（以上三者為一九四一年指定）。但動物園最初雖以蒐集臺灣特有動物為設立目標，事實上卻走向綜合動物型動物園，詳參第五章第一節。

42 〈殖產局の新事業〉，《臺灣日日新報》，一九一一年十二月十日，版一；〈苗圃と動物園〉，《臺灣日日新報》，一九一一年十一月十六日，版七。

43 〈動物園計畫〉，《臺灣日日新報》，一九一二年七月十四日，版二。

44 〈雜報　籌畫動物館〉，漢文版《臺灣日日新報》，一九一一年十一月十三日，版三。

45 宋曉雯，〈日治時期圓山公園與臺北公園之創建過程及其特徵研究〉（臺北：臺灣科技大學建築研究所碩士論文，二〇〇三），頁七九。

46 〈臺灣の動物園〉，《臺灣時報》，一九一三年，頁四九。〈博物標本の蒐集〉，《臺灣日日新報》，一九一三年三月四日，版二。據說早期苗圃內動物園也曾養有南美的駱馬。〈苗圃の動物園〉，《臺灣日日新報》，一九一三年四月十四日，版二。

47 〈新竹通信（八日發）愛久澤氏寄贈〉，漢文版《臺灣日日新報》，一九一三年七月十二日，版六。

48 〈引繼動物〉，總督府檔案，大正四年（一九一五）十二月四日，頁一五二，檔號〇〇〇〇二四四二〇一一〇一四九。苗圃保留了部分棲息於園中林木的鳥類等動物。

49 〈動物園の假開設　近く圓山公園內に開かる〉，《臺灣日日新報》，一九一四年三月二十六日，版七。

50 關於大江氏擔任動物園飼養主任部分，詳見本節第三項說明。大江生，〈動物飼養の苦心談（上）〉，《臺灣日日新報》，一九一九年六月四日，版四；大江生，〈動物飼養の苦心談（下）〉，《臺灣日日新報》，一九一九年六月七日，版八。

51 阿久根巖，《サーカス誕生——曲馬團物語》（東京：株式会社ありな書房，一九八八），頁一〇八。

52 若生謙二，《動物園革命》（東京：岩波書店，二〇一〇），頁一九～二三。

53 「動物園整備費內譯書」，〈圓山及高砂公園費寄附募集ノ件認可（臺北廳）〉，臺灣總督府檔案第五九三七冊，財務門，文號二〇。

54 此處所謂御大典是指大正天皇即位儀式。日本帝國憲法頒布後，大正（一九一五）與昭和（一九二八）兩位天皇的即位，是兩次重要的「御大典」，大正御大典紀念儀式於一九一五年十一月十日在日本帝國各地舉行，後者則於一九二八年十一月十日舉行。

55 與大竹娘曲馬團的片山家族相較，矢野家族在動物展示事業上有豐富的經驗，尤其是巡迴動物園，曾向德國著名的動物商卡爾·哈根貝克購買動物。

56 「木杯及褒狀下賜」，彙報／褒賞，大正六年（一九一七）八月二十八日，《府報》第一三六三號，頁六三；「木杯及褒狀下賜」，彙報／褒賞，大正六年九月二十三日，《府報》第一三八四號，頁七一～七二；「銀木杯下賜」，彙報／褒賞，大正七年（一九一八）五月二十一日，《府報》第一五六四號，頁六四。

57 雖然如此，臺北圓山動物園設立早期，還是有較高層級的官員參觀的紀錄。如一九二〇年五月九日的田健治郎總督，他在日記中記載：「觀動物園，監守者迎導，園臨龍潭，與公園相連，岩丘起伏，頗為勝地。所飼鳥類頗多，獸類次之，頗富奇種。監守呈一昨所產駝鳥卵一顆，太如棋器。逍徉二時間而歸。」從文中看來，他是帶著休閒的心情（「逍徉」）前來，注意到此地作為風景勝地的特色，也看到許多鳥類與「頗富奇種」的獸類。這段記載，似難作為官方儀式性觀覽的例證，反而有較多市郊遊憩的意味。吳文星、廣瀨順皓、黃紹恆、鍾淑敏、邱純惠主編，《臺灣總督田健治郎日記（上）》（臺北：中央研究院臺灣史研究所籌備處，二〇〇一），頁二九六。

58 「明治四十五年三月訓令第五十五號別冊地方稅科目表中款項目設置ノ件」，訓令第百六十一號，明治四十五年（一九一二）七月十三日，《府報》第三五六六號，頁四一。

59 有別於以保護國家級自然資源或文化資產為目的的國家公園，都市公園是配合都市發展所形成的公園。參考宋曉雯，〈日治時期圓山公園與臺北公園之創建過程及其特徵研究〉（臺北：臺灣科技大學建築研究所碩士論文，二〇〇三），頁一。

60 黃士娟，〈空間與權力：臺北都市空間中的臺博館〉，收於陳其南等作，《世紀臺博．近代臺灣》（臺北：臺灣博物館，二〇〇八），頁八一。有研究者認為日治時期公園的設置，是以服務殖民政權和改善日人居住地區的公共衛生、安全和美化環境為主，並配合興設神社，以斷絕臺灣和中國之關係。宋曉雯，〈日治時期圓山公園與臺北公園之創建過程及其特徵研究〉（臺北：臺灣科技大學建築研究所碩士論文，二〇〇三），頁三。

61 引文為日文，經筆者酌予漢譯。「寄附金募集ノ儀ニ付稟請」，〈圓山及高砂公園費寄附募集ノ件認可（臺北廳）〉，臺灣總督府檔案第五九三七冊，財務門，文號二〇。募集者四十七人名單含括北臺灣重要人士與大家族：如日本人中川小十郎（臺灣銀行頭取）、渡邊武良（臺灣銀行副頭取）、木村匡（臺灣商工銀行頭取）、星野政敏（三井系山林部臺北出張所長）、飯沼剛一（三井物產株式會社臺北支店長），以及臺灣日日新報社長赤石定藏等，還有臺灣人辜顯榮、黃玉階、吳昌才、李景盛、王慶忠、吳輔卿、許梓桑、周郁文、林熊徵、林鶴壽、林景仁、林祖壽等。以上名單中之人物，木村匡與赤石定藏都曾出席一九一六年四月二十日圓山動物園正式開園典禮。

62 〈動物園開場式〉，《臺灣日日新報》，一九一六年四月二十一日，版七。標題「開場式」可能是「開園式」之誤，當日亦是共進會展場開幕的日子。本報導次日亦在漢文版刊出，本書內文引文以日文版為準，並參考漢文版漢譯而成，前數項動物總數不符，係援用原報導數字。

63 伊藤政重（一八七八或一八七九～未詳），生於日本山梨縣，一九〇〇年東京法學院（中央大學前身）畢，同年判事檢事登用及辯護士考試合格，先後在靜岡、橫濱地方裁判所工作。一九〇三年轉任臺灣總督府法院判官，後歷任新竹及臺北法院判官。一九〇五年退職，在臺北大稻埕開設辯護士事務所。一九一一年後轉入實業界，創立南日本製糖株式會社，擔任常務取締役、常務監察役，後擔任臺灣蓄財株式會社社長，並到廈門發展。《臺灣事業界と中心人物》，頁一八二；《臺灣人物誌》，頁三〇六；《臺法月報》，頁一〇二。他也是《實業之臺灣》期刊的主筆。

64 伊藤政重，〈公開狀（一）〉，《實業之臺灣》，期八一（一九一六年九月十日），頁三九～四六。伊藤氏文中提及，因為加福廳長常要求廳民「寄附」（即樂捐），而被臺人取了「餓鬼」（臺語讀音為イヤウ、クイ）的綽號。

65 「觀覽料徵收ノ儀ニ付稟申」，〈動物園及水族館ノ觀覽料徵收ノ件認可（臺北廳）〉，臺灣總督府檔案第六二〇四冊，地方門，文號五，一九一六年四月八日；〈臺北動物園〉，《臺南新報》，一九二一年五月十一日，版二。並參考宋曉雯，〈日治時期圓山公園與臺北公園之創建過程及其特徵研究〉，頁四三。

66 相較於看戲，參觀動物園較便宜。日治時期戲票的定價並沒有規定上限，最貴的大人特等票可達一圓餘，三等票除非減價期，否則通常十錢以上。參見徐亞湘，《日治時期中國戲班在臺灣》（臺北：南天書局，二〇〇〇），頁一三一～一三八。

67 〈第十一回　臺北市協議會　第二日論戰〉，《臺灣日日新報》，一九二七年一月二十二日，版四。

68 〈其後の水族館〉，《臺灣日日新報》，一九一六年四月七日，版七。

69 小維摩，〈南瀛詩壇／圓山觀動物園〉，《臺灣日日新報》，一九一六年四月五日，版三。

70 〈動物園見物（上）秋晴一日の遊樂地〉，《臺灣日日新報》，一九一六年九月九日，版七。

71 文中所列動物是從以下兩則報導綜合：〈臺中展覽會彙報　臨時動物園開設〉，《臺灣日日新報》，一九一七年十一月十四日，版七；〈動物之展覽〉，《臺灣日日新報》，一九一七年十一月十七日，版六。

72 〈本多博士の手に成る　高雄壽山公園の設計　主要なる探勝道路〉，《臺灣日日新報》，一九二四年九月五日，版二；〈高雄壽山公園　放梅花鹿　先計畫繁殖〉，《臺灣日日新報》，一九三四年五月二十六日，版八。

73 〈動物園開場式〉，《臺灣日日新報》，一九一六年四月二十一日，版七。

74 〈辭令案〉及〈職員任免ノ義具申〉，總督府檔案，均大正二年（一九一三）十二月九日，頁一八〇、一八一，檔號〇〇〇〇二一八四〇〇八〇一七九、〇〇〇〇二一八四〇〇八〇一八〇。

75 一九二八年三月二十九日臺北市以訓令第五號制定「臺北市動物園處務規程」，成為該園之正式名稱，但因民間通稱圓山動物園，故本書通用兩稱呼。

76 臺北市役所，《臺北市社會教育（昭和十一年）》（臺北：臺北市役所，一九三七），頁六〇。

77 對於市政動物園由市役所課長級兼任園長的制度，戰後活躍於美國動物園的日籍專家認為，由於任事者可能來自與動物完全無關的專業，而有適任與能力的問題。淺倉繁春，《動物園と私》（東京：海游舍，一九九八年初版三刷），頁一〇四。戰後臺北動物園的主管，事實上也長期由臺北市政府所屬局處人員出任。

78 大江氏之責為養育主任。《臺灣日日新報》報導中，大江氏的名字有大江常四郎及大江常五郎兩種寫法，取大江常四郎為是。〈虎を受取りに　動物園から出張〉，《臺灣日日新報》，一九二〇年三月二十八日，版七；〈動物園近聞〉，漢文版《臺灣日日新報》，一九二〇年三月二十九日，版四。

79 大江生，〈動物飼養の苦心談（上）〉，《臺灣日日新報》，一九一九年六月四日，版四；大江生，〈動物飼養の苦心談（下）〉，《臺灣日日新報》，一九一九年六月七日，版八。

80 〈教化關係例規集〉，《（昭和十一年度）臺北市社會教育概況》（臺北：臺北市役所，一九三六），頁五一～五三。

81 臺北市役所，《臺北市社會教育（昭和十一年）》，頁六〇。

82 〈動物園醵金完了〉，《臺灣日日新報》，一九一七年十月三日，版一。

83 亦有論者視豐田正雄為實質之園長，見《臺灣人士之批評記》，頁四六。

84 赤松稔（一八八七～未詳）原名山田稔，生於埼玉縣，一九〇二年自盛岡高私農林學校獸醫科畢業，同年取得獸醫執照，一九一二年來臺，歷任臺北廳囑託獸醫、技手（一九一八～一九二七）、臺北州技手、宜蘭農林學校教諭（一九二七～一九三二）、臺灣公立實業學校教諭（一九三二～一九三八）。〈赤松稔履歷〉，總督府檔號〇〇〇一〇〇七二〇二九〇二〇五～〇〇〇一〇〇七二〇二九〇二〇八，一九三二年九月。赤松稔一九四〇年以園長身分代表圓山動物園參加在東京舉行的日本動物園水族館協會第一回設立理事會。宮嶋康彥，《河馬の方舟——動物園の光と影》（東京：朝日新聞社，一九八七），頁一二八。

85 赤松稔及正池恕太郎的名字，登記在以下文件中：〈銃砲所持許可證〉及〈火藥類所持許可證〉，臺北州，許可番號第一號，一九四五年一月十八日（原件藏於臺北動物園研考室）。正池恕太郎被登記為臺北市圓山動物園非常警備用「鹵獲小銃」三挺及彈藥之持有人，並載明一九四三年五月十日前任持有者為赤松稔。依本書日治時期臺北動物園職員列表，可知正池恕太郎早自一九二五到一九二七年間即曾任職於動物園。

86 〈教化關係例規集〉，《（昭和十一年度）臺北市社會教育概況》（臺北：臺北市役所，一九三六），頁五四～五五。

87 真正由動物園內職員直接升任園長，為二〇〇二年的陳寶忠，時已距遷園木柵十六年。戰後臺北圓山動物園以及木柵動物園歷任主管，依該園前研究員郭燕婉資料有以下諸位：倪江海（未詳）、王承通（一九四七，社教科科長兼）、謝呈奇（一九四八）、卓將銓（始稱管理員）、吳焜鈺（一九五二～一九五五，管理員）、李宗富（一九五五～一九五七／八，管理員）、蔡清枝（一九五七／八～一九七〇／四，管理員後更名為主任，含後期副園長代理園長之職八個月）、曾光偉（一九七〇／四～一九七三／六，園長）、王光平（一九七三／六～一九九二／十二，園長）、陳寶忠（一九九二／十二～一九九三／九，副園長代理園長之職）、朱錫五（一九九三／九～一九九八／二）、楊勝雄（一九九八／二～二〇〇二／七）、陳寶忠（二〇〇二／七～二〇〇八／三）、葉傑生（二〇〇八／四～二〇一一／九）、金仕謙（二〇一一／九～二〇二〇／三），金仕謙園長卸任後，則由劉世芬副園長於二〇二〇年四月接任園長一職。

88 第一屆第四次大會教育部門第三組速紀錄，一九七一年十一月三十日，頁九八；臺北市議會公報，卷四期八，頁四二五、四二七～四二九；第一屆第四次大會會議紀錄，教育部門第三組詢答，一九七一年十一月一日，頁四六三。

89 第一屆第六次大會，市政總質詢第六組，一九七二年十月三十日，頁七五五～七五六；第一屆第三十二次臨時會議紀錄，臺北市政府致臺北市議會，「函復市立動物園連年大批死亡原因及死亡動物處理情形請查照案」，一九七三年六月八日，頁六二三～六二四。

第三章

戰爭與動物園

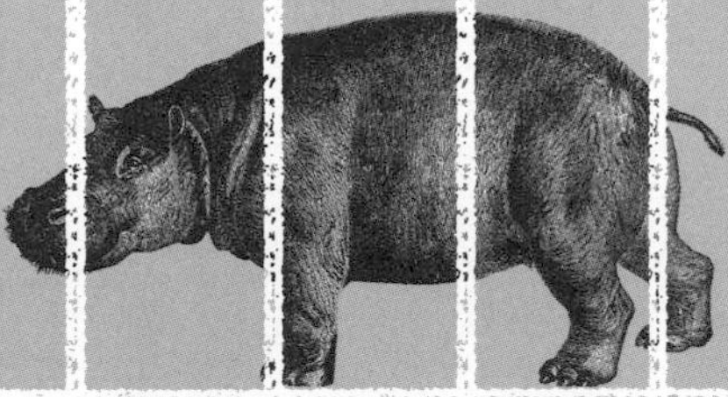

戰爭是形塑歷史與社會的重要力量，戰時社會運作有別於平時，在高度軍事動員的背景下，人與動物的關係會產生變化，動物所面臨的處境也更嚴峻。本章主要以二次大戰時期臺灣動物園的案例，從動物宣傳、動物殺害與動物紀念三個面向，就歷史學的角度，探討戰時與動物相關的宣傳、「猛獸處分」政策以及動物慰靈祭，以呈現戰時動物被國家軍事資源化利用的情形，試圖反映過去歷史中較少關注的動物身影。

一、戰時動物之愛與動物園

有關戰爭時期動物園的著作，多強調戰線中動物園所面臨的問題，如空襲與糧食問題下動物園的動物如何被遷移、處分甚至救援（較成功的例子僅見於二十一世紀的巴格達動物園）；也有觸及戰爭中珍貴罕見動物被侵略者掠奪的例子。[1]事實上，誠如一位動物園經營者所言，由於園內的動物完全依賴人類而生活，戰爭時期動物的情況會比人們更淒慘，而搬遷動物園則是難以想像的事。[2]伊東真弓（Mayumi Itoh）即以「沉默的受害者」形容二次大戰中的動物，並據此回顧分析日本戰爭時期的動物處理政策。[3]本節擬以臺灣動物園為例，探討尚未成為前線的戰時動物園被國家動員的情形，以及戰爭腳步接近時，動物園內的動物在臺灣這個區域，因為市級經營者執行日本帝國決策而對所謂猛獸進行處分的實況。

戰爭時期的動物園並未因為資源的減少而立即沒落，在社會活動中也沒有被邊緣化。從表3－1可知，戰爭時期（尤其是一九三七到一九四一年間）臺北市圓山動物園的觀覽人次，大致維持在每年三十萬左右。主要原因是動物園被國家納入戰爭動員，作為提升戰爭道

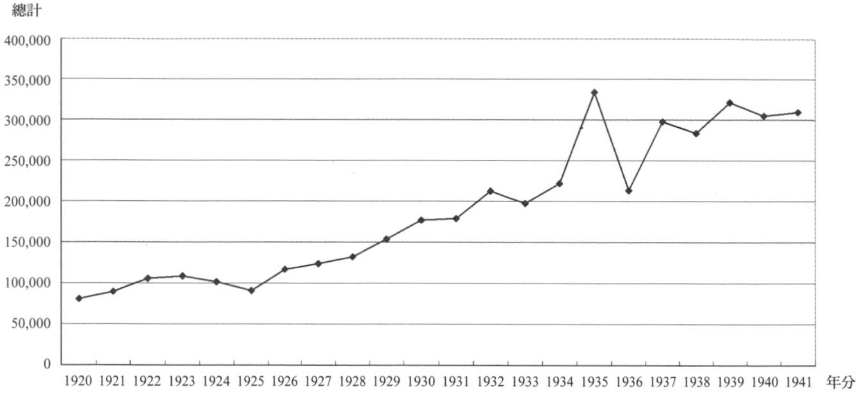

表 3-1　1920-1941 年臺北動物園觀覽人次曲線圖

資料來源：依《臺北市統計書》之數據繪製而成。

德（war moral）的重要場所，包括針對軍用或國家用動物的展覽、愛護與追悼在內，而成為愛國活動的展演場。[4]

動物被運用在軍事上自古有之，馬、駱駝、驢、象等動物尤其是亞洲常見的例子，但是運用動物園來宣傳這些動物的價值，應是二十世紀一九三〇年代之後的事，這與一次大戰後戰爭的擴大動員，動物更加被軍事資源化有相當的關係。[5]一二次大戰時一切社會與經濟資源都被納入戰爭，不僅運用機械，也不放過所有的生物資源，甚至連微生細菌也不例外。[6]據估計，第一次世界大戰至第二次世界大戰中，運用動物參戰的數目，從一千四百萬增加至兩倍，而一次戰後被授予動章的動物則有十八萬；英國在二次大戰裡大量使用了鴿子、狗、馬、驢、水牛與象，其中象發揮最多功能，協助築路、建機場及造橋，也被利用在輸送大砲等武器上。包括中國在內的許多國家，都在戰爭時期進行關於動物的行政組織調整，以運用動物於運輸、通訊、騎兵部隊等。[7]日本帝國在戰爭時期對動物的運用，以軍馬、軍犬及軍鴿為主，這三種動物的銅像也列在東京靖國神社以示紀念。其中軍馬的部分，日本自一九〇四年日俄戰爭起即啟動三十年馬政計畫，宣揚愛馬思想，鼓勵組織乘馬俱樂部，並自一九三〇年代末期開始舉行軍馬祭。而訓練狗隻廣泛應用於軍、警及守衛用途，則始自一九一〇年代的臺灣與朝鮮，用以搜索殖民地的反抗者，一九二〇年代以後軍犬的改革更大幅進展，三〇年代後大舉投入戰事；在殖民地，軍犬與殖民者的權威形象常相互聯結，臺灣人甚至以狗來形容日本殖民統治者。[8]至於日本軍方飼養及訓練軍鴿於通信，則自二十世紀初起，考量氣候的關係，曾引入比利時及法國種，一九二二年臺灣基隆要塞司令部也試行引進飼養，在島內城市間及澎湖與望安間試放，起初是作為漁業海上通信等民間使用，逐漸帶動臺灣愛鴿人士組織愛鳩會、榮鳩會等，並形成民間飼養熱潮，於一九三〇年代進入戰爭時期後其勢更盛。[9]臺北因為是全島政治中樞，總督府、軍方及相關民間單位也常在此地舉行軍用動物活動。[10]

軍用動物的歷史千頭萬緒，本書僅擬專注討論臺灣動物園與這些被視為「活武器」的動物之間的關係。如前所述，動物園在戰爭時期成為提升戰爭道德的重要場所，是舉辦軍用或國家用動物的展覽、愛護與追悼的愛國活動之展演場，透過種種活動，宣揚在國家和軍隊的大背景下，人們與這些動物建立的友愛與親近關係，強調牠們對公領域與私領域的貢獻與重要性，藉此向一般社會大眾，尤其是家庭成員進行精神動員。利用動物來進行市民的精神教育並藉以指導兒童舉措，在一些城市動物園也有案例，而在臺灣戰爭時期的動物園，這種宣傳亦相當明顯。[11]

戰爭宣傳中強調的重點，可以日文「愛之絆」（愛の絆）一語含括。所謂「絆」（kizuna），在日文中常用來形容人與人或人與動物之間不能切割、相互依存的緊密聯結關係，而戰爭時期的宣傳則往往把「國家與戰爭」當成建立這種「愛之絆」的關鍵。因此，在一篇談論軍用動物的文章中如此說道：「我皇軍在戰場上，人與人、人與動物、甚至動物與動物之間，都結成了強烈的愛之絆。」其中「皇軍」與「戰場」兩個名詞極為重要，[12]許多戰時的宣傳，都是用「某某動物與軍隊」為題，強調這種動物在軍事上的功能，以及和士兵或一般人之間因此建立的親密關係，而這種跨越公私領域的人與動物的情感，在戰爭時期也被解釋成和家人之間的愛戀融合在一起，依此邏輯，人與人之間、動物與動物之間、人與動物之間，都因為對國家與軍隊的「奉公」，而緊緊地串聯成一體。

戰時後方的動物園，如何對戰士的家屬進行人與動物的「愛之絆」宣傳？一九四二年

《臺灣日日新報》有一篇報導是有關動物園的戰爭宣傳很好的例子，以「象與軍隊」為題，用照片和文字描述一位母親帶著孩子到圓山動物園看象（亦即「マーちゃん」〔Ma-chan〕，戰後漢譯名「瑪小姐」）、騎象，想念在南方前線當兵的父親；一方面是兒童在後方的動物園騎象，另一方面是軍人父親在東南亞前線騎象，後方與前線兩處原本距離遙遠的場所，透過動物（象）的媒介拉近，把家族成員間溫暖的情感轉化為對戰爭與國家的熱情，強調象和「皇軍勇士」協力為「共榮圈」戰爭所作的貢獻，藉此一軟性的方式美化戰爭，而進行家族的精神動員。象在二次大戰中被日本、英國軍隊在東南亞戰線中大量運用於叢林，令其築橋、搬運補給與彈藥錙重，[13]報導中描述象如何為軍隊架橋，

圖 3-1　1942 年，兒童在圓山動物園騎象喊「萬歲」。（資料來源：《臺灣日日新報》，1942 年 2 月 26 日，版 4）

以及在巡察叢林時發揮的功能。天真的孩子在動物園裡問道：「哎，媽咪！究竟是之前報紙寫的英勇作戰的軍隊伯伯的象比較大，還是動物園裡這頭象比較大？爸爸在戰場要快點騎上大象喔……我也想騎看看大象！」並附上一張兒童在動物園裡騎象的照片，媽媽坐在小孩身後扶住他，以協助他高舉雙手呼喊「萬歲」。[14]

軍用動物相關活動的舉辦其實都有官方或軍方的授意，特別是中央的內務省與陸軍方面，常主持軍用動物宣傳展覽活動的組織工作。起初具名的主導者較偏地方層級，由動物園的主管機關，如市政單位社會課等規劃一般性的動物展示內容，一九三〇年代末期以後，隨著戰爭的腳步加快，改由軍部直接主導，動物園在動物宣傳上日漸退居配合的邊緣角色，一九四〇年後，軍用犬展覽甚至從市郊的圓山改至城中的新公園舉行。如前段所述，軍馬、軍犬及軍鴿在動物園的宣傳活動，主要集中在一九三〇年代之後的動物祭，亦即前文所提及的動物慰靈祭，此外的主要活動是展覽會、競技會，並包括軍用動物的訓練演出。一九三四年動物園配合狗年干支，舉辦兩天以狗為主題的展覽會，雖以增殖軍用犬為未來的期望，但展覽會中並未以軍用犬為唯一內容，也納入寵物犬、守衛犬、獵犬等，展期內每天舉行三次四十分鐘的表演，內容是狗的傳令、搜查、跳躍連續障礙物或高物障礙、爬牆登高、爬樹、爬梯、雙犬併擊等，都是利用狗擔任軍警工作時的項目，但還沒有顯出完全的軍事演習項目。

一九三六年起，展覽主題改為「軍用犬」，由軍部提供十頭軍用犬參展，派出第一連隊軍犬班班長指揮軍犬訓練實演。[15]由軍方主導展示的目的，在於更彰顯犬的軍用性格，也加深公眾對戰爭與動物之間的印象。

日本的帝都動物園——上野動物園自一九三〇年起，每年初依當年度的干支為主題舉行動物展覽會，首次展出的是馬，之後成為年度的傳統。當時日本帝國已將走入「十五年戰爭」，軍馬被日本陸軍稱為活武器，待遇比人還好，從馬開始舉行動物展，並不是一項偶然，十二年後，即一九四二年，干支展的主題明訂為「軍用馬展覽會」，可視為日本帝國將動物作為戰爭資源而加以宣傳愛護的例子。[16]軍用犬的展覽情形亦同，[17]臺灣的動物園雖沒有依干支每年舉辦動物展，但曾於一九三四年及一九三六年，在軍部主導下舉行以軍犬為主的軍用動物展覽會。由動物園人員負責軍用動物宣傳教育，在上野動物園更為明顯，該園園長古賀忠雄於一九四一年應徵入伍，在陸軍獸醫學校的工作即為軍用犬與軍鴿的訓練宣傳以及教授軍用動物學。一九四〇年代戰時上野動物園發行供遊客遊園參考的地

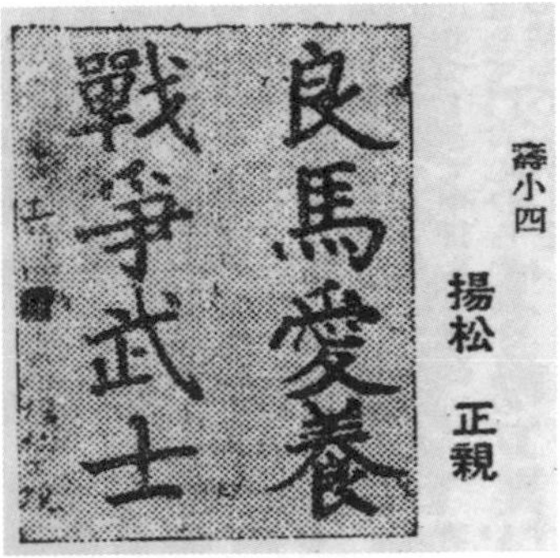

圖 3-2　壽小學校書法作品中強調戰爭與馬的關係。（資料來源：《臺日畫報》4 卷 7 號，1933 年 7 月 15 日）

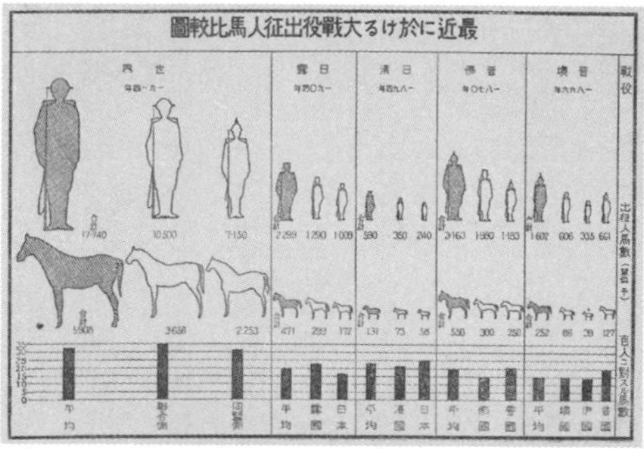

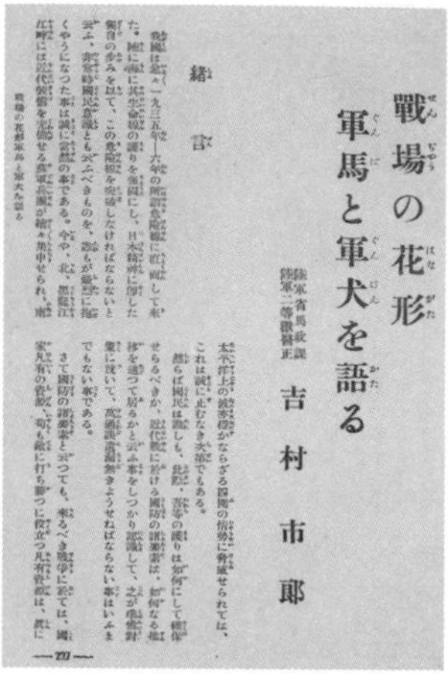
戰場の花形
軍馬と軍犬を語る
陸軍省馬政課
陸軍二等獸醫正　吉村市郎
緒言

圖 3-3　戰爭時期對於軍馬、軍犬等軍用動物的研究。（資料來源：《非常時國民全集　陸軍篇》，臺灣總督府臺北高等學校圖書館藏書。中央研究院臺灣史研究所檔案館典藏）

圖，也一直印著軍用動物的故事。[18]

戰後圓山動物園依然肩負政府精神動員場所的功能，在一九四九年「七七抗戰紀念日」時，曾由兵工署研究院主導展出各國新兵器及我國自製兵器，如「抗戰期間發揮莫大力量之中式七九型槍」，「以便本省人士研究」、「增進青年興趣」、「提倡社會教育」、「促進國防科學」。[19]

但就軍用動物而言，戰時相較於軍馬，日本帝國軍方對軍犬的飼養繁殖技術較不熟悉。[20]在當時「軍犬報國」的大纛下，臺北動物園也適時提供軍用犬繁殖培育技術的支援。除園內軍犬被送與朝鮮狼交配，進行混種測試外，[21]一九三五年臺灣成立的軍用犬同好會中，動物園囑託勝浦輝便負責協助軍犬飼育等問題，他於一九三〇年代擔任動物園獸醫兼主任，對各種動物的醫療實務經驗多過學理研

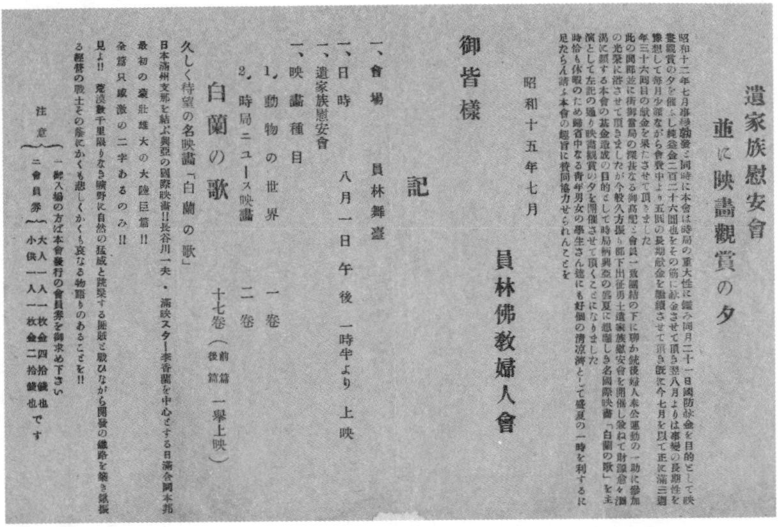

遺家族慰安會
並に映畫観賞の夕

昭和十二年七月事變勃發と同時に本會は時局の重大性に鑑み同月二十一日國防獻金を目的として映畫観賞の夕を催ふし純益金二百二十六圓也をその筋に獻金させて頂き翌八月よりは事變の長期性を豫想して毎月少額ながら會費中より五圓の長期獻金を繼續させて頂き既に今七月を以て正に滿三週年三十六回目の獻金を果たさせて頂きました

此の間郡並に街御當局の深甚なる御高配と會員一致團結の下に聊か銃後婦人奉公運動の一助に參加の光榮に浴させて頂きましたが今般久方振り郡下出征勇士遺家族慰安會を開催し兼ねて財源愈々涸渇に瀕する本會の基金造成の目的として時局柄興亞の盛夏に相應しき名國際映畫「白蘭の歌」を主演として左記の通り映畫観賞の夕を開催させて頂くことになりました

時恰も休暇のため歸省中なる青年男女の學生さん達にも好個の清涼劑として盛夏の一時を利するに足たらん請ふ本會の趣旨に贊同協力せられんことを

昭和十五年七月

員林佛教婦人會

御皆様

記

一、會場　員林舞臺
一、日時　八月一日午後　一時半より　上映
一、遺家族慰安會
一、映畫種目
1、動物の世界　一巻
2、時局ニュース映畫　二巻
白蘭の歌　十七巻（前篇 後篇 一擧上映）

久しく待望の名映畫「白蘭の歌」
日本滿州支那を結ぶ興亞の國際映畫!!長谷川一夫・滿映スター李香蘭を中心とする日滿合同本邦最初の豪壯雄大の大陸巨篇!!
全篇只感激の二字あるのみ!!
見よ!!　茫漠數千里限りなき曠野に自然の猛威と跳梁する匪賊と戰ひながら開發の鐵路を築き銃振る經營の戰士その蔭にかくも悲しくかくも哀なる物語りのあることを!!

注意
一　御入場の方は本會發行の會員券を御求め下さい
二　會員券　大人一人一枚金四拾錢也　小供一人一枚金二拾錢也です

圖 3-4　戰時文宣裡，動物是不可或缺的一環。（資料來源：郭双富先生提供）

究，並不能算是軍犬的專家，這項軍犬飼育的指導責任，純粹是因為戰爭時局動物園配合軍方的動員而擔負。就實質成果看來，當時臺灣等熱帶地區在軍用犬的繁殖上成績並不特出，滿洲、朝鮮、青島等地才是當時日本主要軍犬種犬的產地，在軍犬繁殖、登錄、檢查、訓練、競技與展覽上，技術列為日本帝國前茅。[22]

除軍用動物的宣傳與業務支援，在一九四〇年代戰爭方酣的時期，臺北動物園也承擔了日本帝國南方政策中，有關佔領地動物資源調查的任務。臺北動物園園長赤松稔於一九四三年到日本佔領區海南島調查一個月，回臺後受訪，以對孩子們談話的口吻談及海南島擁有豐富的「珍貴動物」，配合日本帝國戰爭時期南進政策，有意擴大對華南與南洋動物資源的運用。他初步調查發現，海南島有很多日本內地及臺灣未曾見過的動物，認為其地理更接近於法屬印度支那（即今越南、高棉、寮國等），未來可以發展為日本飼養南方動物的地方，取代當時昭南（即今新加坡）的地位。他也以臺北動物園園長的立場，表示希望能將海南島的珍貴動物帶回臺灣的動物園，給這裡的「好孩子」觀賞。[23]在戰爭時期，我們可以從臺灣殖民地的例子，看到帝國權力與動物園動物蒐藏之間的關係，臺灣動物園在動物調查等相關事務上，扮演了帝國先鋒的角色。在下一段有關所謂猛獸處分中，更顯示出戰時中央政策對臺灣動物園的深遠影響。

二、戰時動物園的「猛獸處分」

他們所能做的只有祈禱不要死得太痛苦而已……但在那之前，總之他們不得不射殺動物園的動物們。……我所記得的動物園，真的是我記憶中那樣的動物園嗎？

——村上春樹著，賴明珠譯，〈襲擊動物園（或不得要領的虐殺）〉，《發條鳥年代記　第三部刺鳥人篇》（臺北：時報文化公司，一九九七），頁七八～七九、八五

二次大戰後期的一九四三年八月至戰爭結束前，日本帝國內的動物園曾執行「猛獸處分」政策，臺北動物園的「猛獸」並未倖免。雖然已過了將近八十年，但關於這些被毀滅的動物，特別是曾被命名的大象，牠們的故事就像家人的往事般，不斷被重新創作、書寫與述說；大阪天王寺動物園並自二〇〇五年起，每年在八月舉行相關展覽以資紀念。[24]反戰的日本知名作家村上春樹，曾在一九九〇年代以新京（今中國長春）動物園為主題，想像戰爭末

期該動物園執行軍方猛獸處分政策的情形。[25]村上稱這種行為是「不得要領的虐殺」，對戰爭時期執行政策者心靈上的自我扭曲，將責任委諸命運、逃避良心譴責的現象刻劃極深。[26]動物園經營者原本費心蒐集、圈養的動物，因為戰爭的關係而主動且有計畫地被毀滅，並使用「處分」的字眼，隱然將動物視為財產或是破壞秩序者，與本章後述的慰靈祭宣稱的愛護動物精神，和所謂人與動物間建立「愛之絆」的戰爭宣傳，無論如何都是矛盾的，因此當書寫者回顧這段人與動物關係的歷史時，顯示出的創傷也特別深。

然而臺灣的動物園由於戰後經歷改朝換代的變革，檔案文字失落或塵封，許多戰爭結束前動物園的集體記憶被遺忘，在這個主題上似乎相對沉寂。回顧動物園在第二次世界大戰期間的情形，思考動物與人的關係，我們要如何召回臺灣動物園的這段歷史記憶？最直接的資料似乎還是要翻回一九四三年十二月二十七日《臺灣日日新報》一份有關臺北市動物園的報導。其中標題明示：熊與虎都為國犧牲，預備空襲而進行猛獸處分，為少爺、小姐朋友剝製牠們。文中則說明：為確立與完備防空體制，東京及大阪動物園已經屠殺園中猛獸，臺灣既然必將面臨空襲的情勢，考慮到空襲時的危險，十二月二十七日上午八點半將先處分熊及羆。殺戮的方法幾經研究，決定採用電氣法。殺戮後的猛獸則剝製永久保存，作為教育資料外，骨骼及內臟亦提供臺大研究室作為研究資料，其後並將陸續處分虎、豹等。在「少爺及小姐」中最有人氣的猩猩「一郎先生」，因為是國寶，將對其檻舍加以補強，予以保護。臺北市當局並發表如次的談話：

時局日益逼近，關於本市動物園猛獸之處置，已預為考慮。本年九月初以航空信詳詢內地主要都市的情況，得知東京上野動物園業於八月、九月間全部處置，而大阪市馬戲團等也已處置。在此情勢中，鑑於臺灣本島比內地更有空襲必至的事實，需預為處置猛獸，適當考量治安上及防空對策以及市民的不安等，乞求相關各方面能諒解，不得已的事是理所當然。由於得到以上指示，此回處分的猛獸包括獅子、虎、豹、熊、羆、朝鮮狼。無論如何，不僅本市少爺、小姐，就是全島的諸位看來，（動物）牠們隨著時局的進展而犧牲，實在很可憐。但這些猛獸完成了永久的使命，提供臺北帝國大學動物學及醫學部和大學病院等作為種種研究資料，並剝製保存於博物館或動物園，骨骼也成為動物研究資料。至於殺戮的方法，研究過毒殺、銃殺及其他方法，結果決定使用電氣，請電力會社協力。市方面為撫慰這些犧牲的動物，有為牠們供餐。由於猩猩是日本唯一的貴重動物，已將其獸檻加強為兩重，並設石造防彈壁予以保護；象已家畜化，很受飼養夫馴化，腳上了鐵鎖，也已設石造防彈壁，因此將予保留；而大蛇及鱷魚正冬眠中，因此也保留。[27]

這是一份臺北當局在殺戮動物園的動物前（開始的當天），公開對市民發出的通告，似有取得市民諒解的意涵，也彰顯該市動物園的動物與市民（尤其文中提到的「少爺」與「小姐」——即兒童）之間的關係；也可能臺北市當局擬透過這項政策說明，達到某些政治或軍事目的（詳後）。這篇報導與官方的說明，詳述臺北動物園執行「猛獸處分」的原因、經過與後續處理措施，強調是為空襲而準備，依循日本內地動物園（尤其是上野）的成例，而保留猩猩、大象、大蛇及鱷魚等動物，由臺灣電力株式會社協助以電殛方式殺戮——稍早鹿兒島動物園也曾在同年處分動物，毒殺法失敗後改採電殛法。

由於臺灣的報導是執行前（及執行當日）發稿，這份報導所描述的被處分動物種類與採用方法，並不是完整的訊息，也無法了解遭處分的動物數目。但對於臺灣動物園這次「猛獸處分」之後的情形，一九四四年從北海道小樽來臺北帝大攻讀獸醫的學生佳山良正留下了回憶。說他到臺灣時，由於經歷過「猛獸處分」，動物園中僅飼養著中小型動物與鳥類。聽說臺北帝國大學農學部獸醫學生也參與了「猛獸處分」的過程，並實地接受解剖指導，臺北市的技師與任教大學的森於菟教授亦曾參加。殺戮的方法是將動物誘入鋪有通電鐵板的獸籠內，再以通電長槍刺向動物的臉部，獅子及老虎都是這樣被「處分」，而熊在被電殛兩三次後仍能站立。據說學者不但解剖這些被電殛的動物，還試吃牠們。此外還有第二次的處分，依臺北州所發的〈火藥類所持許可證〉，一九四五年三月三日，臺北市動物園另以七發銃彈（其中一發空彈，因此實為六發）槍殺園中兩頭獅子。[28]不過戰爭結束十五年後，有獅子亡故時，園方卻表示牠早在戰前就來到園中，就這個例子而言，足見戰爭末期的猛獸處分範圍並非全面，至少獅子並沒有被完全「處分」。[29]

戰爭結束近二十年後，報端曾有一說不盡實在：一九四五年臺灣遭受空襲，「全部的動物均予電斃，唯恐一旦獸檻炸破，動物逃出而造成災害，以致當時遺留下來的祇僅僅是兩隻食用火雞而已」。這篇報導在實際處分時間、方式與範圍上，都有值得商榷之處。[30]

雖然臺北市當局在對市民關於猛獸處分的公開聲明中，並沒有提到軍方或日本中央的明確政令，但仍出現「指示」兩字，顯示臺灣動物園與日本內地動物園在決策上的指揮關係，或至少是依循日本內地的作法。有關日本帝國動物園決策的一致性，動物園間聯合組織的形成是一個因素。進入戰爭時期後，日本動物園界[31]因漸感物資不足，為技術與資訊交流、飼料及動物相互調節，而於一九三九年五月二十三至二十四日於京都動物園開會，臺北市動物園也派出技師磯崎義演與會。[32]會中決定成立全國動物園協會，這是當年十一月十七日「日本動物園協會」（次年六月召開第一次總會時更名「日本動物園水族館協會」）[33]成立的緣由。[34]在一九三九年京都的全國動物園長會議中，會議紀錄提及空襲對策的猛獸處理事項，載明空襲時根本方法是加強動物寢室的耐震、耐火能力，並將猛獸檻舍偽裝迷彩化，而射殺動物則是「必要的最後手段」。紀錄中也提到臺灣特別有遭受空襲的可能，人心相對浮動。[35]一九四三年八月，日本動物園水族館協會召開戰時最後一次總會（即第四回總會），會中，日本內務省代表曾要求各園處理猛獸，之後即由上野動物園帶頭執行、各動物園接續，總計戰爭結束前，全帝國動物園共「處分」三百零三頭「猛獸」。[36]臺灣選擇在是年（一九四三）十二月底開始執行，除依循內地動物園之例，或許也受到前一個月新竹空軍基地遭美軍大規模空襲造成的恐慌心理影響。

因此研究者指出，日本帝國的猛獸處分政策有幾點特色：首先，即使執行方法與時間不一，卻是全帝國一致陸續執行的，在當時其他國家的動物園是絕無僅有的現象。[37]究其原因，在於日本主要的公共動物園都由市級政府經營，營運上有高度中心統一性，決策者為官僚而非動物園人員，而官僚階層又如同一條直線般層層轄制，從中央到地方有連動關係，各動物園本身的自主性相對被減低，動物專業人員僅能受命於行政人員。[38]其次，關於猛獸處分政策制定者與責任歸屬問題，向來都認為是以日本陸軍為主，但其實日本內務省與東京都長官大達茂雄的角色亦不容忽略。內務省對動物園水族館協會的影響已如上述，至於東京都長官部分，該都所屬的上野動物園係於一九四一年七月底，接獲日本陸軍東部軍司令部獸醫部制定非常時期動物園對策的要求，研擬提出「動物園非常處置要綱」。[39]但該項措施則是在處置要綱擬定的兩年後，即一九四三年八月中，由大達茂雄下令執行，透過公園課長傳達給上野動物園。[40]

值得思索的是，上述報導所流露臺北動物園經營者的動物觀：動物的價值在於彰顯其在人類社會中的「永久使命」，牠們雖因戰爭情勢而被「處分」，但其犧牲被經營者認為是有意義的——能貢獻於人類的動物研究與教育，留下剝製的標本可讓牠們完成使命；而何為猛獸？何須受處分？則由各動物園經營者自主斟酌判斷。臺北動物園的標準，是動物在帝國裡的稀有性與家畜化程度。預定「處分」的「猛獸」包括獅子、虎、豹、熊、羆、朝鮮狼，其中獅、虎、豹及朝鮮狼為肉食性動物，熊及羆為雜食性動物。而不列入「處分」的動物，則包括草食性的大象，因臺北動物園認為園中大象已成為「家畜」，受到馴化——然而另一方面，日本內地動物園許多大象卻被列入戰時猛獸處分名單。以果實為主食的婆羅洲猩猩一郎，被報導的記者提起其名，並尊稱為「先生」，彰顯牠在全園動物中特別具有人類社會的可辨識性，可以說被納入了人與動物的「絆」，因其在帝國內稀有，被視為「國寶」，因此不必「處分」，僅需強固其檻舍，預備面對可能的空襲。大蛇與鱷魚因正值冬眠期，也不需處分——但不知冬眠醒來後，動物園將如何看待牠們的身分。

關於猛獸處分政策的原因，有人懷疑空襲之說其實是動物園的藉口，認為真正的理由是戰爭時期糧食飼料不足。確實，戰時各動物園多面臨糧食問題。上野動物園在一九四〇年一月時，就曾屠殺園中七頭山羊以餵獅、豹，[41]同年十月十日林獻堂參觀該園，即曾在日記寫下：「觀動物園，獅、虎皆甚消瘦，偃臥不能行動，因年來肉甚缺乏也。」當時臺灣的圓山動物園也同樣遭逢食物困難的問題，因此亦試圖控管動物的增加，如過去曾竭力歡迎各界捐贈珍禽異獸，但此時民間也受到食物荒波及，一些飼養寵物作研究或趣味者相繼對園方提出捐贈動物的申請，反造成動物園的困擾，動物園因而公開表示除「珍獸奇鳥以外」，凡園內已有的動物，就不再接受捐贈。[42]新京動物園也因為園內肉食動物缺乏食物，而撲殺關東軍的負傷軍馬作為補充。[43]但糧食不足的理由，尚不足以完全解釋為何須由中央或首都官員作出屠殺的指示。

戰時猛獸處分政策的研究者也認為以空襲為口實並不合理，因為空襲目標多為軍事用地、經濟活躍區或官署，除一九三九年閃電戰時英國倫敦的例子外，極罕見動物園遭空襲的情形；而日本動物園的動物處分時間，也遠早於大規模空襲發生前。[44]這些檢討大致適用於臺灣的情形，尤其臺北動物園並不在城中，圓山當時係屬市郊，較不是空襲目標，事實上，園方可以思考用強固檻舍或其他預防措施避免動物逸出傷人，這也是針對象與猩猩等決定保留的動物的一般作法。因此專家古賀忠道認為，動物園的猛獸處分政策其實是手段而不是目的，它是一種戰爭心理策略，有意藉市民熟悉的動物被屠殺引起的心理震盪，來增強市民對空襲的警戒感，也使其對戰爭氣氛更敏銳，強化戰鬥情緒，同時把喪失所愛動物的仇恨歸咎給敵人。因此曾久任內務省，嫻熟於戰爭宣傳、時任東京都長官的大達茂雄，才會拒絕留下東京上野動物園內的草食性動物如大象，並且不肯考量將動物疏散到郊區。為撫平市民與這些死亡動物間的情感，事後東京舉行了慰靈祭，透過公開的儀式悼念犧牲的動物。[45]

相較於東京官方對上野動物園猛獸處分的運用，臺灣方面除剛開始執行前曾向市民發出公開聲明外，後續過程似乎較被動、低調，也因此人們留下的記憶較為有限。但是戰後的新聞媒體在一九五〇年代前，仍偶會提及戰時為防空而以電殛方式屠殺動物的往事，並提到戰後所餘的大動物僅「獅象各一」。[46]當時臺灣仍處於與中國大陸對抗的態勢下，依舊有防空備戰的需求，但圓山動物園當局已不再考量猛獸處分政策，而認為堅固的鐵籠足堪信賴，因此一九五五年時擔任動物園技師的蔡清枝向記者說明：「關於空襲時期動物園動物安全問題，……像獅、虎、豹等的安全，該園已做好了鐵籠，非常堅固，遇有空襲，將猛獸驅入籠內，外再加粗鐵絲籠，即使獸柵被炸，猛獸也無法跑出來傷人。」[47]這也代表之前來自高層的壓力消失，以屠殺動物作戰爭心理動員的政策已經完全過去。

三、動物慰靈祭與動物園

在官方所舉辦的所謂愛國活動中，動物慰靈祭的儀式化是一個著例。動物慰靈祭是日本統治時期引入臺灣的祭典，事實上除了動物之外，也有以具有戰功者為撫慰對象的慰靈祭。傳統漢人文化中亦有動植物崇拜的風俗，以臺灣為例，對高齡樹木如榕樹及刺桐的崇拜並不少見，而動物方面，則有崇拜貓、蛇、狗、馬的例子，如嘉義羅將軍祠祭祀戰死之馬，二十三將軍祠合祀戰死之犬，宜蘭則有將貓稱為將軍爺並祭祀者。[48]但這些泛靈信仰行為，與日治時期傳入的日本動物慰靈祭之定期定點儀式化，仍有所區別。文化人類學研究者艾瑪・維德坎普（Elmer Veldkamp）認為，「動物供養」及「動物慰靈」兩種針對動物亡靈舉行的儀式，是結合日本傳統世界觀與佛教思想而產生，含有動物亦可成佛以及防止死亡動物作祟的雙重目的。近代國民國家之前，日本也有源自佛教的戰末軍馬祭祀歷史（尤常以馬頭觀音塔的形式表現），但隨著近代軍馬在騎兵、砲兵的輓馬、駄馬等軍事上不可或缺的重要性日增，日本官方倣習為戰歿兵士設立忠魂碑，在日清及日俄戰爭後，增加了動物慰靈碑的紀念

圖 3-5　長谷川清總督時期為感念戰歿軍馬而舉行的軍馬祭。（資料來源：長谷川清文書。中央研究院臺灣史研究所檔案館典藏）

形式。[49]自一九一〇年起每年舉行警犬慰靈祭，一九三一年九一八事變後，在奉天舉行戰歿軍馬慰靈祭（之前先在大連舉行戰死者慰靈祭），之後對陣亡者及動物慰靈的風氣大為流行，上野動物園也在同年建動物慰靈碑，並在碑前舉辦動物慰靈祭。動物慰靈的風氣在日本至今仍持續不衰，常民生活中，包括醫院及寵物靈園也常可見到為實驗動物或近身的伴侶動物舉辦慰靈祭的例子，而臺灣醫學機構亦遺留了這項歷史文化（通常稱為犧牲動物慰靈祭）。維德坎普認為，由於人們在戰爭時期將動物極端資源化，特別是以死亡為前提的動物利用與活用——尤其是軍用動物的消費，這些動物慰靈儀式的舉行因而更受重視，也因此戰爭時期動物供養與慰靈儀式特別流行。[50]就慰靈祭的長久持續舉辦而言，這項祭典除了宗教上的意義，其實也有很深的記憶召喚的意味，尤其是應用於人與伴侶動物的關係時。

臺灣的動物慰靈祭始自一九二〇年代，大盛於三〇、四〇年代，包括建畜魂碑在內，被廣泛用於漁業、畜牧業、屠宰場、醫院、軍事，甚至動物園及水族館等地，在對靈界「鎮」的文化脈絡中，透過儀式，擬達到安定與彰顯死者（為人類犧牲的動物）的目的。[51]日治之前，臺灣並無樹立畜魂碑的傳統，自一九二〇年代起，各地屠獸處所陸續樹立畜魂碑，此種石碑的存在，顯示人們在肉食文化中，對因為人類而死亡的動物作祟的恐懼，立碑工程常以屠宰業者為主力，在地方政府協助下進行。[52]

臺灣第一次試辦動物祭是在一九二五年，由圓山公園內佛教臨濟寺日曜學校主辦，該寺與動物園同位於圓山公園內，具有地緣關係；而早在一九二三年，已可見大阪市日曜學校聯合會在天王寺動物園舉行「死亡動物追悼會」的報導，統計了該園開園以來死亡的動物數。據此猜測臺北之所以舉辦是受大阪影響，但當時臺北已開始高舉「愛護動物」之名。[53]臺北動物園首屆正式的動物慰靈祭則始自一九二九年，時間大約都在每年秋季的十一月二十三日，[54]此後祭典中「動物愛護」的主題已固定，但以安慰逝去動物之靈為主。[55]最早仍由臺北市內各佛教日曜學校主辦，[56]動物園居於協辦角色，地點亦在圓山動物園（通常在戶外廣場），後逐漸改為兩者合辦；一九三六年起，佛教團體改為臺北佛教兒童聯盟。[57]參與的單

圖 3-6、3-7　1940 年代初期在臺北市動物園所舉行的動物慰靈祭。（資料來源：《臺灣畜產會會報》，1942 年。國立臺灣圖書館典藏）

位逐年增加，除主辦單位外，動物園的主管機關臺北市役所必派代表到場，另有來自各種利用動物的相關單位，如與實驗動物相關的中央研究所、臺北醫專、臺北帝國大學畜產學及動物學教室、臺灣總督府獸疫血清製造所，[58]與食用動物產業相關的臺北乳業畜產組合、臺北屠場組合、臺北州畜產聯合會，或與軍用動物相關的臺灣軍獸醫部長、武德會馬術部等。[59]祭典的流程大致為：為亡靈頌經、由日曜學校學童合唱「佛陀的孩子」（「佛の子供」）、獻花、燒香、主辦單位讀祭詞、朗讀祭文。致祭者除人類之外，狗、猿猴、大象等動物亦被安排「盛裝牽至祭場前，由園丁指揮參拜」。[60]大象在祭典中很受注目，穿著大紅禮服，面向滿布花環及供品的「群生精靈」牌位祭壇前，後肢下跪並燒香。而猿猴亦盛裝與會，穿上人們只有在正式儀式中才會穿的燕尾禮服（morning dress）祭拜，代表組織儀式者期望塑造的莊重與肅穆氣氛。[61]

一九三七年後，隨著戰爭時期的到來，軍用動物被冠上參與「聖戰」的「優秀的無言勇士」[62]之美稱，行之有年的動物慰靈祭也改以戰歿的「皇軍將士」軍馬及軍犬（一九三九年起再加入軍鴿）為主角，列名參與者則強調軍方或與軍用動物關係密切的臺灣軍獸醫部、帝犬北臺灣支部與帝犬南臺灣支部（一九三九年改為大日本軍用犬協會臺灣支部）、鐵道部犬友會。[63]在動物園之外，臺灣各地也在「銃後動員」的情況下，紛紛由軍方支援舉行各種動

圖 3-8　動物慰靈祭中代表致祭的象君。（資料來源：《臺北市動物園寫真帖》，1941 年。國立臺灣圖書館典藏）

物慰靈祭，如一九三八年中壢公學校舉行的軍用獸類慰靈祭，同時獻納軍用牛，由臺灣軍司令部等派人參加；[64]一九四一年，臺北東本願寺別院勤修「軍用動物慰靈法要」，帝國軍犬協會臺北支部派員向陣亡軍犬及軍鴿上香，專人演講前線軍犬事蹟，舉行軍犬訓練表演；嘉義佛教聯合會也在該市的公會堂舉行戰歿勇士追悼會的軍用動物慰靈祭，由帝國軍犬協會臺灣支部支援，同時表演軍用犬調訓成果，臺南等其他地區亦陸續舉辦。臺灣護國神社[65]於一九四二年舉行鎮座祭後，次年總督府及軍司令部也計劃在神社前建造軍用動物慰靈塔，但並未看到完工的報導。[66]由以上種種例子可知，動物慰靈祭在戰爭時期，被利用作為提升市民（或帝國國民）「戰爭道德」工具的實際情形。

戰後動物慰靈祭曾取消數年，但因為該祭祀具有說明人與動物間關係的儀式性功能，圓山動物園遂於一九五〇年恢復舉行。祭文中強調動物為市民生活付出的貢獻，園方說明：「慰靈祭的用意是提醒人們，這些可愛的動物，絕大多數是老死籠中，人們從牠們身上獲得歡樂後，更該懷抱著感恩之心。」強調動物的「可愛」、「老死籠中」，以及助人取樂的功能。戰後初期的動物慰靈祭仍用佛教儀式，流程也與戰前頗多類似之處，主持祭禮者仍為行政首長（市長或教育局長），但誦讀祭文的是國語推行委員會代表；除了人類之外，也重視動物代表。在一九五四年一張圓山動物園的照片（如圖3－9）中，可以清楚看到仍由大象（馬蘭）代表全園動物跪拜致祭，但從跪後肢改為跪前肢，所披禮服亦改為五彩條紋狀。[67]事實上，動物致祭可說是另一種形式的動物表演，在動物表演最興盛的一九五〇與六〇年代，於慰靈祭中為動物誦經的不是佛教法師，而是動物園調訓的猴子。據當時負責此一訓練的飼育人員陳德和先生回憶說，他在佛經中每隔數頁就放置一顆花生，猴子為吃花生而持續看著佛經，使圍觀群眾以為猴子正專注於佛經上。[68]此外，也有在慰靈祭結束後接著舉行動物展覽會等各項活動，甚至鬥雞、放軍鴿，或是各式各樣的動物表演。

圖 3-9　1954 年臺北動物園動物慰靈祭（陳德旺與馬蘭）。（資料來源：聯合圖庫授權）

戰後動物慰靈祭雖存留下來，但去除了戰爭時期的軍事因素，加進新的文化因素，祭文所強調的內容也與時俱變。首先是祭典舉行的時間，戰前以秋季為主，戰後改至春夏，尤其漸以中元節為主要趨勢，與臺灣漢人民間傳統普渡信仰配合。[69]另一種變化是除採佛教儀式，也開始輪流使用道教儀式。在美援時期，基督教儀式亦曾出現在醫療機構主辦的動物慰靈祭。如前述，一九三〇年代以來，臺灣的醫學院一直有舉行慰靈祭的傳統，包括對解剖大體的慰靈，以及對實驗動物的慰靈。臺北市成立動物之家後，安樂死的動物也成為慰靈的對象。在一部省製有關動物慰靈祭的影片中，[70]留下一九五〇年代美援進入臺灣後，在美軍勢力影響下，醫學單位舉行動物慰靈祭儀式的大概情形。影片一開始是舉行動物慰靈祭的場所，即臺北市公園路七之一號的美國海軍第二醫學研究所，[71]先舉行佛教儀式，在戶外空地上架起許多小花圈，還有擺置香蕉等水果的香燭供桌，僧人圍桌誦經行法事，而蒞會官員陸續入場；另一方面則是教堂內舉行的基督教儀式，穿著旗袍的婦女站在十字架前開場，牧師手持《聖經》，帶引座上聽眾低頭禱告，除本地婦女與小孩外，也有外籍女子及兒童參與。之後一群穿著白上衣、花裙或短褲、白襪白鞋，清湯掛麵頭的小女孩獻唱詩歌。[72]婦女與孩童（特別是女孩）是這次儀式中顯著的身影。

而在祭文的變化上，戰爭時期重視軍用動物的貢獻，戰後初期強調動物帶給人們的歡樂，而二〇一二年臺北市立動物園動物慰靈祭的新聞稿，在宣傳上則聚焦於生命教育主題，強調「動物園展示的野生動物是各種不同樣態生命的呈現，從正面角度讓社會大眾了解死亡並尊重生命，把對動物的感恩之情，轉化為關懷生命與保護自然環境的力量」。[73]在此新聞稿中，也提及園內仿日本上野動物園，於二〇〇四年設立生命紀念碑，要禮讚生命、紀念生命，將動物死亡等議題都納為動物園生命教育展示的內容，也希望觀者能思考人與自然之間密切的關係。其中所強調的生命教育以及人與自然的主題，實彰顯二十世紀末以來，國際動物園與水族館界從環境與保育所得到的主要發展策略。[74]

四、結語

從戰爭的特殊背景，探討動物慰靈祭、戰時軍用動物的宣傳、猛獸處分政策和動物園的關係，可了解戰時動物在動物園內被資源化利用的實情；動物園成為增進戰爭道德的場所，觀覽動物園是受官方鼓勵的。衡諸一九四一年前入園觀覽人數（參見表3－1），可知戰時民眾對動物園的利用並沒有受到太大的影響，顯示雖是軍事動員的特殊時期，休閒生活仍是民眾不可或缺的一環。此外軍人入園亦得到特別優待，一般人門票十五錢，軍人則與兒童同為五錢，比百人以上五折計費的團體門票還要便宜許多，鼓勵的意味甚為明顯。[75]

戰時的動物園呈現了精神動員的一面。慰靈祭在戰爭時期例行性舉辦，成為提升愛國道德的活動；戰後則被轉化延續下來，擔負加強人與動物關係的儀式性功能，指向動物對人類發揮的娛樂、展示價值。而戰時對軍用動物的宣傳，巧妙地運用家族情感，以動物為媒介，將前線和後方都聯結在愛國的目標下。猛獸處分政策則顯示動物的犧牲如何被國家合理化，甚至成為心理戰的工具。其間呈現相互矛盾的現象（對動物的愛護與毀滅並存），與動物園宣稱為都市文明設施，宣揚愛護動物與自然教育的功能相牴觸。原因在於臺北的動物園在圓山公園內設立以來，一直是市政型的存在，屬於公園的一部分，具有強烈的休閒功能性格，最明顯的證據，便是本書第四章處理的動物園遊樂園化與動物表演的歷史。

註釋

1 現代史上關於戰爭期間的動物園有兩本名著：第一本有關一九三九年九月德國入侵波蘭至二次大戰結束間華沙動物園的情形，見黛安・艾克曼（Diane Ackerman）著，莊安祺譯，《園長夫人》（臺北：時報文化，二〇〇八）；以及美伊戰爭結束後，二〇〇三年巴格達動物園動物緊急救援的情形，見 Lawrence Anthony & Graham Spence, *Babylon's Ark: the Incredible Wartime Rescue of the Baghdad Zoo* (NY: St. Martin's Press, 2008)。黛安・艾克曼著作中提及，德國在二次大戰中，有意把華沙動物園中罕見珍貴動物與配種紀錄，都掠奪到德國動物園和保育區裡，以創造一個「重建自然環境光輝」的「新德國帝國」，「一如希特勒想要復興人類種族一樣」，因此德國入侵華沙後，華沙動物園的小象被送往哥尼斯堡，駱駝和美洲駝被運到漢諾瓦，河馬被送到紐倫堡，普氏野馬被送到慕尼黑，山貓、斑馬和野牛被送往柏林動物園，其他餘下的動物則成為狩獵對象，遭到屠殺取樂，見黛安・艾克曼著，莊安祺譯，《園長夫人》，頁八四～八七。

2 語出二戰期間華沙動物園園長夫人安東妮娜・札賓斯基（Antonina Zabinski），見黛安・艾克曼著，莊安祺譯，《園長夫人》，頁四六。

3 Mayumi Itoh, *Japanese Wartime Policy: The Silent Victims of World War II*, NY:Palgrave &Macmillan, 2010.

4 由於資料所限，關於戰爭結束前的數據，本書僅掌握一九四一年為止的臺北動物園觀覽人數，而這一年年底發生珍珠港事件，對於東亞戰爭情勢的影響很大，人們對戰爭的體會與感受可能因此增強，在休閒生活上（包括參觀動物園）也許有相應的變化，可惜無資料檢證是否也對觀覽動物園人次產生影響。依史明對第二次世界大戰的回憶，在中日戰爭初期，臺灣民眾並無明顯戰爭期意識，因日本的報導都是捷報，臺灣社會物資也不虞匱乏；到一九四〇年，美國封鎖日本的石油與廢金屬進口，日本本地的經濟發展為之停頓，一九四一年以後，美軍潛水艇封鎖太平洋海路，臺灣因物資運輸受限而匱乏，民眾逐漸產生戰爭期的意識。史明口述史訪談小組，《史明口述史一：穿越紅潮》（臺北：行人文化實驗室，二〇一三），頁五六～五七。

5 戰爭中的動員無所不在，動物也成為一種戰力資源。為減輕戰爭中空襲的壓力，上海英國報紙也曾以戲謔的方式，建議中國陪都重慶動員狗、鴿子、貓及鼠等動物，以對抗日軍的空襲。〈動物を総動員して　防空の完璧を期す　上海の英字紙が重慶を揶揄〉，《臺灣日日新報》，一九四〇年六月二日，版七。

6 Aaron Herald Skabelund, *Empire of Dogs* (Ithaca & London: Cornell University, 2011), p.130.

7 兩次大戰中動物運用的數字，引自マルタン・モネスティエ（馬丁・莫內斯蒂耶，Martin Monstier）著，吉田春美、花輪照子譯，《図説　動物兵士全書》（東京：原書房，一九九八），頁一一。有關一九三一至四五年間，蔣中正在中國對於軍馬、軍鴿的整備工作，可參見楊善堯，〈動物與抗戰：論中國軍馬與軍鴿之整備〉，《政大史粹》，二一（二〇一一年十二月），頁一二九～一五六。其中有關軍鴿在中國的歷史，楊善堯描繪蔣中正命令軍政部陸軍署交通司特種通信教導隊於一九三一年起，從日本購回鴿子，以日人為教官，學習養鴿與訓練，其後並建立以南京為中心的六大鴿子通信站。但另一本於二〇〇四年在北京出版、探討中共解放軍軍鴿歷史的著作，則強調雲南的重要，提及二戰期間雲南省主席龍雲引進軍鴿，由美軍軍鴿、日軍軍鴿及中國國民黨軍隊三方面的軍鴿組成雲南一地的軍鴿種子，一九五〇年後，中國復向蘇聯學習軍鴿飼養與訓練技術，而使當地成為今日中國軍鴿隊的主要基地。參見：陳妍、塞夫、林海編著，《軍鴿》（北京：解放軍出版社，二〇〇四），頁六～一四。

8 據統計，一九四四年時日本帝國軍犬數，本土有八一五隻，滿洲有三二六〇隻，朝鮮與臺灣各有一三〇與一一〇隻，中國戰場有二七二三隻，南方軍使用數則有七三〇隻。Aaron Herald Skabelund, *Empire of Dogs*, PP.

130-144. 日本南方軍與在中國戰場的軍犬數係參考：今川勳，《犬の現代史》（東京：現代書館，一九九六），頁六七。

9 一九三九年時臺灣軍參謀長即曾在「臺灣傳書鳩競翔大會」中，大力宣揚傳信鴿的品種改良訓練與國防的密切關係。〈戰争目的の遂行に　傳書鳩の役目は大〉，《臺灣日日新報》，一九三九年五月十一日，版三。

10 如一九四一年十月三十一日在臺北新公園，由臺北州畜產協會執行日本中央通令全帝國一致舉行的「支那事變軍馬祭」，參加者達萬人，包括總督長谷川清、臺灣軍司令官本間雅晴及民間團體等。〈支那事變軍馬祭〉，《臺灣畜產會會報》四：一二（一九四一年十二月），頁八〇。

11 城市動物園利用動物加強市民與兒童精神教育的例子，如一九一四年美國波士頓（Boston）動物園中大象的運用：象因為公共捐款而被購入，報刊報導將其形容為行為好、守規矩者，並安排牠在城市節慶中揮舞美國國旗，協助鼓動愛國情操。此外，人們觀看動物園大象所留下的回憶，往往呈現純真美好童年的鄉愁感，這種情緒類似一種旅遊紀念品（souvenir），也是形塑城市居民對市民與野生動物間關係看法的重要機會。Elizabeth Hanson, *Animal attractions: nature on display in American zoos* (New Jersey: Princeton University Press, 2002), pp. 59-70.

12 原文為日文，筆者酌予漢譯。宮本佐市，〈戰地に於ける　兵士と軍用動物（下）特に臺灣の軍用犬に就いて〉，《臺灣日日新報》，一九三九年十月十七日，版三。

13 有關英國東方集團軍（後來的十四軍團）中，以詹姆斯・霍華德・威廉斯（James Howard Williams，即大象比爾〔Elephant Bill〕）為主所組成的大象軍團活動，可參見：Vicki C. Croke, *Elephant Company: The Inspiring Story of an Unlikely Hero and the Animals Who Helped Him Save Lives in World War II*, New York:

Random House, 2014。該書從人與動物的關係著眼，以傳記的方式，描繪大象比爾自一九二〇年代到五〇年代末後與大象的遭遇及活動，其中第三部分（頁二〇五～二九〇，第二一～二六章及終曲）尤以軍用象為主軸，有助於我們明瞭英國皇家軍團中大象軍團如何組成及其所扮演的角色，作者特別突顯了人與動物的情感與歷史的關係。

14 〈動物園に偲ぶ　南方戰線の『象と兵隊』〉，《臺灣日日新報》，一九四二年二月二十六日，版四。

15 〈犬の展覽會、圓山動物園で開く〉，《臺灣日日新報》，一九三四年六月一日，夕刊版二。〈圓山動物園で　軍用犬の展覽會　軍部からも十頭出品〉，《臺灣日日新報》，一九三六年三月十七日，版九。

16 東京都編集，《上野動物園百年史（資料編）》，頁六六六～六六七。

17 在戰爭如火如荼進行的期間，日本帝國內常舉辦軍用犬獻納儀式，一九四〇年代甚至曾發展出「犬貓不要論」，否定動物作為家庭成員的意義，完全以軍用犬為尊。諷刺的是一九四四年底，日本軍需省等軍方單位卻推動民間捐出犬貓，以讓軍方能運用其毛皮。Mayumi Itoh, *Japanese Wartime Policy: The Silent Victims of World War II* (NY:Palgrave &Macmillan, 2010), Loc743, 750.

18 東京都編集，《上野動物園百年史》，頁一七〇、一八四～一八五。古賀忠道在陸軍獸醫學校不久，即派往南方戰線，但曾因病在臺北住院兩個月。Mayumi Itoh, *Japanese Wartime Zoo Policy*, Loc696.

19 〈七七抗戰紀念日　省會各界明日集會紀念　在臺北動物園展覽兵器〉，《民聲日報》，一九四九年七月六日，版四。

20 日本陸軍自一八七三年就開始推動馬醫學，培訓馬醫生，結合源自中國、荷蘭與幕末等馬事獸醫學，與一八五〇年代後傳來的西洋獸醫學，重構馬醫學教育，而馬學也一直和羊學、豚學及其他家畜學並列為農學中獸醫的主要學習科目。篠永紫門，《日本獸医学教育史》（東京：文永堂，一九七二），頁一三～三一。

21 〈春の動物園　朝鮮狼と獨逸軍用犬の　混血ツ子はどんな　ものが生れるか〉，《臺灣日日新報》，一九二五年四月十五日，版七；〈春！動物園に訪れる　朝鮮狼には犬のお婿さん　お嫁さんがなくて困る猩猩〉，《臺灣日日新報》，一九三四年二月十八日，版七。

22 日本在軍用犬方面的技術是到一九二〇年代末、三〇年代才逐漸摸索改進，帝國內最早的牧羊犬俱樂部於一九二八年設立，一九三二年成立帝國軍用犬協會，一九三七年陸軍開始大量購買軍用犬，四〇年代開始試用秋田犬。在這種技術演進的過程中，三〇年代軍方派員參加展覽會擔任審查員時，許多相關獸醫部人員都對馬相當熟悉，但對狗的認識有限。今川勳，《犬の現代史》，頁四九。

23 〈珍らしい動物　動物園のおぢさん海南島のお話〉，《臺灣日日新報》，一九四三年十二月二十一日，夕刊版二。

24 除大眾媒體的創作外，學院中也有猛獸處分相關的記憶透過口述流傳下來。如東京大學農學部教授、博物館館長林良博曾提及，他的研究室中據說留存了戰爭時期上野動物園被殺的象——象的遺體當年在東京千住燒卻場處分了，但解剖會上東京帝大學生偷偷帶回象的下顎骨，存在東京帝大，位置正在後來林教授的研究室中。由於文獻不徵，林教授認為愛護動物者實不欲回想戰時「殺處分」的往事，因此上述象骨留存的說法真偽難辨。林良博，〈東京大学に眠る上野動物園の宝物〉，《とうぶつと動物園》，五〇：一（五七四號，東京：東京動物園学会，一九九八年一月），頁三。

25 新京博物館及動物園歷史研究者犬塚康博認為，依佐藤昌的《滿洲造園史》（日本造園修景協会，一九八五，頁九〇）、越澤明的《満州国の首都計画》（日本経済評論社，一九八八，頁一六〇），一九四五年八月俄軍入侵滿洲的同時，也藥殺了新京動物園的動物，因此，村上春樹小說中所述日軍槍殺動物之情節，是虛構而非真實。感謝網站「戦時中の動物園」（http://ppt.cc/xLjf）站主三上右近先生指教。

26 在章節的安排上，村上春樹描寫獸醫與士兵「處分」了新京動物園的動物後，接著又被命令去屠殺「滿洲國軍士官學校」抗命的學生，亦即從動物到人都是戰爭暴力下的受害者，前一段的章節名稱是「不得要領的虐殺」，後者則稱為「第二次不得要領的虐殺」，敘述口吻是從執行者的角度來書寫。村上春樹著，賴明珠譯，〈襲擊動物園（或不得要領的虐殺）〉，《發條鳥年代記　第三部刺鳥人篇》（臺北：時報文化公司，一九九七），頁七五、二一六。

27 〈剝製で坊や孃やのお友達に　熊や虎もお國の為に　臺北市動物園空襲に備へ猛獸處分〉，《臺灣日日新報》，一九四三年十二月二十七日，夕刊版二。

28 佳山良正，《臺北帝大生：戦中の日々》（東京：築地書館，一九九五），頁四七。一九四三年底鹿兒島動物園之殺戮法，轉引自網站「戦時中の動物園」：http://ppt.cc/xLjf，二〇一二年十二月一日點閱，該站已自二〇一三年一月一日起關閉。一九四五年銃殺獅子之說，則參見〈火藥類所持許可證〉第壹號，一九四五年一月十八日臺北州核發，記載有臺北市動物園非常警備用「鹵獲（可能為來自敵軍戰利品）小銃」彈藥三十發，到一九四五年三月三日因銃殺園中兩頭獅子而使用七發（其中一發未爆），存留二十三發子彈；到一九四五年十一月二十九日檢查時，共存留二十四發（含未發彈一發），此文件藏於今臺北市立動物園。試吃之說見：竹中信子，《日治臺灣生活史——日本女人在臺灣（昭和篇一九二六～一九四五）下》（臺北：時報文化，二〇〇九），頁三三二；楊登凱，〈臺灣保護動物法制之演進——探索法律對動物管制或保護之歷史〉（臺北：臺灣大學法律研究所碩士論文，二〇一一），頁九七。

29 〈圓山動物園　遽喪獸中王　身隻影單久無配偶　一朝有病竟告不活〉，《聯合報》，一九六〇年九月四日，版三。

30 〈檻柵邊朝夕相伴　三十年人情溫暖　不見馴獅人孺子長相憶　為覓飼養者猩猩更悲淒〉，《聯合報》，一九七五年十一月十日，版三。

31 當時全日本主要動物園包括臺灣及朝鮮共十七所，國立（朝鮮）一所、市立十二所（含臺灣）、縣轄一所、私立三所（由電鐵會社經營）。東京都編集，《上野動物園百年史》（東京：東京都生活文化局広報部都民資料室，一九八二），頁一五八。

32 磯崎義演自一九三〇年至一九四四年，在臺北市役所土木課擔任技手、吏員或技師（自一九三七年起）。參見中央研究院臺灣史研究所檔案館「臺灣總督府職員錄系統」。

33 一九四〇年六月，日本動物園水族館協會第一回總會在東京召開時，臺北市動物園也是十九所創立會員之一，會員各派代表與會擔任協會評議員，臺北的代表是赤松稔技師。東京都編集，《上野動物園百年史》，頁一六〇。

34 有異於日本動物園界為應對戰爭情勢才成立全國聯合性質的組織，美國的動物園與水族館經營者早在一九二四年就成立美國動物園與水族館協會（American Association of Zoological Parks and Aquariums，AAZPA），後者的目的是改革傳統的動物園（即 menageries）經營問題，包括規劃不當、設備不良、經濟維持方式不佳。簡而言之，美國動物園界在一九二〇年代即思考到動物園專業經營技術的問題。參見 Elizabeth Hanson, *Animal attractions: nature on display in American zoos* (New Jersey: Princeton University Press, 2002), pp. 31-32.

35 東京都編集，《上野動物園百年史》，頁一六〇。臺灣最早於一九三八年二月二十三日臺北州松山及新竹州竹東遭蘇聯航空志願隊與中國空軍機空襲，此後一九四三年十一月二十五日新竹空軍基地遭美軍大轟炸，損失極重，一九四四年十月後美軍更開始對臺灣全面性空襲，主要針對軍需產業、軍事單位及官署或經濟活動頻繁處，但也有民宅受波及。參見：維基百科「臺北大空襲」條目，二〇一三年一月三十日點閱；〈敵機空襲犠牲者のため　弔慰と救濟方法決定　けふ總督府で打合せの結果〉，《臺灣日日新報》，一九三八年二月二十五日，夕刊版二。

36 Mayumi Itoh, *Japanese Wartime Policy: The Silent Victims of World War iII* (NY:Palgrave &Macmillan, 2010), Loc283.

37 據戰前曾在北京動物園工作的夏元瑜回憶，他曾於戰爭末期奉命用氰酸鉀等毒死了園中包括豹在內的十多隻猛獸，「至今內疚於心」。由於當時北京是日本佔領區，屬日本帝國勢力圈，故可能係執行帝國一致的猛獸處分政策，而中國境內其他動物園是否同採此政策則暫存疑。夏元瑜，〈豹友〉，收於夏元瑜，《以蟑螂為師》（臺北：九歌出版社，二〇〇五），頁八五；楊登凱，〈臺灣保護動物法制之演進——探索法律對動物管制或保護之歷史〉，頁九一。

38 Mayumi Itoh, *Japanese Wartime Policy: The Silent Victims of World War II*, Loc283.

39 「動物園非常處置要綱」中，將上野動物園所有動物依「危險度」分為四類，第一種最危險動物包括：各種熊類（如北極熊、馬來熊、日本熊、朝鮮黑熊等）、虎、豹（含黑豹）、土狼、獅子、河馬、印度象、黑猴、狒狒、大蛇等，依情勢必要時逐類處置，並列出處置時的藥物原則，附上各種動物致死藥量資料，明定緊急時採用銃殺法。然而後來實際執行時，由於沒有屠殺動物的經驗，毒殺、刺殺、絞殺甚或餓死等方法並用。上野動物園在一九四三年八月至九月，一個月內殺了十四種、二十七頭動物。東京都編集，《上野動物園百年史》，頁一六五～一九六。

40 大達茂雄曾長期任職內務省，該省對於動物軍用很有經驗，上野動物園黑豹脫逃事件（一九三六）的震撼、英軍轟炸德國柏林動物園（一九四一）及他在昭南（今新加坡）對動物園的觀察，都影響到他下令執行這項猛獸處分政策。Mayumi Itoh, *Japanese Wartime Policy: The Silent Victims of World War II*, Loc658, 701.

41 懷疑之說見維基百科「臺北市立動物園」條目：http://ppt.cc/Jd!t，二〇一三年一月三十一日點閱。秋山正美，《動物園の昭和史》（東京：株式會社データハウス，一九九五），頁一二九。

42 〈動物園も御遠慮　珍獸奇鳥以外の御寄贈〉，《臺灣日日新報》，一九四〇年二月十日，夕刊版二。

43 犬塚康博之意見，轉引自三上右近先生二〇一三年一月一日致筆者之電子郵件。

44 Mayumi Itoh, *Japanese Wartime Policy: The Silent Victims of World War II*, Loc3773.

45 Mayumi Itoh, *Japanese Wartime Policy: The Silent Victims of World War II*, Loc3858.

46 〈禽聲獸語　圓山動物園的昨今〉，《民報》，一九四六年六月二十八日，版二；〈臺北動物園正力求充實中〉，《民報》，一九四六年十月五日，版三。

47 〈圓山動物園內　花豹夫婦添丁　母老虎一直空閨獨守〉，《民聲日報》，一九五五年四月二十三日，版四。距離戰時猛獸處分不過才隔十三年，圓山動物園內對戰爭時期的記憶就有嚴重的斷裂了，在一九五六年時，該園園長李宗富曾對記者提及戰時猛獸處分，但卻是錯誤的說法：「今年是動物園整整開園四十年紀念，這些年來從來沒有出過猛獸逃走的事情。僅在第二次世界大戰時，動物園曾遭盟機炸毀，有猛獸逃出，但是立被格斃，後來為了安全，把所有的猛獸都射殺了。那是特殊情形，平時沒有過這種事。」見〈動物園

南山虎嘯　馴獸師智擒麗美　放虎容易捉虎難小販傷臂　動員二十人遊客飽受虛驚〉，《聯合報》，一九五六年八月十一日，版三。

48 丸井圭次郎，〈臺灣宗教思想論（八）〉，《臺灣日日新報》，一九二〇年四月十五日，版三。

49 松崎圭，〈近代日本の戦没軍馬祭祀〉，收入中村生雄、三浦佑之編，《人と動物の日本史4　信仰のなかの動物たち》（東京：吉川弘文館，二〇〇九），頁一二六～一五八。研究者藤井弘章認為，日本的動物慰靈或供養具有地區特色，例如東北地區常奉祀不可食用的海龜，而九州一帶則常見對於鯨魚、馬、山豬、鹿等之供養塔；過去動物供養多出於對死亡動物的畏懼心理，現代則加重了對動物的感謝。藤井弘章，〈動物食と動物供養〉，收入中村生雄、三浦佑之編，《人と動物の日本史4　信仰のなかの動物たち》，頁二二三～二四〇。

50 エルメル・フェルトカンプ（艾瑪・維德坎普，Elmer Veldkamp），〈英雄となった犬たち　軍用犬慰霊と動物供養の変容〉，收入菅豊編，《人と動物の日本史3　動物と現代社会》（東京：吉川弘文館，二〇〇九年），頁四四～六八。

51 參考大丸秀士，〈動物園・水族館における動物慰霊碑の設置状況〉，「第九回ヒトと動物の関係学会学術大会」，二〇〇三年三月十二日，「ヒトと動物の関係学会」網頁：http://www.hars.gr.jp/taikai/9th.taikai/9thconference.htm#gaiyou，二〇一一年十一月十日點閱。臺灣目前仍有幾個地方可見到畜魂碑或獸魂碑，如臺北市有北投、四獸山與木柵等三處，另有網友整理臺北、新北市淡水、宜蘭市、臺中霧峰及清水等其他地點，參見「畜魂碑大集」：http://www.wretch.cc/blog/yeh75731/9599345，二〇一三年一月二十七日點閱。

52 亦可參考慰靈等有關死亡觀的探討，如國學院大學研究開發推進中心編，《慰靈と顯彰の間　近現代日本の戰死者觀をめぐって》（東京：錦正社，二〇〇八），頁一一五～一三〇。

53 〈本社ラヂオ受信〉，《臺灣日日新報》，一九二三年十月二日，版五；〈本島では初ての試み　日曜學校主催の動物祭　可愛い坊ちやん孃ちやんの　手に依て圓山動物園內で盛大に行る〉，《臺灣日日新報》，一九二五年十一月十二日，版五。

54 為何選擇這個日子，筆者推測係因一八七三至一九四七年間，此日為日本國定假日（新嘗祭祝祭日），以市民為對象的動物園在假日舉行動物慰靈祭，有利於遊客參與。

55 依上野動物園的資料，該園於戰爭結束前舉行過三次動物慰靈祭，分別是一九三〇年、一九三六年、一九三七年，其中一九三七年特別針對軍用動物。若這份資料是完整確實的，則臺灣動物慰靈祭的舉辦，不但時間早於上野動物園，舉辦的頻率也遠高過該園。東京都編集，《上野動物園百年史》（東京：東京都生活文化局広報部都民資料室），頁六六七。

56 所謂佛教日曜學校，即類似基督教的主日學學校，是以教導兒童為主的週日佛教教學活動。

57 〈圓山の動物祭〉，《臺灣日日新報》，一九二九年十一月二十三日，夕刊版二。

58 使用甚多實驗動物的淡水獸疫血清製造所，至少自一九三六年起，也自行在年底或年初舉辦「犧牲動物慰靈祭」。以一九三六年為例，參與者有臺灣軍獸醫部、中央研究所、臺大醫學部等醫療單位，以及淡水郡守、街長、臺北州畜產聯合組合、新竹州農會等，佛教幼兒園的幼兒也參與。一九四一年的參與人員另有總督府技師等。〈雜報　犧牲動物慰靈祭催さる〉，《臺灣之畜產》，一九三六年十二月，頁二五；〈犧牲動物慰靈祭〉，《臺灣日日新報》，一九四一年十二月二十一日，版三；〈犧牲動物慰靈祭〉，《臺灣日日新報》，一九四三年二月十八日，版三。

59 〈圓山動物園擧慰靈祭〉，《臺灣日日新報》，一九三二年十一月二十二日，夕刊版四；〈動物慰靈祭 廿一日から各種の催〉，《臺灣日日新報》，一九三六年十一月二十日，夕刊版四。

60 至少在一九三〇年舉行第二屆的動物慰靈祭起，大象即出席作為致祭代表。本書前述動物慰靈祭流程，係以一九三二年為例。〈人間や動物の盛んな參列 動物代表、象君の燒香 臺北基隆各日曜學校主催 圓山動物園の動物祭〉，《臺灣日日新報》，一九三〇年十一月二十四日，版三；〈圓山動物園舉慰靈祭〉，《臺灣日日新報》，一九三二年十一月二十二日，夕刊版四；〈動物園及兒童聯盟盛舉動物慰靈祭 廿三日在圓山動物園〉，《臺灣日日新報》，一九三六年十一月二十四日，夕刊版四。

61 〈眞赤な晴着の象君もお詣り圓山で動物慰靈祭〉，《臺灣日日新報》，一九三六年十一月二十四日，夕刊版二。

62 日文原文「天晴れ無言の勇士」。

63 〈けて圓山動物園で無言勇士の慰靈祭象君も參列して禮拜〉，《臺灣日日新報》，一九三八年十一月二十四日，夕刊版二。一九三九年十月二十四日起，日本另外特別為祭祀在支那事變（盧溝橋事變）陣亡的軍馬而設立軍馬祭，雖與本書相關，但屬另一脈絡，書中不再探討。參考戴振豐，〈日治時期臺灣「建國祭愛馬行進」、「愛馬日」及「軍馬祭」的形成與進行（一九三六～一九四五）〉，《政大史粹》，六（二〇〇四年六月），頁六一～九四。軍犬的慰靈也與日本在東北的侵略有很深的關係，可參閱亞倫・史卡貝隆（Aaron Herald Skabelund）有關戰時日本帝國對狗的記憶形塑的探討，見 Aaron Herald Skabelund, *Empire of Dogs* (Ithaca & London: Cornell University, 2011), pp.167-170.

64 當年起在臺灣也常見軍用犬獻納的募集公告。〈軍用獸類慰靈と　軍用牛の獻納式典　きのふ中壢郡で擧行〉，《臺灣日日新報》，一九三八年三月四日，版七。

65 已拆毀，地點位於今大直忠烈祠。

66 〈軍用動物慰靈法要〉，《臺灣日日新報》，一九四一年五月二十日，夕刊版二；〈戰歿勇士追悼會　軍用動物慰靈祭と圍犬實演もけふ嘉義市公會堂で〉，《臺灣日日新報》，一九四一年六月五日，版四。

67 〈生靈塗最堪哀　奠你杯酒我徘徊　圓山祭典悼歿亡動物〉，《中央日報》，一九五〇年五月十一日，版四；〈典藏歷史聯合報一甲子記錄時代　一九五四／五　動物慰靈祭〉，《聯合報》，二〇一一年十一月二十九日，版Ａ６／生活。

68 鄭麗榕訪問、記錄，〈陳德和先生訪問紀錄稿〉，未刊稿，二〇一一年五月二十六日於陳德和先生臺北市家中。

69 〈普度動物亡靈　葉金川主祭　去年六千多隻流浪狗安樂死　上萬動物為學術捐軀〉，二〇〇四年八月二十八日《聯合報》版Ｂ２／北市要聞。

70 一九四五至一九六七年間臺北市為臺灣省轄市，之後升格為直轄市。此片藏於國家電影資料館。

71 美國海軍第二醫學研究所隸屬於美國海軍醫學研究院（US NAVAL MEDICAL RESEARCH INSTITUTE，ＮＭＲＩ），是美國海軍為進行東南亞醫療研究而成立，與臺灣大學合作，於一九五七年十一月六日由海軍中校羅伯・菲利浦（Robert Allan Phillips）與臺大醫院高天成院長共同揭幕，美方人員視同外交人員，一九七九年四月十五日降下美國國旗，共進行二十一年五個月的東南亞熱帶醫學（含肝炎）研究。後遷至菲律賓，至少又另增加印尼一處研究所。NAMRU-2 在臺灣的研究，實係延續戰前日本的熱帶醫學研究傳統。林炳炎，〈U-2: U.S. Naval Medical Research Unit2 美國海軍第二醫學研究所〉，http://pylin.kaishao.idv.tw/?p=853，二〇一二年十一月十日點閱。

72 臺灣電影文化公司製作出版，「動物慰靈祭」，一九六一年八月一日出品，國家電影資料館影片。

73 參考臺北市立動物園提供的新聞稿：〈普渡：感恩往生動物的陪伴、教育〉，二〇一二年九月十日。

74 有關一九九三年第一版世界動物園保育方略（World Zoo Conservation Strategy，WZCS）中國際間動物園與水族館的整合目標，以及和臺灣動物園的關係，詳參本書第五章。

75 臺北市土木課編，《臺北市土木要覽》（臺北：臺北市役所，一九四三），頁一四七。

第四章

娛樂、教育與動物園

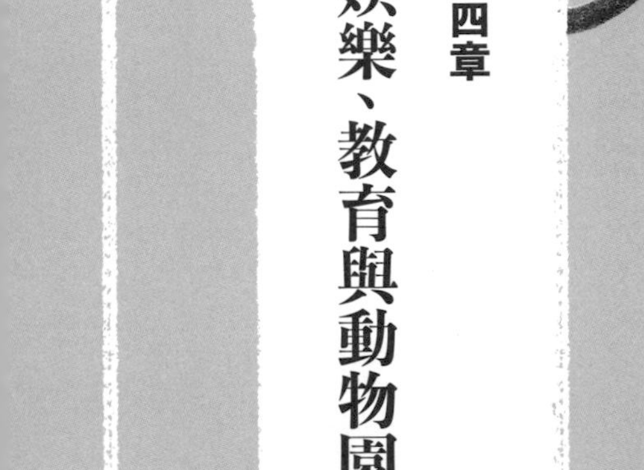

在戰後初期至一九七〇年代末，以保育與動物福利為口號的新動物園文化產生之前，動物園完全側重娛樂休閒功能，但同時經營者不時公開強調其具有教育功能。本章擬就動物園的遊樂園化、動物表演史、明星動物的例子，來觀察近代動物園中，野生動物被圈養運用在娛樂上的歷史；並以兒童和動物園的關係以及動物園對動物的生死展示，來思考動物園與教育功能的實際關係及其觀念變遷過程。

一、動物園與娛樂化

每逢星期例假，動物園總舉行一些動物表演，久而久之，在市民的心目中，動物園的動物，應該和馬戲團的動物一樣的「身懷特技」。

——〈圓山動物園將採取「專才」方式　加強管理保護工作〉，《中央日報》，一九七五年十一月二十三日，版六

所有可怕的怪獸都已馴養於動物園內，且變得十分可愛。

——簡媜，《誰在銀閃閃的地方，等你》（臺北：印刻文學公司，二〇一三），頁九七

（一）遊樂園與動物園

一九二〇年代以後動物園的大眾化傾向，與本書前述的公園遊憩功能有密切的關係，即

常以圈養動物為公眾遊樂園的一個要項，將動物囚於籠檻之內，並藉動物展示與表演取樂。近代以休閒娛樂為目的的遊樂園（amusement park或pleasure ground）是因城市中生活居住空間有限而發展出的遊戲場所，早期主要以兒童為對象，是公園的附屬設施，後來逐漸發展出大型遊樂園，甚至有今天老少咸宜的主題樂園。[1]有關遊樂園的本質，有研究者強調其「非日常生活空間」的特性，亦即透過對環境、活動、設施與氣氛的塑造，讓使用者能遠離日常生活的壓力，專心一意於想像與驚奇的世界。[2]甚至有論者認為一些主題樂園可讓消費者完全自現實解放，有異於動植物園與博物館等具有現實參照意味的場所。[3]

無論如何，遊樂園與動植物園即使有別，也不一定全然無涉，因都市民眾遠離自然，為其建構包括動植物等人為的自然，使民眾親近休閒，也是遊樂園的規劃選項之一。故至今許多遊樂園還是以自然為主題，如新竹六福村野生動物園於一九九〇年代由美國設計公司協助規劃轉型為主題遊樂園，接手ㄅㄆㄇ猴園，到今天仍以動物生態為特色。而美國南加州海洋世界（Sea World）以人與海洋的關係為主軸，除劇場與水上或水中遊憩設施外，動物展示場與水族館也是重要的部分，會訓練海豹、海獅、虎鯨、海鳥表演，並有企鵝及種種海洋動物的展示，該機構經營者充分利用自然與動物的形象，並且據以回應消費者對於自然前景的憂心，也滿足他們對環境、家庭關係以及教育的關懷。[4]這種藉動物（尤其是野生動物）取樂的走向，隨著動物福利與動物權觀念的進展，以及不時發生的意外事故而飽受批評，更多的批評者呼籲要考量到圈養動物原本所屬的自然環境與社會結構，因為所有的動物表演都是違反動物天性的非自然行為，不但造成動物的壓力與異常行為，也會誤導大眾對自然的尊重與理解。[5]然而這些批評者的聲音，主要都是出現在一九六〇年代末、七〇年代初之後，在這之前，圈養的野生動物則被廣泛運用在大眾娛樂中。

遊樂園不僅和動植物園有關，與博覽會以及都市公園的歷史也有交會處。近代博覽會中可以看到遊樂園的起始，如一八七三年的維也納萬國博覽會出現摩天輪、旋轉木馬等大型遊樂機械。日本帝國中，則於一九〇七年東京勸業博覽會上首見摩天輪，展覽結束後，這項設施便移設至東京淺草六區公園。[6]臺灣遊樂園的發展也與博覽會及都市公園的歷史相關，一九三五年日本舉行始政四十週年紀念博覽會，出現兒童遊樂園的展場，而更多遊樂園是始自都市公園。一九一〇年代的遊樂園以自然勝景為主，如北投或關子嶺以溫泉及公共浴池取勝，以兒童為對象設置運動設施則始自一九二〇年代中期到三〇年代間，此時也是臺灣第一次遊園化時代，小型遊樂場及遊園地的設立在各大城市蔚為流行，許多以兒童及青少年為對象的公共設施陸續興建，例如一九二七年初臺北的新公園就在公園南端為兒童設置了鞦韆、溜滑梯等；圓山公園的兒童遊園地及大稻埕的下奎府町兒童遊園地則是在一九三〇年代設

圖 4-1　1935 年始政 40 週年紀念臺灣博覽會第二會場的兒童國。（資料來源：費邁克集藏。中央研究院臺灣史研究所檔案館典藏）

置。在這股遊樂化的風潮中，一些場所更強調兒童與動物的關聯性，常在公園內並設遊樂場與動物園，最有名的例子如圓山公園遊園地，另有全臺規模最大的新竹公園遊園地以及嘉義遊園地的計畫。此外，一九三五年臺灣始政四十週年紀念博覽會第二會場新公園中，設有「兒童國」（子供の国），其中有飛行塔、兒童汽車、大象溜滑梯等，除提供遊樂設施，也有灌輸國家教化的展示場，兒童國遊樂場則在博覽會結束後仍保留在公園內。[7]此種以動物為遊樂園的主題規劃，至今仍留存，大量遊客對動物產生的負面影響勢所難免，[8]有關這方面的歷史，將於下節探討。

圓山遊園地於一九三四年四月二十二日

開放，與動物園都屬於圓山公園的一部分。該園如同西方都市公園「都市之窗」的規劃，是市民吸取新鮮氣息的所在，可作自然遊賞，也具有推廣社會教育及國民體育的功能，在一九一〇至二〇年代已設立圓山動物園及運動場。一九三〇年代圓山公園還成為史蹟保存之地，臺灣總督府依「史蹟名勝天然記念物保存法」，指定圓山貝塚為史蹟，並遷來欽差行臺（清代的官方行館，戰後成為動物園標本館所在地）。而同在三〇年代，圓山公園更進一步朝公共娛樂化經營，動物園於夏季夜間開放，舉辦活動供市民「納涼」；[9] 並買進鄰近九百餘坪土地設立圓山遊園地，附屬於動物園，將動物園與遊樂場結合經營。圓山遊園地位於基隆河畔，有涼亭、噴水池、花壇，也提供運動遊戲的機具，包括鞦韆、溜滑梯、迴旋塔、迴旋椅、飛行塔、旋轉木馬等，在一九三八年七月二十一日全部竣工並舉行開園式。[10]

而新竹公園的遊園地則是以新竹市制五週年紀念事業名義設立，於一九三五年九月五日完工開放，位在今日新竹博愛街兩側，原計施工費三萬圓，佔地八千五百坪，設有鞦韆、溜滑梯、遊動圓木、砂場等，並有四百坪水池，置有噴水設備，養植水蓮及杜若，另外動物飼養及展示的部分，則有鹿、猿猴、鶴、兔子、烏龜、綿羊、孔雀等小動物，並計劃養驢五、六頭供兒童跨乘，其後計畫縮減為施工費一萬圓，並在一九三六年五月開放。[11] 據當時記者觀察，新竹遊園地中，最受兒童歡迎的不是運動設施，而是活生生的動物，包括猴子及鱷魚等，深受注目。在兒童的期望下，一九三七年初新竹動物園買進了一頭更受歡迎的獅子，並在夜間公開展示「大野調教師」訓練情形，是三〇年代即存在的所謂動物表演活動。[12]但由於該公園地域廣大，管理疏漏，在正式開園之前，就曾發生鹿隻被六、七頭流浪狗圍攻咬死的慘劇，動物園中動物的處境堪虞。[13]戰後一九六〇年時，原籍新竹的旅日華僑何國華為回饋鄉里，捐贈大象、獅虎、豺豹、白鶴、駱駝、斑馬等動物，擴大新竹動物園蒐藏。這些動物有些是由日本的馬戲團輾轉購入，新竹動物園在無訓練經驗的情形下，仍希望摸索出訓練方式，利用牠們作動物表演。[14]由於政府預算有限，民間熱心人士組成的新竹縣愛護動物協會遂支援協助運作。[15]而六〇年代初期新竹動物園在管理上存在的問題，可以從當時的顧問夏元瑜提出的意見得其一斑，包括：解說名稱錯誤，「把雉雞當作老鷹」；檻舍設計不良，「飼料與屎尿混雜」；象舍陽光不足，餵食量少，「近于虐待」；遊客虐待動物，需加強看守巡邏。[16]

嘉義也有遊樂園運用動物作為娛樂工具的歷史。一是一九三四年完工、設於嘉義市內的兒童遊園地，該園在夜間開園時，曾以貓鼬與蛇的生死之爭作為餘興節目，戰後圓山動物園在一九五〇年前後也曾以此消費生命的商業作法招徠遊客；[17]另一段歷史則是將動物園納入嘉義遊樂園的規劃，此與一九二〇年代下半起至三〇年代產生的「大嘉義」論述相關，當時嘉義地方人士期望嘉義由農業都市轉型為商業消費都市，除作為嘉義平原的商業中心、以地方物產發展工業外，也計劃以阿里山為中心發展成遊覽都市。在這項觀光都市的計畫中，一是推動成立阿里山國立公園，同時將嘉義市遊樂園化，使其成為日人及歐美人士的觀光聖地，以普遍植櫻製造日人的鄉愁空間，並計劃成為區域中常民的娛樂文化場所。嘉義遊樂園化的規劃中，包括動物園、兒童樂園、娛樂會館，並提供簡單食堂、電影、棋會、攤販等活動夜市場所。[18]

高雄也未自外於這股遊樂園風潮，一九三四到三五年間，壽山小公園設置了兒童遊樂區，飼養來自東港郡小琉球的梅花鹿，附近也興建兒童運動場。[19]

戰後，這種將動物園與遊樂園結合的色彩並無改變。一九五〇年代初有圓山風景區的規劃，納入淡水線鐵路以東至大直山地，以及基隆河沿岸民族路以北一帶的地區，區內有動物園、兒童遊樂園、中山苗圃、忠烈祠、臺北招待所、臺灣大飯店、太原五百完人塚等公共建築物及名勝，市府計劃擴充其中的運動場及公園，並充實動物園、兒童遊樂園設備，「其餘的空地將留作建築符合國際標準的堂皇旅館及高級房屋之用」。[20]圓山風景區的規劃概念延續到一九七〇年代初，動物園及兒童樂園尤其是此架構中的重點，其時動物園著力於美化環境、整頓髒亂，並投資大筆經費在兒童樂園設施，配合娛樂目標，重視加強監督動物園表演以及兒童育樂活動，例如花展、遊園會、音樂、舞蹈、戲劇、電影、美術展覽、體育活動、玩具展覽等。[21]當時臺灣各界談及動物園多定位為遊樂場所，將動物園與水族館列為吸引遊客的焦點。[22]即使到一九八〇年代初，臺北動物園仍協助其他公營機構以動物作為遊樂資源，一九八三年，金門為規劃成為海上公園，在促進觀光的目標下闢建中山育樂中心，設有孔雀園及野生動物區，當時臺北動物園曾捐贈孔雀十四隻、珠雞六隻、安哥拉羊十隻、黑天鵝四隻、梅花鹿十二隻、水鹿三隻等。[23]

而金門的遊樂園區規劃，實有一九六〇年代末、七〇年代臺灣遊樂園興起的背景，當時許多觀光區走向遊樂園化，以動物展示及表演結合各項遊樂設施和娛樂演出作為吸引遊客的賣點，政府也鼓勵民間對風景區作遊樂園式投資。如臺北近郊由私人經營的烏來雲仙樂園設有「動物園」，擴建原有鹿園，加裝溫度調節設備，收購世界各地珍禽異獸，並設表演場一處，以供遊客欣賞。在這個遊樂園中，除「動物園」外，另有水族館、室內外兒童遊樂場、原住民歌舞與其他遊樂設備。臺北市議員呼籲政府建設新北投溫泉風景區時，也指出觀光地區必備的育樂設施為「保齡球館、育樂館、體育館、大規模兒童樂園、溜冰場」，以及「現代化的動物園」。在臺灣中部，臺中觀光協會人員同樣希望臺中公園能增設兒童樂園與動物園。而南投杉林溪風景區的計畫除森林公園及瀑布等，也將兒童樂園區、動物園區納入。臺灣省觀光委員會以玉山、阿里山為高山遊樂區的計畫，則很重視動植物自然資源，涵蓋玉山的高山博物館、植物園、動物園、狩獵區和日月潭湖光遊覽區的水族館、兒童樂園。在臺灣南部，高雄市西子灣風景區有動物園與水族館，被視為良好的休閒去處。[24]到一九八〇年代末，以動物觀賞為主的遊樂園不少，如新竹六福村野生動物園、金鳥海族樂園及ㄅㄆㄇ猴園。[25]上述諸多遊樂園中，除圈養、展示動物外，都有動物表演的節目，這也是動物被運用於人們的休閒娛樂中最具爭議的部分。

（二）動物表演與動物園

一九三〇到五〇年代，是世界上許多動物園界利用動物表演的高峰期，而臺灣則盛行於一九五〇到七〇年代間。戰前國際上的動物園與馬戲團之間即常進行動物交易，有些馬戲團將老邁的動物送往動物園，讓牠們在園內持續娛樂民眾以至老死。[26]最流行的動物表演是利用靈長類動物，訓練牠們盛裝在餐桌旁演出吃西餐等節目，[27]除靈長類外，能講人語的鳥類也很受歡迎。以上兩種演出，是動物園藉動物表演滿足城市中產階級文明想像的一面，也有馴服動物野性的意味，讓動物作出人的行為，例如「可愛的」小動物像孩子般與遊客親吻，[28]甚至讓動物溫順地從人的手中食用餅乾或加工食餌，都能讓大眾產生「好可愛」的滿足感。[29]有學者認為，人們喜歡觀看動物——如熊、狗——以兩足站立，或許與這種站立姿態和人類相像有關；而直立式的鳥類，如鸚鵡會人語，貓頭鷹是智慧的象徵，也都因擬似人類而受喜愛，一九五〇年代澳洲的動物園利用當地鸚鵡表演抽菸或口銜水盆要遊客洗手，是直立式動物擬人化的極端例子。[30]事實上，馴化動物，使野生動物能適應被飼育的狀態，並利用一定方式調教與訓練，讓牠們在人為的社會中穩固下來，減少與人們的衝突感，也一直是動物園的重要課題，這其實亦是一種人對自然進行的擬人化過程。[31]這種人類覺得有趣的表演，往往極端發展為讓動物配合人類的社會秩序觀，包括一夫一妻等核心家庭運作模式，加上為動物配置人類的文化聯想，如以印度寺廟圖樣搭配大象、非洲茅屋搭配河馬等。

在殖民地動物園中，由被圈養的動物講出殖民者的語言，也是一項受歡迎的表演節目，如上述，這同樣是一種「文明」想像的呈現與滿足，並讓觀者產生觀看不常見事物的新奇感。圓山動物園於一九三〇年夏季夜間開放時，曾有能講「國語」（日語）的八哥出場，但訓練者是園外的臺北市民，且是不定期活動。[32]當時日本帝國的動物園中最早的動物表演紀錄，是一九三三年大阪天王寺動物園以黑猩猩「麗塔」（リタ）為主的表演，節目包括上述的吃西餐以及騎腳踏車、穿和服、戴假髮等，後來進入戰爭時期，也有著軍裝、揹槍枝的打扮。自從舉行動物表演後，天王寺動物園入園人次大增，從一九三一年的一百零六萬人，到

圖 4-2　美國布朗動物園猴子表演吃西餐。（資料來源：《臺日畫報》3 卷 2 號，1932 年 2 月 15 日）

圖 4-3　戰時圓山動物園內猴子表演騎車。（資料來源：《臺灣日日新報》，1941 年 8 月 17 日，版 3）

一九三三年增為兩百五十萬人，成長逾倍，當時號稱日本第一。[33]而戰前臺灣的動物園是否常有動物表演，雖無詳細資料可尋，但從慰靈祭時大象跪拜代表動物主祭，以及兒童騎乘大象的報導，可知當時已有動物訓練；另在一九四一年的戰爭時期，也曾見過一次圓山動物園內以酬謝為名義的猴子騎單車演出報導。[34]

戰後，圓山動物園因為較大型的動物，如大象、駱駝等逐漸凋零，遊客一度減少到每年二十萬人次以下，比戰爭時期的約三十萬人次少了三分之一。為吸引遊客，動物園開始訓練「小美麗狗博士」、「猴和尚」等節目，從一九五一年至一九七七年，假日均有定期的動物表演活動，一時帶來不少觀覽的人潮。從動物園的每年遊客人數來看，一九五一至一九五二年倍增，從二十萬三九一八人次成長為四十二萬八〇九五人次，此後遊客持續微幅增加，但大致維持在一百萬人次左右而形成瓶頸。另一波較大幅的成長，還是要到一九六〇年代末、七〇年代初動物園整頓擴建，並增加河馬等當時罕見動物後，觀覽人數才大增為兩百餘萬人次，並隨著遷入木柵新園而大舉突破四百萬人次。

臺北動物園的動物表演主要利用園內的圓形大鳥籠，動物與飼養人員在內，遊客在籠外圍繞觀賞。表演的動物種類包括猴、羊、獅子、老虎、鸚鵡、熊等，節目是獅子跳火圈、羊猴坐蹺蹺板、猴渡繩、踩高蹺、吃西餐、挽二輪車、駕摩托車、跳草裙舞、讀報、抽菸、舞

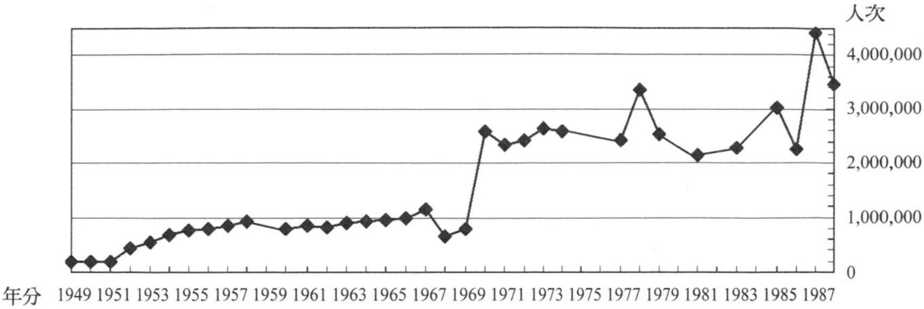

表 4-1　戰後臺北圓山動物園各年觀覽人數（1949-1988）

資料來源：依《臺北市市政紀要》繪製而成。

說　　明：一、1968 年起以會計年度（即前一年 7 月 1 日至當年度 6 月 30 日止）之門票收入為統計，因之人數比前一年驟減。

二、1970-1976 年起動物園與兒童樂園合併經營，一券遊兩園，因之人數突增；1978 年亦含兒童樂園入園人次。1977 年起兩園門票分開計算，因此僅列動物園入園人次。

獅、狗扮人牽猴（或猴牽狗）、羊滾桶、鳥升旗、狗算數等。[35]依一九七〇年初臺北市官方報告，該園「經常辦理動物技藝訓練，每星期舉行動物技藝表演」「以娛觀眾」。[36]除了星期例假日為遊客娛樂演出，動物園的動物也偶或外借供拍攝電影，如大象馬蘭，牠會聽令作出跪下、站立的動作。[37]另一種動物表演是競技性質的演出，主要是承繼戰爭時期軍犬與軍鴿表演的遺緒，犬類的表演是由狼狗等作出高飛、招呼、襲擊、拒食、伏臥、持物、搜索等行動，多是擔任軍警工作時所需的技巧。[38]

動物表演時，背景會搭配民間習以為常的流行歌曲，與馬戲團娛樂觀眾的方式完全相同。一九六三年，一位住在圓山動物園旁的遊客，記下自己帶孩子觀看動物表演的情形：

「表演開始，先是猴子和山羊的『墊臺戲』，高掛在籠頂的擴音器裡，也只播放些『午夜香吻』和『少年的我』等無關緊要的靡靡之音，直到黑熊出場的時候，才果然改放了那隻我曾經在家裡被迫聆聽過千百遍的『風流寡婦』。我立刻在人叢裡伸長了頸子，聚精會神的去欣賞黑熊的舞步，滿以為牠會隨著這隻沙啞的老調子，跳出熟練的華爾滋舞步來，誰知道牠只是在那裡進進退退的亂扭一陣而已。牠那種蠢笨而單調的步伐，也許有點兒類似時下最風行的阿哥哥舞，卻與伴奏的風流寡婦完全扯不上關係。」[39]這位遊客的情緒及觀看角度，完全將人類社會生活的觀感嫁接在動物身上，而絲毫未觸及動物的情感或本能，以及其與生態環境關係的意義。

其實早自一九五二年，也就是開始舉行動物表演的次年起，臺北動物園即遭受「虐待動物」的批評，官方的回應是：「該園訓練動物表演，其目的有二：一為助長動物的健康，藉資延長其壽命。另一為引起觀眾興趣，理解動物的知能技藝。據動物學界研究結果，凡是動物經過訓練的，可以增進其健康，並可延長其壽命，這與人類需要作體育運動，以助身體健康是同一原理。尤其現在收容於動物園狹隘鐵欄內的各項禽類，都因缺乏運動，失去走動與飛翔的自由，對其健康及壽命大有損害。因此施以各種訓練，促進其健康，延長壽命，確屬必要。而且動物的表演也不過是其訓練結果的表現，這也與人們舉行的體育表演會，運動會或其他各種競賽會等意義完全相同。」該園並強調「訓練動物時，曾十分注意動物的習性，絕無虐待動物之行為，亦可保證，並無違反愛護動物的宗旨」。[40]這一套說詞中對訓練動物表演的看法，也反映一九五〇年代臺灣動物園界所謂的「愛護動物」觀。

蔡清枝是主持圓山動物園動物表演的關鍵人物，也是一九五〇至七〇年代初期掌握動物園實際營運的代表性人物。他畢業自日治時期的公學校，戰前曾在日本廣島縣尾道市受過「動物訓練」，並在兵庫縣甲子園[41]及韓國京城（今首爾）動物園工作，因此習得馴獸技巧，於一九四八年返臺進入動物園工作。

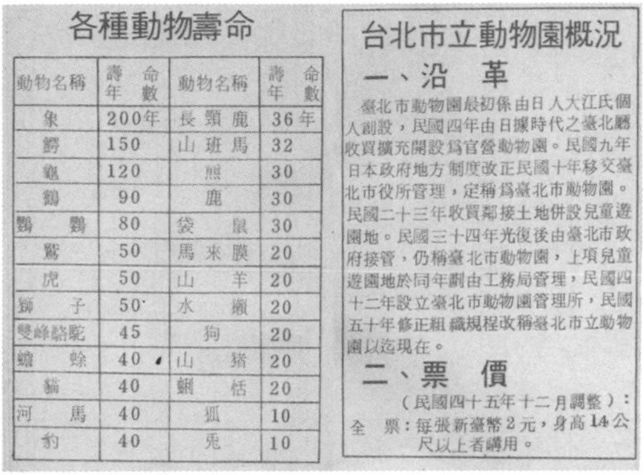

各種動物壽命

動物名稱	壽命年數	動物名稱	壽命年數
象	200年	長頸鹿	36年
鰐	150	山班馬	32
龜	120	熊	30
鶴	90	鹿	30
鸚鵡	80	袋鼠	30
鷲	50	馬來膜	20
虎	50	山羊	20
獅子	50	水獺	20
雙峰駱駝	45	狗	20
蟾蜍	40	山猪	20
貓	40	[illegible]恬	20
河馬	40	狐	10
豹	40	兎	10

台北市立動物園概況

一、沿革

臺北市動物園最初係由日人大江氏個人創設，民國四年由日據時代之臺北廳收買擴充開設爲官營動物園。民國九年日本政府地方制度改正民國十年移交臺北市役所管理，定稱爲臺北市動物園。民國二十三年收買鄰接土地併設兒童遊園地。民國三十四年光復後由臺北市政府接管，仍稱臺北市動物園，上項兒童遊園地於同年劃由工務局管理，民國四十二年設立臺北市動物園管理所，民國五十年修正組織規程改稱臺北市立動物園以迄現在。

二、票價

（民國四十五年十二月調整）：

全　票：每張新臺幣2元，身高14公尺以上者購用。

圖 4-4　戰後初期對動物的知識尚未專業化，圖為當時各類動物的壽命推估。（資料來源：《臺北動物園動物圖鑑》，臺北縣：文全出版社，1970）

動物訓練者通常強調自身的勇氣與耐性，將馴獸法稱為「降龍伏虎絕技」；同時他們也多自認是愛護動物人士，「是牠們最忠實的朋友」。[42]這是動物表演時代的普遍看法，一九七〇年代中期之前，蔡清枝甚至是臺灣推展愛護動物觀念的代表人物之一，他曾在一九七一年受中華民國保護牲畜協會頒獎表揚，事蹟是「早（朝）夕與獸和睦相處，而以發自內心的愛護動物的言論，宣揚推展愛護動物運動」。[43]當時對於動物表演的典型看法，可以一九六七年該協會在臺北市動物園發表有關長頸鹿「鹿鳴」、「長春」命名典禮的賀辭為例：「小朋友們最喜歡看馬戲團的表演，因為馬戲團裡的獅子、老虎、大象都會演戲，……為什麼這些野獸，會聽懂人的指揮來表演呢？實在是因為馬戲團裡的人，懂得這些野獸的脾氣，和這些野獸做了好朋友……為什麼蔡園長能夠和這些動物做朋友呢？……他有無比的勇氣，他不怕野獸，可是最重要的，是蔡園長很愛護這些動物，好像爸爸對待兒子一樣。」[44]

事實上在動物訓練之際，食物是重要的工具。蔡清枝說明他的訓練方法，表示訓練前須減少給動物的食物量，由訓練者親自餵食，與動物多接觸，建立熟悉感，「用少許牠們喜愛吃的食物引牠們作各種簡易技藝的動作」，訓練完畢後再予充分的食物並讓牠們休息。此外，重複訓練也是訣竅，「不斷的循環訓練，〔就〕變成了馴服可愛會耍把戲的動物了」。[45]飼養員陳德和是蔡清枝動物訓練的傳人，一九七七年受訪時，他說明馴獸的訣竅是「用觀察代替鞭撻，用耐心克服野性」，選擇動物的標準則是：「目光呆滯的走獸都不堪大用，而那些黑溜溜的眼珠嘰哩咕嚕不停打轉的搗蛋傢伙，往往可以調教成材，成為跳躍在掌聲中的『明星』。」記者稱他為「創造快樂的人」，但採用的照片是他右手拿著細棍，站立督導老虎跳火圈。[46]事實上，他也明白動物有其自然天性（即上述野性），隨時都可能有不受人類馴服的意外發生，因此訓練時他總會以一把椅子隔開人與動物，「是道具又可防身」。[47]而馴獸師眼中的「搗蛋傢伙」，是否都可以「調教成材」也是有問題的，最明顯的例子是大象林旺與馬蘭，被調教從事表演的是較為馴服的後者，而非一直上著鎖鍊的前者。[48]這種作法對照前述一九六七年中華民國保護牲畜協會的「馴獸師是動物的『好朋友』」之說，顯示出在動物表演上，對外修辭與實務間的差距。而研究精神作用的藥物流通史學家認為，藥物在人類馴養的動物中佔有一定的位置，人們為鎮定、役使、搬運被囚禁的動物，會為牠們準備藥物，包括鬥雞的主人用大麻混合洋蔥餵公雞，以加強其好鬥性，而吃了鴉片的馬與駱駝比較溫馴等，[49]雖沒有明確資料說明臺灣動物園的馴獸者曾在獸醫協助下對表演動物用藥，但這仍是一種可能的控制方式。

無論如何，一九五〇到一九八〇年代間，臺北市立動物園的動物訓練技術在臺灣甚為著名，特別是延續戰前有關訓練狗的防守、攻擊等軍警犬技能，因此該園也為蔣中正總統訓練犬隻。陳德和「數度前往士林官邸為老蔣總統訓練兩隻狼犬，……由於老總統的狼犬要發揮保衛主人的角色，因此陳德和不只要教導牠們聽話，還要讓牠們遇到危急時懂得適時攻擊，所以除了教會牠們聽話還要學會『武功』。……陳德和說，那時老蔣總統也曾把狗送到圓山

圖 4-5　動物園飼養人員陳德和師傅訓練獅子跳火圈。（資料來源：聯合圖庫授權）

動物園」訓練。[50]但隨著動物表演在七〇年代末停止，臺北動物園也不再以動物訓練聞名。一九九〇年代，李登輝總統在臺灣開始發展導盲犬，於繁殖與訓練上似都未利用到臺北動物園，而是以民間機構臺灣盲人重建院為基點，加上日本、美國、澳洲等更廣闊的國際支援。[51]

在動物表演中，海洋類的動物因為場地及設備的限制，在圓山動物園一直未被訓練演出。一九六〇年園方取得一對海狗後，即有訓練表演的打算，但似乎沒有成功，因此一九七六年，香港海洋公園技師協助寄來藥物治療兩隻海狗的皮膚病時，建議訓練海狗從事表演，園方以場地及設備為由而未接受。[52]後來在八〇年代木柵新園的設計中，也有海洋動物表演場的規劃，不過終因預算編列問題與採購動物不果而未採用。

動物園或附屬的兒童樂園也提供場地由外界舉行動物演出，如鬥雞、甚至跳蚤表演，亦曾提供遊園會設置釣魚遊戲場。[53]批評者屢屢提及動物表演違反動物自然天性的問題，但很諷刺的是，支持動物演出者卻常強調動物天性與這些活動——尤其是有關動物相鬥的活動——之間的關係。如民俗學家婁子匡談臺北動物園中的鬥雞表演時說：「雞在十二生肖之中，是自相殘害的善鬥的動物。」他看過在圓山動物園舉辦的鬥雞，雞戰場關在獸檻編號十七號的大鳥籠裡，用草席圍成直徑五尺左右的圓場，高兩尺，雞主和評判人分坐在鳥籠內，幾百名遊客圍在籠外觀戰。而跳蚤表演則在兒童樂園舉行，表演時臺上設放大鏡，每次可供五、六十人觀賞。[54]

關於讓動物廝鬥以招徠觀眾的活動，在一九七一年由中華民國保護牲畜協會印刷發行的《保護動物手冊》中，已提及歐美一些國家禁止公演動物鬥爭及此種訓練，否則連觀看者也須受處罰；此外瑞典亦規定，馬戲團及動物園等動物觀覽與表演團體或組織，在拍攝電影及相關的調教訓練上須受皇家獸醫會（Royal Veterinary Board）監督。[55]這份由中華民國保護牲畜協會公開印行的手冊，顯示國外相關法規的觀念已開始在臺灣傳播，然而臺灣並未真正完成這類立法。不只是臺灣，連國際上關於動物表演的管理法規，也都一直沒有很具體有效的規定，即使一九七〇年代英國已漸少見馬戲，但在美國，馬戲團等動物表演仍被視為國家的傳統和文化。此外，針對動物訓練而言，許多學者認為某些動物似乎可被訓練，但較好的訓練是建立在獎勵的基礎上，並且要使動物在工作時間之外有良好的環境，亦即可得到報償，同時訓練者也應接受訓練。唯多數批評者仍十分關切表演動物有限的生活空間、殘酷的虐待行為與訓練方式等問題。[56]

一九七八年春節前，臺北動物園對外宣布，「因考量安全問題，將不舉行動物表演」。[57]所謂的安全問題，在報導中未明指，其實主要係指一九七七年八月二十四日園內發生的兩雌熊（喜馬拉雅熊與臺灣黑熊）咬死飼養工徐英三的事故，使動物在狹窄的人工圈養環境中產生的問題浮上檯面。[58]因此，以安全為由確是終止動物表演的真正原因，而非回應國際間動物福利的觀念——雖然後者也成為臺北動物園無法再恢復商業性動物表演的重要背景。在上述意外發生後，臺北市議會中已有議員在問政時強調要注重動物的照顧與醫療問題，如林鈺祥議員在一九七七年質詢時，特別詢及動物的醫療專業化與為動物規劃安寧環境、考量縮短動物展示時間讓動物休息等。[59]次年初開始，後腿被枷鎖固定在地面鐵環二十五年的大象林旺，也因展示空間擴展，而能離開這付枷鎖。幾乎在同一時期，臺北動物園亦因園內人事調整，呈報日後在「禽畜馴馭」職系上進補人員將有困難，因而建議廢除該訓練動物的相關職系。[60]不過當時動物園還沒有完全放棄動物表演的意圖，因此在一九七〇年代末、八〇年代初木柵新園的初步規劃中，陸上動物表演場及水系動物表演場都還列在計畫內。但到了一九八四年，則已清楚向外宣傳動物園不是看動物表演的地方，[61]此後臺北動物園也未再舉行過去二十餘年間進行的動物表演。

對於動物表演的停止，後來臺北動物園在說法上都略去圈養動物環境惡劣引致事故的問題，而以一九八〇年代以後野生動物保育潮流的影響為主要原因，認為取消園內動物的訓練，既可保持園內動物野性，也可建立動物園的新形象。[62]但自二〇〇一年起，臺北動物園又籌劃恢復動物訓練（二〇〇四年起名為「動物學堂」），在動物福祉的考量下，對大象等動物適度施以訓練，使「每位管理員都成為該隻動物的密友」，讓牠們能夠聽從命令接受吃藥、打針等各項檢查，深具經驗的陳德和亦擔任顧問。[63]在觀念上改變，讓動物訓練以動物福利為前提，前代執掌動物表演的主要人員也參與，代表一種新的動物訓練觀已在園內被採納。而人們走向關心動物福祉的第一步，往往是學習如何去看待動物作為一種生命，而非一項工具，本章下節將探討臺灣近代動物園生命教育的相關歷史。

（三）明星動物：命名與實例

動物園的明星動物與人類的明星一樣，種類一直隨著時間而變化，園方除維持一些各動物園常會飼養的大型動物外，也常不斷追求蒐集更多所謂珍奇動物以吸引遊客，而這些動物便可稱為明星動物。[64]依研究者的看法，明星動物通常來自以下數種：異國風動物、大型貓科動物、大型蛇類、能表演技藝娛樂觀眾且機伶又積極的動物、所有幼年動物、靈長類、熊與企鵝等可呈直立姿勢的動物。[65]就臺灣近代動物園的明星動物而言，除熱帶地區特有的大蛇外，大型哺乳類動物中的虎、獅、猿、象等是當時遊客注目的焦點，而河馬及長頸鹿則是日本內地動物園的珍奇動物；臺灣到戰後一九五八年及一九七六年才購入長頸鹿、河馬。獅子雖受遊客喜愛，是動物園內不可少的動物，但繁殖力較強，並不算罕見，相較之下老虎更形珍貴。

而人格化的命名，則可以看到明星動物與人類關係的一個面向。在希伯來文化中，神在創造世界的第五天及第六天創造了動物與人，然後將各樣動物帶到第一個人亞當面前，「那人怎樣叫各樣的活物，那就是他的名字」。[66]可知在此文化中，人為動物命名，既彰顯神的美好創造，同時宣示人對動物的管轄。動物文化史研究者哈莉特認為，近代在動物分類上專業命名法的產生，也是人類宣示對自然界知識的主宰地位。[67]這種專業命名是以動物各自的族類為對象，而圈養動物者賦予單一動物一個人格化的名字，則進一步將此動物納入人類的社會文化中，某種程度強化人與動物的私密關係。動物園內眾多的動物僅有少數被命名，擁有名字的動物通常較受大眾關注，事實上也常是貿易中較昂貴的動物。受到命名的動物有名而無姓，非屬一家一氏，養在動物園中，透過叫喚其名，拉近遊客對牠的親近感，可以說有意被塑造成市民、甚至國民的寵物。

圖 4-6 戰後，臺北市長游彌堅曾代表圓山動物園徵求「稀奇鳥獸等之動物」。（資料來源：臺灣省參議會檔案，1946 年。中央研究院臺灣史研究所檔案館典藏）

臺灣動物園第一次公開為動物命名——也是戰前唯一的一次——是一九三五年為一對透過日商從新加坡購買的馬來虎舉行。公開對外徵求命名是要增加市民的參與感，事實上，決定權仍操之於經營者。[68] 如同動物學者對動物的分類命名，顯示研

圖 4-7　1935 年，象君參與老虎的命名式。（資料來源：《臺灣日日新報》，1935 年 5 月 6 日，版 7）

究者在知識上的權威，動物園為動物命名的稱呼與儀式，也代表擁有動物者對動物的轄制權，並反映出命名者的社會文化背景。[69] 一九三五年與馬來虎同時入園的動物，另有非洲斑馬及狒狒，但僅馬來虎得到命名的機會，顯示牠在園方估量中居於上位。這次命名有一百八十五位民眾參與應募，動物園特別選在五月五日兒童日（子供の日）宣布最後決定，這是因為兒童是動物園的重要對象。命名儀式在虎檻前舉行，動物園的代表動物象君也被安排出席，披著臺北市徽的布巾在檻前跪後足，以鼻向虎致上祝賀之意，滿足了人們期望在都

圖 4-8　第二代圓山動物園大門採用大象的意象。（資料來源：《臺北市動物園寫真帖》，1941 年。國立臺灣圖書館典藏）

市空間裡構築一個動物和諧相處的樂園想像。最後由該園最高主管——臺北市尹宣布選定的名字：雄虎是「猛雄」，雌虎是「破魔子」，隱然象徵市尹是園內動物的家父長，擁有決定命名的權力。[70]

戰前圓山動物園內最常被報導的代表動物，或許非大象莫屬。這頭亞洲象因軀體是園內最龐大的，被視為動物之首，官方在動物園舉行儀式時都安排牠擔任動物代表。一九四〇年新改建的圓山動物園大門（第二代），也以象為入門意象，在大門旗桿正下方牆面刻繪著兩隻朝天站立、揚起象鼻的象。[71]象因身形巨大而常與壯盛的權威聯結，中國史上，明清時期也曾利用象來代表皇室朝廷的威儀，設置馴象所，飼養安南、緬甸進貢的象，在大朝或行幸時由象前導助威。[72]

被臺北動物園圈養的第一頭母象來自緬甸，如何被捕獲則無史料可徵。其於一九二六年入圓山動物園，戰後（一九五〇）因風濕性心臟病而亡故。且戰爭末期沒有被列入「猛獸處分」名單中，是當時日本帝國圈內少數歷經戰爭而倖存的大象。[73]這頭象並沒有由公眾命名，剛到臺灣時，以七歲的幼齡而被暱稱「マーちゃん」（Ma-chan），[74]但之後的報導多不再提此名，而以族群種類擬人化稱為「象君」，如同園內的狗被稱為「犬君」，或老虎被稱為「虎君」一般。

圓山成立動物園後，民間一直期待購象，如一九一九年記者報導即以尚未購象為憾。[75]到了一九二三年，動物園購買大象一事被列入東宮皇太子（即後來的昭和天皇裕仁）臺灣行啟紀念事業，透過三井物產株式會社向暹羅及印度方面接洽，費時約三年，而於一九二六年八月選定。象君與馴養人於八月十五日從新加坡搭上貨船山形丸，[76]取道香港，九月十日抵達基隆，由火車貨櫃送到臺北車站，在許多戴著斗笠的勞力者圍觀下，走上三線道（今忠孝西路），臺北市太田市尹則從辦公廳衙出迎。之後象君被引導轉入勅使街道（今中山北路），漫步朝向圓山，途中還因好奇而走入梅屋敷（今國父史蹟紀念館）。搬遷過程對動物

圖4-9 1926年剛抵達臺北車站的象君。（資料來源：《臺灣日日新報》，1926年8月27日，版5）

而言，是最脆弱且易受驚嚇的時刻，如前述一九三五年透過日本動物商從新加坡購買動物來臺，在新加坡港口要上船時，就有一匹馬因馬頭折斷死亡，[77]幸好象君平安無事抵達。

象君剛到圓山動物園時，象舍僅約十六坪大，但臺北市官方認為十分寬廣雄偉，符合觀覽需要，也與象的巨大體型相稱。市尹特別向市民說明象每天的食量及花費：成象每天需要水一斗、米四升（八十錢）、鹽兩百瓦（十錢）、麵包四十個（一百二十錢）、青草及番薯等（一百九十錢），但因為還是小象，大約只要一半數量，亦即總共花費兩圓。市尹並

圓山の動物園へ來る
象さんの出發
八月十五日に新嘉坡を

圖 4-10　象君剛來臺時身材還非常矮小。（資料來源：《臺灣日日新報》，1926 年 8 月 20 日，版 2）

說明，未來經過訓練，象君可從事表演。[78]

象君入園數月後，確實成功吸引「數倍於前」的民眾到訪動物園，尤其是由父母帶來的兒童。從首次露面的照片，可看到牠脖子繫繩，象鼻倚靠欄邊，與撐著洋傘、帶著孩子的婦女等出遊家庭人潮貼近互望。民眾不只是從欄外觀看，在特定假日也可騎乘。記者捕捉了飼養人餵食的場景，象君在欄邊揚起象鼻，張大嘴，迎向飼養人的食物，呈現溫馴可人的樣貌。[79]報導中也描寫了牠從聽緬甸語到日語的過程，經過馴養師重新教導，牠漸聽懂日語的命令，而能接受指揮坐下或站立。[80]從昭和五年（一九三〇）起，每年的十一月二十三日，大象也擔任臺北動物園動物慰靈祭中人類之外的動物代表。[81]牠會在祭典中穿著大紅禮服，面向滿布花環及供品的「群生精靈」牌位祭壇前，跪下後肢並燒香。[82]

日治至戰後初期，圓山動物園一直只飼養一頭母象，二十三年間均無同族類與牠一起生活。這純為財政考量，因臺北市政單位無力採購其他大象。自然界中象群具有緊密的社會生活，且有長途遷移覓食的習性，這些象的自然性完全無法反映在動物園的圈養環境中。此象在十二歲時曾發脾氣而傷及使用夫，被園方淡化為「舐園丁頰」之「惡作劇」，同時傳聞有兒童穿越柵欄進入象圍內，「亦被象舐之口鼻」。後面這則消息園方雖表示聞所未聞，但經過檢討，兩年後象君入住了較前寬敞的新居，顯然因為意外事故發生，園方重新考量並改善了象君的生活空間問題。[83]

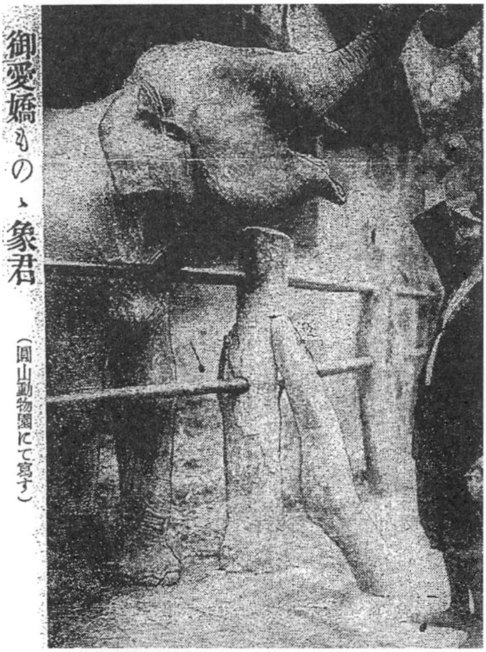

圖 4-11 「可愛的象君」與遊客極為接近，易受影響。（資料來源：《臺灣日日新報》，1930 年 3 月 19 日，版 6）

對於動物與棲地之間的重要關係，畫家立石鐵臣在觀覽

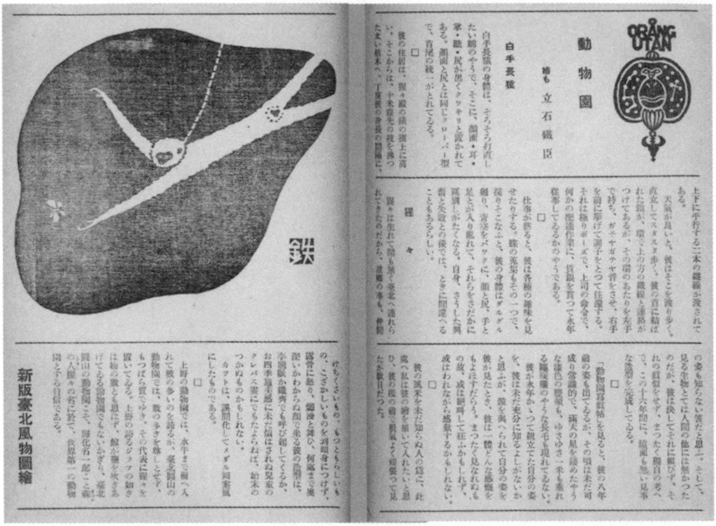

圖 4-12　立石鐵臣在 1941 年的《文藝臺灣》中亦提及觀覽動物園心得。（資料來源：《文藝臺灣》，1941 年。國立臺灣圖書館典藏）

動物園自恃擁有的「珍獸」羆（棕熊）與猩猩時，曾發出深深的感喟。他注意到臺灣動物園的風土對棕熊與猩猩都極不適當：棕熊原棲息於寒帶，猩猩住在森林裡，這兩個特色都不屬於圓山。他呼籲人們好好看一下柵欄裡的羆，牠為了適應臺灣風土，被烈日豪奪，全身的毛都掉光了，卻仍如此「儼然地」在柵欄內過完一生。至於猩猩，立石稱牠是天真爛漫的美好造物，他自詡是行家，知道北京熊掌料理與廣東的某族料理最令人嫌惡。他極仔細地觀看猩猩在檻內的靜與動，觀察到牠在檻內不斷反覆地舉手抬腿，跳搖搖舞以及打哈欠。[84]

立石看到的猩猩是當時日本有名

的動物明星——有「東洋第一」之稱的紅毛猩猩「一郎君」。[85]一九二五年來自婆羅洲的一郎，直到一九四四年因肺炎過世前，不僅大受臺北市民喜愛，也被視為「國寶」級動物。圓山動物園一九四〇年出版的園內動物集便以一郎為封面，四〇年代臺北市役所出版的各種有關動物園的簡介，所列出的「著名動物」也都以猩猩為首，此外依序列出：白手長猿、高砂豹（雲豹）、臺灣山貓、臺灣麝香貓、白眉心（臺灣鼬獾）、水鹿、花鹿、羌仔、大蝙蝠、王冠鷲、臺灣角鷹、小紋鷓鴣、竹雞、加令、白頭等。[86]除猩猩外，這些動物許多產自臺灣，而上述大象、獅、虎等外來動物並未列名其中。早在一九三六年，一郎就在書面審查的動物大賽中奪標，而於動物祭上受表揚，得到大阪動物園的鑑定表彰狀，證明牠在日本帝國動物圈內崇高的地位。表彰狀上記載：「猩猩一郎君於大正十四年（一九二五）三月生於婆羅洲西南的蘇卡達那（Sukatana），同年八月來到臺北動物園，迄今已滿十年，被養得很有元氣。高一百二十八公分，重六十八公斤，為日本第一大猩猩。很溫馴，會和動物園裡的爺爺角力，可揹三位爺爺，為園內人氣者。今天（一九三六年四月七日）大阪市動物園舉行動物祭，特表彰此功績，請永保元氣。」該狀同時提及，一郎在嬰兒期就由在婆羅洲開業的日本醫師送給臺北醫專校長堀內次雄博士，先養在師範學校，不久送入圓山動物園，因為養得好，日本內地動物商向園方開價萬圓，但園方不允割愛。且因婆羅洲當局已禁止猩猩輸出，

圖 4-13　紅毛猩猩一郎為 1941 年發行的《臺北市動物園寫真帖》中的明星動物。（資料來源：《臺北市動物園寫真帖》，1941 年。國立臺灣圖書館典藏）

臺北市役所為尋找一郎的另一半正大大費神。[87]

然則長年獨自被關在檻中的一郎，在盛況的背後，其實也有情緒不穩的問題。除了長期有搖晃身體的刻板行為，一九四〇年牠更咬掉修屋頂的師傅兩根手指，並拉扯老園丁、咬臉嚙足，讓老園丁休養了兩個月才痊癒。[88]詩人楊雲萍曾在一九四三年寫下〈動物園詩抄〉，描寫園中的猩猩及鱷魚，無論是否藉詩自況戰時的苦境，筆端仍寫出了園中動物身處單調的人工環境、遠離自然的哀傷；老猩猩所處的獸檻僅兩間（三．六三六公尺）大小，空間狹隘，像一個時空停滯的場所，置身其中的猩猩早晚不斷抓欄杆狂搖，像要抖落昔日生活在深山時自由的回憶。[89]戰爭末期（一九四三），一郎也和象君一樣，逃過動物園的「猛獸處分」政策，理由是牠具有國寶級的身分，只要加強獸檻保固即可。但牠沒躲過戰爭期間疾病的折磨，死於一九四四年，並由臺北著名的剝製師古平氏製成標本。[90]

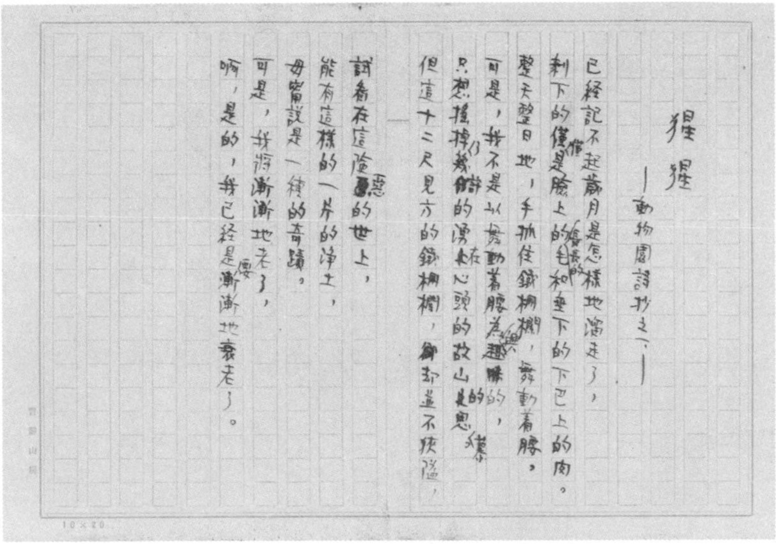

猩猩

—動物園詩抄之一—

已経記不起歲月是怎樣地溜走了，
剩下的僅是臉上的毛和垂下的下巴上的肉。
整天整日地，手抓住鐵柵欄，舞動着膝，
可是，我不是以舞動着膝為趣味的，
只想擺掉湧在心頭的故山的思慕
但這十二尺見方的鐵柵欄，卻並不狹隘，

試看在這險惡的世上，
能有這樣的一片的淨土，
毋寧說是一種的奇蹟。
可是，我將漸漸地老了，
啊，是的，我已経是漸漸地衰老了。

圖 4-14　楊雲萍的〈動物園詩抄〉（戰後譯文）。（資料來源：楊雲萍文書。中央研究院臺灣史研究所檔案館典藏）

戰後圓山動物園最有名的明星動物是亞洲象林旺及馬蘭，後者是一九五二年透過動物貿易商古凡公司（the Goon Vanit）自泰洽購，價格一千三百五十美元，入園後被訓練作動物表演以及在慰靈祭時代表動物致祭；而前者則是一九五四年由孫立人將軍贈與該園，在戰爭時期是日軍在緬甸的工作象隊成員，被役使搬運彈藥及補給品，孫立人滇緬遠征軍俘擄象隊（十三頭大象及四名馴象師）後，沿滇緬公路帶入雲南，經貴州、廣西到廣東，沿途利用象隊從事簡單的表演賺取飼料費，象隊不受控制時，軍人便用火燒其屁股以驅趕牠們行走。到廣州後，部分大象分送給北平

圖 4-15　1983 年 10 月 13 日，大象林旺與馬蘭一起度過林旺 66 歲生日。（資料來源：中央社授權）

等城市動物園或大學，輾轉到達臺灣時只餘兩頭，圈養在鳳山陸訓部（後來的陸軍官校），其中一頭大象病故後，另一頭便因吳三連的引介而被送到圓山與母象配對。關於兩頭象的命名，在遠征軍時期，軍人喚公象「阿妹」；一九五四年送到臺北配對時，母象被稱為「瑪小姐」，公象則更名為「林王」；一九六七年，母象則已被稱為「馬蘭」，公象也改為「林旺」——但一九七八年時，還有小朋友暱稱公象為「阿林」，之後兩者的名稱才定著為林旺與馬蘭。兩象在臺北新舊動物園約半世紀，至二十一世紀初病歿，死後製成標本，以另一種生命形式延續牠們在動物園的展示價值。[91]動物園將兩象擬人化、寵物化，以人類社會主流觀念的一夫一妻組合形塑牠們，[92]強調母象隨侍公象，但公象常施虐母象，記者稱為「家暴」。林旺被認為脾氣暴躁，因此一腳曾被鐵鍊綑鎖二十五年，也造成牠在壓力下產生搖晃的刻板動作。而馬蘭則曾於一九七五年，因餓、冷、發情及空間侷促等不適，而以鼻擠死一名飼養工。這兩頭象是臺北動物園著意宣傳的重要動物明星，園方自一九八三年起，年年為公象林旺慶生，讓大象成為市民共有的寵物，在官長的主持下聚集喧譁的人潮，創造節慶活動式的動物園記憶。

二、動物園與社會教育

在社會教育裡真應當多一點動物園和水族館，不但能提倡兒童對動物的愛心，順便也讓編教科書的學者有多點認識。臺北一切俱新，可是動物園的設備卻陳舊不堪。……建個風景如畫，不見鐵柵，趕得上時代的動物園，也是國家的光彩，並且可以舉行有關動物的講演、實驗、幻燈片放映等等，變成一個真正幫助社會教育的機構。

——夏元瑜，《老蓋仙的花花世界》（臺北：九歌出版社，二〇〇五），頁一九六。作者原著撰於一九七二年七月二十五日

（一）動物愛護、虐待與動物園

愛護動物與虐待觀念涉及對殘酷的定義，在動物園的歷史上，一九六〇年代下半至七〇年代是一個分期點。

虐待是指對他人或其他動物肉體或心理的傷害行為，其中肉體的直接傷害是明顯的殘酷對待，從一九一〇年代圓山公園內開設動物園起，就被認為有嚴重的虐待問題。這些虐待有些是惡意的，有些則是無意造成的，如不當餵食或作弄戲謔。早在臺灣第一次設立公立動物園，也就是在一九一三年總督府博物館之下位於苗圃的時代，就有動物園的遊客殘酷虐待動物的紀錄：向籠內丟石頭、刺竹棍，或是將氣味強烈的薄荷、生薑、胡椒甚至鹽巴、酸味強的水果丟給動物，而予其刺激或危害其健康等。[93]圓山動物園設立後，遊客虐待動物的事件仍頻傳。一九二一年十月，神社祭期間，大人參拜神社後常帶兒童前往圓山動物園觀覽，但園方發現，在監視人眼目不及的獸檻，猿、熊、獅子、錦蛇等動物，都曾發生嚴重虐待事件，如被棍棒刺打、遭丟石塊欺凌，母獅子甚至被嚴重刺傷眼睛，一兩天不飲不食，園方因之再次呼籲遊客發揮公德心及心存愛護動物之念，不要虐待動物。[94]

類似的情形在戰後仍然存在。如一九四九年蔡清枝接受訪問，提及遊客用粗大樹枝抽打動物，或以大石頭傷害動物，猴、狗因此致死，獅子也被打傷門牙，加上飼養經費不足，都成為動物「被虐害」的原因。一九五〇年，常作表演的小熊被遊客以酒瓶丟入檻內攻擊而一眼失明，後因細菌感染過世；一九五一年，遊客用石頭擊斃大烏龜，由泰國購進的白毛長手猴亦被毆打成傷，不治死亡；次年，另一白猴被粗鐵絲綑綁虐待，幾乎死亡；同年，動物園內的水族館，水槽的水栓在晚間被人取去，致清水流盡，槽內的魚全部死去；一九五九年，鸛鶴被遊客擊斃，斑馬被塗上紅色油漆；一九六六年，有人用菸頭去燙長頸鹿的舌頭，或用石頭泥塊擲擊牠的頭部，這種行為日積月累，導致長頸鹿摔跤、受傷而終致死亡。[95]

一九七〇年代後，發生於動物園的許多動物虐待案例則與遊客不當餵食有關。如一九七一年臺北動物園的報告指出，死亡水鹿解剖後發現胃部沉積了三公斤塑膠袋，珠雞胃內有鐵絲，孔雀胃內有鐵釘，大型六足龜被大頭針刺進頭骨腦內，鴕鳥胃內則有銅幣。塑膠袋的問題尤其普遍，因之在一九八〇年代，遊樂園型態下的動物難逃虐待的災難，新竹縣六福村野生動物園的一隻長頸鹿，因為遊客餵食太多塑膠袋，導致肝腫大而病死。[96]

一九七〇年，有位民眾撰文譴責遊客虐待動物的行為，為這些惡形惡狀留下紀錄：他談到臺北市郊木柵指南觀光樂園畜養的百步巨蟒死亡，原因是遊客的無情播弄。又提及每次到訪圓山動物園，都會看到「戲弄動物的人」，雖然「園方在顯著的地方高掛著告示，希望遊客愛護動物，這些人仍然會視若無睹。他們不樂意看見老虎或獅子躺在那裏打盹，一定要投石塊惹火牠們才覺得過癮，他們不樂意看見企鵝躲在有冷氣的房間裏，一定要千方百計的將牠們趕到酷熱的陽光底下；他們看不得美麗的羽毛長在孔雀身上，一定要拔一兩支佔為己有，這些人裏面小孩的比例很小，絕大多數是成人。他們長得體體面面，穿戴得整整齊齊，不像是無知無識，但他們卻習慣於把快樂建築在別人的痛苦上，他們的對象不但是有生命的，也包括沒有生命的東西。……除非我們的潛意識裏賦有破壞性和虐待狂，那只能說我們太欠缺教養，必需培養公德心！」[97]作家亮軒也曾回憶，約在五〇年代末、六〇年代初，他中學期間逃課到動物園遊玩，亦曾作弄園內的獅虎，但也因激怒對方而使頸上的領巾被撕毀。[98]

這些虐待事件的發生，除檢討遊客欠缺公德心與愛護動物觀念外，更根本的問題是動物園的檻舍、展示設施規劃、管理措施是否完備等，亦即經營者所提供的圈養環境可能對動物身心狀態造成的影響。特別是狹小的檻舍，位於遊客極易接近的範圍，讓動物暴露於眾多遊客之前，不僅喧鬧嘈雜對動物造成壓力，亦潛藏各種不測的可能；而管理不當也往往引致動物病態行為、脫逃甚至殺傷其他動物（包括人類）的事故。如一九二二年，印度錦蛇從溫室水道脫逃到鄰室，吞沒大猩猩，實與相通的水道規劃以及雜役打掃後未將蛇檻內流水口栓固有關。諷刺的是，該起事故發生後，人們因為太驚異、好奇大蛇的獵食能力，一時之間入園人潮蜂擁而至，以一睹未消化的大腹蛇奇觀。[99]一九五六年，圓山動物園的老虎麗美出柙又被擒回的事件，使蔡清枝獲得伏虎馴獸師美譽，但檢討該事件發生的原因，竟是因為工人打掃獸檻時，園中相熟的小販自行開門入內觀看，「冒冒然把中間的鐵柵欄門拉開了，以致老虎越過鐵門由右側小門走出籠外」，當時園內管理之鬆散可見一斑。[100]此外，對遊客脫序行為（如節慶時向動物甩放鞭炮）的管制、動物園開放時間長短（包括夜間開放及施放煙火等餘興活動可能造成的問題）、餵食方式等，也直接關係到動物福祉。一九三〇年代，動物園曾於夏季夜晚舉行納涼會活動，鳥類大受遊客驚擾，遊客也如白日一樣餵食動物，一九三三及三四年園中甚至以放煙火為餘興節目，巨大聲響對動物的負面影響恐怕不小。戰後圓山動物園於一九五三年夏天曾恢復舉辦夜間遊園的納涼會，次年即體認到「因夜間遊客驚擾，有碍動物健康」而予停辦，就愛護動物的觀念而言，可以說是一種管理思維上的進步。[101]

但一九五〇年代初，動物愛護的觀念基本上還沒有觸及生命教育的本質，對動物園而言，最重要的動物是表演動物、軍用動物與珍貴的異國動物，因此並未避免殘酷血腥畫面呈現在遊客面前。以下有關流浪動物被送入園中給大型動物們「加菜」的例子，充分顯現臺北市政府對不同動物的態度與觀念。一九四九年，國家財經狀況還沒有從戰爭中復甦時，媒體曾報導，臺北市當局將捕獲的流浪犬送到動物園「餵大野獸」，理由是「既可減輕動物園的負擔，又可來個滅屍乾淨」，記者認為這種措施「令鐵柵欄外旬日不知肉味的公務員遊客見之，不勝艷羨」。[102]同樣在五〇年代左右，動物園甚至安排鼬貓與毒蛇的拚搏惡鬥場面以招徠觀眾。[103]但一九六〇年代以後，公立動物園已少見這種血腥畫面。事實上在六〇年代，臺灣省政府曾依經濟部頒布的「保護牲畜辦法」之規定發布施行細則，其中第十二條即規定有種種對於畜牛「以殘忍方法屠宰」的定義，包括：屠宰前刮破肌肉、生拔鬃毛、當眾宰殺為商業廣告或供娛樂、屠宰方法可減輕牲畜痛苦而不予減輕等四款，[104]可知當時行政機關愛護動物（尤其是家畜）的觀念中，已有不可當眾屠殺的看法。

然而以營利為目的的私人動物園或動物圈養者，則不一定有此體認。一九八〇年代，嘉義便曾發生在公眾前殺虎販售的事件，即使受到動物保護與保育的輿論批評，仍吸引不少好奇者要以老虎為食補。對於這些老虎的來源，記者分析認為有二：一是進口，一是國內其他私人動物園、馬戲團或私人飼養。經濟部負責進口檢疫的相關單位表示，廠商或個人均可依規定檢附動物出口國檢疫證明，向兼辦外匯的銀行申請進口虎、獅、貓、狗等動物，只要是非疫區國家進口，很容易通關。但因實際進口的野生動物有限，因此官員揣測，公開被殺的老虎可能來自私人動物園中過多或過老者，或是解散的遠東馬戲團中的老虎被轉賣至市場上。[105]當時行政機關對私人公開殺虎，除勸說外，無法可管。

早期動物園對於遊客虐待動物的應對，一直是用呼籲提升愛護動物觀念與公德心等道德勸說的消極方式，效果極其有限；而就文獻來看，除上段停辦納涼會的例子外，園方也較少自省到管理問題與虐待之間的關係。[106]思考動物園管理問題與虐待動物之間的關係，始自一

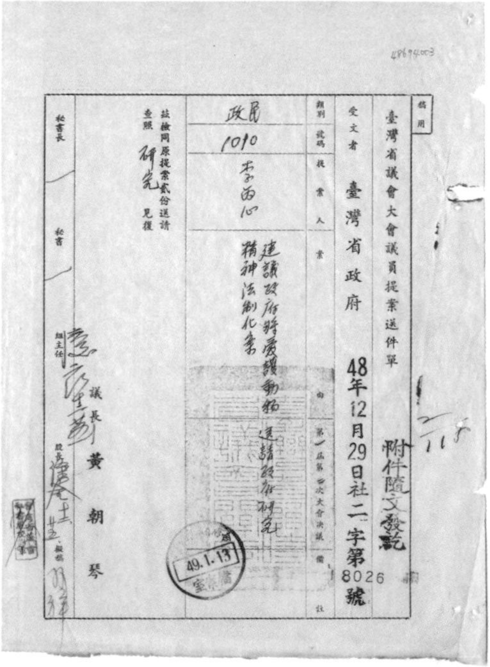
臺灣省議會大會議員提案送件單
受文者 臺灣省政府
48年12月29日社二字第8026號
附件隨文發說
類別 政民
號碼 1010
提案人 李西心
案由 建議政府將愛護動物精神法制化案
第一屆第四次大會決議 送請政府研究
茲檢同原提案貳份送請查照研究見復
議長 黃朝琴
49.1.13

圖 4-16　臺灣省議員曾提案建議政府將愛護動物精神法制化。（資料來源：臺灣省議會檔案，1959 年。中央研究院臺灣史研究所檔案館典藏）

九六〇到七〇年代。本章第二節已提過，一九六〇年代初新竹市顧問夏元瑜檢視新竹動物園的管理問題時，曾指出該園檻舍設計不良，「飼料與屎尿混雜」，象舍陽光不足，餵食量少等問題，「近于虐待」。專欄作家何凡對於動物園的愛護動物呼籲，也認為是不負責任的表現，建議園方應積極找出虐待者並且處罰公諸於報端。[107] 而在一九七〇年代，臺北動物園接連傳出園內動物高死亡率的問題，動物虐待與愛護問題深受媒體注目，一九七三年，面對臺北市議會中不少議員質詢動物受虐情形，動物園自承種種管理不當的情形，認為這些管理問題「也是另一種形式的動物虐待」，因此應在管理與規劃上自我檢討。動物園提出的對策包括：例行性地改善飼養技術，加強對動物的觀察與檢查、治療，並有專人定時巡視等。

這一年開始，臺北動物園也積極規劃遷建到更大的空間、更郊區的地點，多次進行新園地的勘察。[108]

為何一九六〇到七〇年代，動物園界會產生對動物虐待的一些新思考？這或許可以放在動物園外的大環境來觀察，從回顧臺灣愛護動物觀念的歷史來找到答案。

早期除原住民自有其與動物的文化關係脈絡外，臺灣漢移民傳統的動物保護觀念多與儒家「仁人惻隱之心」或佛教護生觀有關。一八六〇年代臺灣開港後，十九世紀末、二十世紀初以還，歐美保護動物觀念點點滴滴被引介進臺灣，來自英國的基督教宣教士曾在教會報上呼籲「體恤禽獸」，並對當時臺灣動物的受虐處境提出觀察與檢視。而二十世紀初，日本本土亦受到歐美「防止虐待動物協會」動物保護運動的影響，組織相關社團，部分活動也得到臺灣報紙的報導。一九二三年，以在臺日人為主在臺中成立「臺灣動物保護會」，雖非直屬日本動物保護運動，但其成立型態、運作方式與日本動物保護運動有類似之處，吸收成人及少年會員，由教育或司法人員向學校及社會舉辦愛護動物演講，表揚愛護動物事蹟，不過運作時間僅數年。[109]中國詞人呂碧城也在一九二〇年代末，於中國引介歐美保護動物運動，間接促成一九三五年中國保護動物會的成立。[110]

戰後臺灣有五〇年代臺北動物園人員主導的臺北市愛護動物協會，以及六〇年以農業官僚為主成立的中華民國保護牲畜協會，前者關注的偏重表演與軍用動物，後者則關心家畜與農場動物。[111]研究者賴淑卿曾從社會教育的角度，評價六〇年代臺灣各界推動動物保護觀念的活動，認為當時「保護動物觀念思想的宣導，終極目標是人性道德的發揚」，強調動物保護與人類道德的關係。[112]可以說在這之前，動物保護的觀念以人的道德、文明化為主要訴求。[113]

然而一九七〇年代之後的動物保護觀念，已開始有兩種新的發展。一方面是從維持自然生態平衡著眼，即強調自然保育的觀點。一九七三年華盛頓公約組織成立，在維持物種以永續利用的前提下，管制瀕臨絕種動植物的貿易，臺灣在一九八九年通過「野生動物保育法」也是在這股潮流下促成，一九九二年於巴西里約熱內盧舉行的地球高峰會中簽定「生物多樣性公約」，全球動物園與水族館聯盟開始高舉保育口號，二十一世紀後更成為動物園界極力主張的存在理由。[114]另一方面則是尊重動物生命的新思維，一九七五年彼得．辛格（Peter Singer）《動物解放》一書的出版，從生物倫理觀點檢視動物實驗、工廠化農場及產品測試等動物虐待問題，一九八三年湯姆．睿根（Tom Regan）的動物權主張，喚起了世界的迴響。在臺灣，也有提倡動物權、注重動物福利、關心人與動物及環境和諧的團體興起，如關懷生命協會、臺灣動物社會研究會，而一九九八年「動物保護法」完成立法，可說是臺灣動物保護史上的里程碑。[115]近代臺灣動物園有關愛護動物的觀念，包括經營者、觀看者及批評者的看法，亦是在這個時代背景中發展、混融並形成，因此一九七〇年代起，動物園經營者在議會中同意從管理責任去改進動物虐待問題，也可看成是這個背景的例證。關於動物園與環境問題的歷史發展，將在第五章再論及。

（二）兒童與動物園

美國生物學家威爾森（Edward O. Wilson）認為人們喜歡看動物，是反映了人「對生靈萬物的熱愛」（biophilia，或譯為「親生命性」），這可推論為我們遺傳基因中對大自然的渴望。除了潛意識中喜愛追尋與其他生物親密相連，人們也樂於親近自然，因為自然可以平撫人們的心靈。[116]美國科學家戴蒙（Jared Diamond）則認為豢養寵物是人類的天性，各大洲的傳統人類社群都有養寵物的紀錄，其中許多寵物對一般人而言可說是「匪夷所思」。[117]而在各種人類與動物的關係中，兒童與動物的關係尤其常被提及。研究者認為，一九二〇至一九四〇年代上半期，臺灣的教育是處於所謂兒童中心學說風行的時期，亦即在日本天皇道德權威與灌輸國家精神的目標之下，教育方法上對兒童有更多關注。[118]一九二〇年代末、三〇年代起，臺灣開始建設許多以兒童為對象的公共設施，或許基於兒童對動物的關切，動物園

子供はなぜ動物好きか

上野動物園長　古賀忠道

春陽うらゝかなこれからの日曜祭日には、子供達の人氣の中心である動物園は愈々賑はひを呈して來ます、一體何故あのように熱狂的なまで動物園は子供達に愛されるのでせうか、その理由を茲に少し探つてみませう、

發育段階が相似

子供が動物園、即ち動物を好む理由として、先づ進化遺傳學的の立場から、子供達は丁度發育の階段がまた多くの動物に近い狀態にあるので、それで兩者が互に友達同志のやうに親しく感じあふのだと說く學者があります、これに就いて或る外國の學者が一つの實驗的報告をなしてゐますが、それは生れて四ケ月の子供と六歲に相當する成年期に近いオランウータンとを一緒に觀察して、兩者の發育の狀態を調べたものですが、その結果は四ケ月の子供の方がやゝ動作、その他の點でオランウータンより勝れておるとのことです、

この報告は、大體子供と動物とが同じ發育の段階にあること、從つて一部の學者の說のように、そのために動物と子供とが或る種の親和力を感じあふのだとの歸納が得られないでもありませんが、併し一槪にさう言ひ切れない事實も多いのです。

この說の反對論

若しも動物と子供とが同じ發育の段階にあるから親しみ合ふのだとすれば、同じく進化發育の段階にあるところの動物同志例へばライオンと虎とを一つの檻の中に入れても睦み合ふべきですが、實際は勿論そうでなく、互に激しくいがみ合ふに定つてゐます、また動物の中でもチンパンヂーや猿のあるもの、如きは、人間の子供と婦人に對しては卻つて反抗的態度を示し、また惡戲を始めたりしますだから、子供と動物とが進化發達の同段階にあるから、子供が動物を好むとする說は、理論としては興味が感ぜられても、必ずしも當を得たものとはいへません。

自由解放の喜び

次に大人たちの世界から、無意識的に常に壓迫乃至冷淡を感じとつてゐる子供たちは、動物を對象とするとき初めて自由乃至解放の喜びを感じうるので、そのため子供が動物を好むのだとする說もあるやうですが、これの當らないことも前述の一疵により理解されるでせう。

動くものに興味

子供はなぜ動物園を好むか？私の觀るところでは、それは多くの子供が動かないお人形の類よりも、汽車や飛行機のやうな動く玩具に對して遙かな關心を示すと同じ子供の本能によるのだと思ひます、即ち子供と云ふものは、最も多く變化や動きを示すものに興味を感ずるもので、動物園でも、猿や象やあざらし等が最も愛されるのもこのためであります。

ところで子供が動物園を愛するのは大體以上のやうに理解されますが、動物園の實際の入場者の八割までが大人によつて占められてゐる現象は、一體何によつて說明されるべきでせうか、益々加重されんとする時代苦から逃れる爲の一つのオアシスとして動物園が見出されてゐるのではないかと私は思つてゐます。

圖 4-17　古賀忠道曾為文探討兒童為何喜歡動物園。（資料來源：《臺灣婦人界》，1939 年。國立臺灣圖書館典藏）

像常應用於這些設施中以吸引兒童；而一九三五年始政四十週年紀念博覽會中，遊樂園區的兒童國裡，亦大量運用動物的圖像。119

關於兒童與動物的親密關係，一九三〇年代末起影響日本動物園界達數十年的古賀忠道，曾在一九三九年於臺灣出版的期刊上發表短文，探討為什麼兒童喜歡動物及動物園。他歸納出兩種常見但他不認可的看法：一是從遺傳學主張，認為兒童與動物的發育階段相近，容易產生「朋友」般的親和感。其次是認為成人世界對兒童常有較多壓迫管束，兒童可從動物方面體會較為自由解放的喜悅。可是古賀認為，將發育階段相近的動物關入同一獸檻卻常有相斥的現象，如靈長類常會反抗兒童及婦人，因此朋友之說或自由解放之說都不可取。他以為主要原因應是動物常有豐富的變化及行動，而能吸引好奇的兒童產生趣味感，因此兒童才喜愛到動物園。至於成人，則以動物園作為逃離苦難現實壓力（如當時的戰爭氣氛）的場所，亦即動物園具有非日常生活性的休閒娛樂功能，因此日本動物園的入園人數中，大約有八成是成人，兒童僅佔兩成。[120]不同於古賀所提出的八比二的比率，臺灣的動物園入園人次中，兒童佔比更高，達全部入園人次的三分之一至二分之一。[121]

無論如何，兒童極少單獨入園，多由家長或學校老師帶領，這是舉世皆然。曾有作家在散文中說：「其實，常是孩子們帶著大人去逛動物園；因為動物園是屬於兒童的。」[122]而流行於東京的看法，也可佐證兒童與動物園的關係：人們一生中至少會進動物園四次，童年時期由大人帶去，青少年時期與戀人同行，當父母後帶孩子前往，年老攜孫子入園。其中除青少年時期外，其他三次都有兒童的身影。[123]我們確實也可從許多臺灣私人的記載——如林獻堂、吳新榮、呂赫若、楊基振等人的日記——證實他們到訪動物園多數是帶著子女，部分則是與朋友共遊或帶學生前往，其中吳新榮多次強調動物園有益於兒童甚至成人的「動物教育」。[124]作家及攝影家梁正居說他一九五〇至六〇年代在圓山附近讀小學，每天下課總是和同學從動物園的後山潛入園內，「看看大象獅子老虎，遠眺河水對岸的茂密圓山，逗一逗臺灣獼猴，欺負一下中國駱駝，對著大猩猩標本弄弄鬼臉」。[125]二十一世紀初，一位婦女在觀看大象林旺的標本時，說她想起了在圓山約會的往事，一位老先生則表示曾帶兒子到圓山動物園，帶孫子到木柵動物園，晚年自己又和朋友前去；而具有醫師及文學家雙重身分的楊慎

圖 4-18 《臺日畫報》的「兒童園地」，將兒童與動物並陳。（資料來源：《臺日畫報》1 卷 1 號，1930 年 10 月 1 日）

絢對圓山的回憶，也是其幼年與青春期，圍繞著動物園的動物與家族、戀人往事。[126]

事實上，圓山動物園也特別著意兒童這個年齡層。早在一九一〇年代剛成立未久，媒體與動物園的相關報導即常提及「少爺」（坊ちゃん）與「小姐」（孃ちゃん）兩個指涉兒童的名詞，強調他們對動物的關心與期盼，並且以「朋友」關係來比擬兒童與動物的親密感。如果從社會階級來思考，「少爺」與「小姐」這兩個名詞，或許會指向中產階級以上的家庭，為這些到動物園的兒童加上一層身分定義。然而從實際票價而言，動物園的收費是一般中產階級可以負擔的，官方對兒童並有優惠，六歲以下免費，六歲至十二歲打折，亦即鼓勵兒童參觀，也部分實踐官方藉動物園施行教化的目的。

不論戰前或戰後，動物園常會在兒童節舉行慶祝活動以表達對兒童的重視，如一九三七年三月慶祝女兒節，在園中舉行兒童尋寶活動。[127]而兒童也被當成是向動物致意的適當人選，如一九二五年圓山動物園內臨濟寺日曜學校第一次試辦動物祭，就特別強調動物對兒童的不可或缺，並由兒童在祭儀中唱歌追悼逝去的動物，這也成為日治時期動物祭的傳統。[128]戰爭時期官方同樣利用動物園與親子關係，達成對家庭投入戰事的精神動員。

如果兒童是動物園的重要對象，在對兒童的教育上，官方規劃中的動物園扮演何種角色？其中自然教育或生命教育的分量又如何？以下試以代表殖民地學校教育內涵的臺灣公學校國語教科書為例，來分析這個問題。以動物園為主題的課文是在第四期（即一九三七年）教科書中才開始收入，第五期（一九四二年）教科書持續使用，直到戰爭結束。不過早在第一期（一九〇二年）出版的讀本中，即有具日本「內地」淵源、與動物園相關的「上野公園」課文，以大人的口吻，從都市公園的遊憩與教育功能宣揚日本殖民母國的文明設施，說明這處東京最有名的公園可俯望美麗的東京，有許多櫻花等植物供賞玩，並有鳥獸眾多的動物園，以及珍貴藏品豐富的博物館，是一處「不僅有趣，也很有用」的公園。[129]第四期的〈動物園〉課文，則是三兄妹連袂到訪動物園，從兒童的口吻著墨觀看動物的過程，仔細描述了動物的行為、聲音，主要談三種動物：鸚鵡講話，猴群育子、遊戲與互相梳毛景象，以及大象進食與移動的方式，表現出兒童對動物本身的觀察與感覺反應。[130]這篇課文除顧及兒童對動物的趣味感（集中描寫人氣動物鸚鵡、猿猴及大象），也符合當時自然教育中重視的「觀察、思考、處理」的目標，[131]也就是呈現動物園的遊憩功能，此外亦有意教導兒童在這裡觀察動物的習性、行為，甚至與之互動。雖然設於都市的動物園並非學校教育中觀察自然的主要場所，但動物習性的觀察也可說是一種自然教育，[132]只不過動物園內對動物的觀察脫離了動物棲地，完全處於人造非自然空間，與一九六〇年代末、七〇年代初開始關注的動物與環境及棲地的問題，仍有相當的差距；而在這當中，也未見強調愛護動物等相關生命教育議題。亦即從戰前的國語教科書來看，針對動物園強調的是近代文明國家都市公園的觀光遊憩與部分自然教育功能，但缺乏生命教育的面向。在日治時期小學校與公學校的校外修學旅行，以及戰後臺灣各地的國民小學遠足或校外旅行中，參觀動物園作為一項常見的行程，主要都局限在上述意義。大致而言，圓山時期尚未制度性地以動物園作為國小校外教學的輔助機構，到一九八六年臺北動物園從圓山遷到木柵以後，明訂校外教學日等配合措施，環境教育的目標才更具體化。

但自一九七〇年代，動物園已開始加強與小學的合作，包括將園內繁殖過多的小動物，如珠雞或標本，以教學用途的名義贈與國民小學，協助其設立小型動物園，號稱目的在於

「為自然科學教育扎根」，另外編印動物教材、舉辦「兒童認識動物」活動及動物學術演講，也都是在動物科學教育的目標下，尚無提及生命教育的關懷。[133]事實上，所謂「過剩動物」的處理，正是反映動物園對生命態度的顯例。民營動物園以營利為主要考量，往往利用標售甚至販賣「過剩動物」為食物來處理園內認為多餘的動物。[134]公立動物園則較受約束，為管理之必要，園內所養的動物在紀錄中是登記為財產，但較少見標售行為。一九七〇年代前，除與其他動物園交換外，臺北動物園與民間馬戲團往往維持友好關係，因此也會以接受或贈與馬戲團的動物來處理園內之不足或過度繁殖者。之後則因輿論對馬戲團的動物表演批評日盛，臺北動物園除救援需要外，不再與馬戲團交易，對於繁殖過度的動物，則對外贈與學校等教學機構，或與其他動物園交換。[135]另外根據內部文件顯示，在七〇年代中期，臺北動物園也將園內繁殖過多的雞鴿一百三十三隻淘汰，「整個移作獅虎錦蛇飼料」。[136]

從動物園所主管的幾個機構，也可看出其扮演的功能。在一九七三年的總預算中，動物園提出了興建兒童遊樂場與科學館的計畫，顯見當時該園仍統轄關於兒童教育的相關事項。[137]

而結合動物園與兒童兩者最為明顯的例子，則是一九七〇年代之後，臺灣動物園的經營逐漸引進「可愛動物區」與「兒童動物園」的觀念，在園中一角設置一個以兒童為主要對象的場所，蒐集所謂「可愛動物」，使遊客可近距離觀看並撫摸與親近動物。這類型動物園在國際上最早於一九〇八年出現在葡萄牙，德國跟著仿設，一九三〇年代後流行於歐美重要動物園，如英國倫敦（一九三五）、美國費城（一九三八），其中倫敦動物園不但讓兒童觸摸幼獸或家畜，並設擠奶室，其後還有黑猩猩茶會等。[138]但戰前臺灣的動物園和日本的其他動物園一樣，都是以觀賞動物為主，沒有發展觸摸動物的展示方式。戰後日本復興過程中，各動物園早自一九四八年起，以上野動物園為首陸續設立兒童動物園，以討好兒童、撫慰童心，據云是模仿美國布朗動物園而設。[139]臺灣雖在一九五九年出現了兒童醫院，一九六二年建立了兒童戲院，但具體提出以兒童為對象的動物園時間較晚。一九七〇年臺北市議會中，有議員向市長提議設置「可愛動物園」，據稱是受日本動物園的啟發，希望將鴿子、羊等「馴良之動物」以放牧方式展出，去除人與動物之間的柵欄，「自悠自在可與遊客打成一片」，但並未特別提及是以兒童為主要服務對象。綜合言之，這種概念呈現了無柵欄（以濠溝阻隔）飼養的理想以及觸摸動物兩項重點，此與七〇年代以後環境問題逐漸浮現、人與自然的關係開始被公開討論的背景應該不無相關。面對議會的質詢，臺北市動物園雖表示認同所謂「自由放牧」的飼養方式，但終以園地狹小為由婉拒。[140]直至一九七九年，臺灣的民營動物園「六福村野生動物公園」開園，設有可愛動物區，抱小獅子等與動物近距離接觸的經驗十分吸引以兒童為主的遊客。[141]同年圓山動物園就採納了兒童動物園的概念，規劃為未來木柵動物園的一部分，次年並宣稱於考察美國動物園後，決定成立兒童動物園（不久更名為可愛動物區）。園中移入原飼養的山羊、野羊、梅花鹿、珠雞、孔雀、兔子、天竺鼠，並新添購駱馬、象龜和土撥鼠，而於一九八一年春節開園。據園方說明，設立的目的「除了讓兒童認識動物外，也希望藉此培養他們愛護動物的觀念」，小朋友可撫摸園中動物，餵食購自園方的飼料，也被容許騎象龜玩樂。結果開園後動物屢遭遊客虐待，連大人也騎上象龜並出手打捏，園內的天竺鼠亦遭竊，另曾有羊隻在熱鬧的遊客圍繞下生產，還有遊客追趕動物，致使孔雀從打開的柵門飛到獅子區而被生食。[142]由於這個區域讓遊客與動物近距離／零距離接觸，管理與對遊客的引領（教導）益形重要。事實上，在一九六〇年代就有動物學家警告，兒童動物園可能助長肆意對待動物的態度，欠缺對動物的尊重，是一種「反教育」。而輕易親近野生動物的幼獸，也有將動物高度寵物化、視為玩物的危險。[143]這些批評可以說是基於生命教育對兒童動物園的反思。無論如何，因為人們對動物的好奇心，容許近距離觀看與接觸動物的展示方式，在動物園內一直沒有消失，雖名為兒童動物園／區，實也包括一般社會大眾，並朝向家庭及農村與動物關係的主題。[144]

（三）標本、生死展示與動物園

上述一九七〇年代後，臺灣動物園中引入兒童動物園，展開觸摸活體動物的歷史，與此相對的，是七〇年代動物園內標本陳列室的設立。活體動物雖能吸引較多目光，但動物標本同樣有其魅力。研究者認為，人們對動物毛皮與骨骸的保存，是建立一種「沒有呼吸的動物園」，目的在於教育、科學研究、娛樂、旅行紀念、屋內裝飾，被作成標本的包括打獵的獲利品、自然史的物種標本、自然奇觀、存留的滅絕物種、過往的寵物、偽造的物種贗品，顯露出擁有自然珍奇與自然知識、近距離觀看動物、對現今環境問題的焦慮等，人們擬透過死亡動物所展現出的、對自然的種種欲望。[145] 活的動物與死的標本，似乎是兩個極端，但其實都代表人們對動物的利用，不僅包括其生時，也包括其死後，而在標本的例子上，可看到人與動物的關係不但有物質層面，也有心理層面的意義；動物園內死亡動物的標本化，讓過去圈養的動物得以跨越時間的阻隔，以凝固的標本方式，透過有意安排的空間（人為環境），一起陳列展示在觀看者眼前。

十九世紀時英國已將動物剝製當成是把自然「可視化」的高級技術，但標本在臺灣流行卻是二十世紀之後。日治期間標本主要運用在博物館與學校，作為陳設的展品與自然教育的工具，各個標本都被當成是其物種的代表。

對執政者而言，有時標本也可協助政治宣傳。一九四七年二二八事件期間，中華民國國民政府派國防部長白崇禧來臺處理善後，於空檔時間，他也參觀了臺北動物園。報導中特別提及白部長看到園內的動物標本，記者說明係戰爭末期為日本官方「以電流焚斃」（原文如此）作成者，存放這些標本的地方不稱為標本室，而稱為「罹難動物紀念室」。[146]如前章所述，戰時動物園的「猛獸處分」，目的是提升市民的精神動員，並將動物的死亡歸責於敵人的空襲壓力，但戰後新的管理者又藉標本的存在，紀念因「日人」而「罹難」的動物，可以說有意無意間重新詮釋了這段戰爭期間的歷史。

但大致而言，圓山動物園的標本蒐藏規模並不大，也不是重要的展示內容，後來常被隨意置於類似倉庫等擺放雜物的地方，管理極為鬆散。

一九六〇年代，為因應教育機構、研究者與蒐藏者的需要，臺灣的標本製造業達到高峰，中部山區有些地方標本店連縣而設，當時一次調查中，即記錄了兩千個野生鳥類的標本，分屬一百四十多種，被國內外觀光客或研究者購買蒐藏，顯示當時標本在市場上有很高的價值。[147]在上述的背景下，六〇年代展開了臺北動物園內標本展覽室的設立計畫。一九七〇年代，該園對死亡動物的處理問題受到外界高度關注。一九七三年時，臺北動物園在市議會答覆有關死亡動物處理問題時，承認許多新舊標本都放在標本製作者處未取回，甚至數十

圖 4-19　1974 年時圓山動物園的標本室。（資料來源：聯合圖庫授權）

件標本任由文化學院（今文化大學）華岡博物館公開收費展出。市議員質疑，曾見有人在臺北街頭兜售來自動物園的孔雀羽毛，顯示管理不善，包括孔雀羽毛在內，虎、長頸鹿、獅子、斑馬等動物毛皮都價值不斐，應有嚴格管控登記。[148] 其後動物園自行調查後更坦承，有些死亡動物在財產減損表上列為「埋卻」，實由員工私相授受或轉贈親朋好友作為皮衣或標本自存，如鱷魚、水鹿、黑豹、水獺等都發生過這種情形。動物園的動物被私下商業化的相關問題是鹿茸的處理方式，市議員尤其關心其是否被園內私人侵吞出售。依臺北市政府調查報告，每年春夏之季公鹿必新長鹿角（即鹿茸），被視為名貴的中藥補品，一九六七、六八年間，動物園因恐雄鹿之間鬥角遭致死亡，兩度割鋸鹿茸公開標售，後又因顧及鹿隻美觀且恐傳染疾病而未再割售，由鹿角自然脫落。脫落之鹿角因變硬，除裝飾外並無其他利用價值，而任由園內人員撿拾。[149]動物的屍體與鹿角等處置問題的公開，加速促成了一九七四年圓山動物園標本陳列室的設立，使動物標本能公開呈現在動物園的遊客眼前。

但觀看標本與觀看活生生的動物，對遊客而言有什麼差異？標本與真實動物之間的關係又如何？是不是動物園內所有的死亡動物都會被作成標本？

動物園標本的產生，是因為園內動物死亡，經專家解剖研究死因以作為改進飼養的參考後，有的才會做成標本。被做成標本者，代表其「珍貴」的價值，特別是不同時期的動物明星，人們對牠有著記憶與情感；未被做成標本者，則相對是「普通」、「沒有保存價值」的動物，這些死亡動物有的就成為其他動物的飼料。[150]這種動物不等價的事實，即使在今日的物種保存計畫中也可以看到，所謂「迷人的大型動物」受到的關注遠高過鳥類、兩棲類和爬蟲類，更不必說魚類與低等脊椎動物對人們缺乏魅力的普遍現象。[151]在動物園的標本史中，珍貴動物——如戰爭末期被「處分」的大型動物，或是知名的動物如猩猩一郎——病故後，都被剝製成標本；戰後一頭被遊客虐待而死的白猴，因稀有性而成為標本；一九六六年，一頭死亡的長頸鹿經解剖後也製成標本，「繼續供遊客觀看」。[152]一九六九年新竹動物園唯一一頭大象綾子過世，專家夏元瑜建議剝製後「放在象舍供人觀賞憑弔」，希望用標本的形式保留大象消逝的生命。[153]但有該園遊客形容這些「可愛、較珍貴的動物」出現在標本館時，因已「天人永隔」，「使人有心酸的感覺」，更何況新竹動物園表示，請專家做標本費用很高，有時工作人員為節省經費就自己製作，但因技巧不純熟，動物經常變形，戲謔者稱「老虎變成貓」，且表情呆滯，有時甚至失敗，成了臭皮囊。[154]

而在追求「逼真」的外形下，人們也可以用其他動物的毛皮，雕塑出「有價值動物」的標本，以替身角色展示在大眾眼前。如常為動物園及博物館製作標本的夏元瑜就曾製作過一隻「臺灣貓熊」的標本，一九八〇年代放在臺灣省立博物館二樓的動植物標本陳列室中展示，栩栩如生，極受參觀者喜愛，常有人佇足站立與牠合影，不過卻少有人知道這隻貓熊根本就是偽造的。據臺灣省立博物館相關人員的說法，這隻貓熊標本完全是用一種阿拉斯加野獸的皮毛代替，以鐵架支撐作成結構體，加上保麗龍「雕刻」而成。省博動物組透露，用來替代的野生動物「這種野獸的珍貴程度大不如貓熊」。因此記錄此事的人認為：「使用珍貴程度較低的動物皮毛，製造成珍稀動物標本，以免濫殺原已珍稀的動物，應該是一種比較『愛護動物』的進步作法；假如為了取得一張真正的貓熊皮作貓熊標本，而犧牲一頭貓熊的生命，事實上既不能，真能辦到也不值得鼓勵。」記錄者的觀念中，由於動物之間並不都有平等的價值，故有價值的動物值得人們更多的愛護。此外，該記錄者也從標本的社教功能著眼，認為博物館展出的動物標本是否貨真價實，與社教功能的發揮並無一定的關聯，因為「參觀者隔著玻璃櫃看到作出來的動物，等於上了一堂生物課，又何須確實撫摸到真正的動物皮毛呢？」在此觀點中，標本不必是真的，只要相似就能達成自然教育功能。[155]

圓山動物園的動物標本因多為園中動物死亡後製成，因此似較無真假問題。但無論如何，動物園的標本意味著形式上延續了動物園所認為「有價值動物」的生命。一九七四年圓山動物園設立標本陳列室，佔地約六十坪，陳列動物七十八隻，後來木柵新園的教育中心對標本的運用大幅超過圓山。動物園內標本的樣貌與布置，顯示人們對動物習性的詮釋，這些詮釋除了生物性的觀察，也寄予人們對該動物的情感認知。例如猩猩是「神氣地挺立」，「雄赳赳」的樣子，而在假山、石洞與水池間，「五彩野雞站在枯樹枝上，山羊、梅花鹿或作低頭飲水狀、或作蹲伏狀，十分悠閒可愛」，「長臂猿吊掛在樹枝間，還有一隻長臂猿懷裡抱著一隻幼猿，完全是一副母子打鞦韆同樂的情景」，絹猴「站在一道小橋上，背部高高隆起，好像正在發怒」，老虎張著大嘴等等。[156]後來二十一世紀初過世的大象林旺與馬蘭，骨骼標本並置在木柵新園裡，代表兩象長相廝守，符合牠們在臺北動物園中夫妻關係的安排，而林旺的皮膚所作成的標本則坐落在沒有任何環境生態布置的展場。綜合言之，動物園與博物館的動物標本展示通常會有差異，即博物館較側重標本動物在自然史上的位置，而動物園則除自然史意義外，也會有意加入遊客對該動物生前的回憶，希望喚起人們對牠的故事、時代的回想，也就是動物園中的標本展示，呈現了更多人類社會的歷史背景。[157]

三、結語

從動物園與遊樂園的關係，以及動物園內的動物表演，可以探討動物園被當成大眾娛樂工具的幾個面向。遊樂園的形式與動物表演活動都是商業性質取向，以人們的觀光休閒為目的，這也是一九七〇年代之前近代臺灣動物園主要的發展方向。而明星動物則是動物園吸引遊客的利器，入園後被重新安排融入社會文化脈絡中以服務市民。

早期動物園是以兒童與闔家遊賞為主要服務對象，一九二〇年代遊樂園在臺灣興起時，也是以兒童為對象，因此創造了遊樂園與動物園結合經營的可能性。圓山公園在一九三〇年代引入遊樂園設施，至一九八六年臺北動物園從圓山遷往木柵新園前，兒童遊樂的場所與動物飼養場所經常合辦活動，也都曾作為動物表演的地方，直到遷園後遊樂園才與動物園分離。[158]而戰後大興的動物表演活動，在一九七七年因動物園發生重大事故而喊停，其背景則有七〇年代起國際間動物福利觀念以及環保運動的衝擊。[159]

新的動物進入動物園後，較受關注的明星級動物經由命名的過程被納入當地的社會文化中，將其寵物化，強化人與動物的私密關係，且牠們也被安排在人類設定的活動中，為市民扮演一定的角色以完結一生。

而從動物愛護與虐待問題、以兒童為主的教育面向，以及動物園內有關動物生死的處理方式，則能進一步思考近代動物園與其教育功能。戰前動物園僅具有些許兒童自然教育目標，戰後至一九七〇年代後，環境教育才逐漸被納入，而兒童動物園的產生，則滿足遊客近距離觀看與接觸動物的欲望，是一種新的展示方式，是否具有教育成果，則仁智互見。同樣在七〇年代，動物園開始較有規模地運用動物標本，其展示如活體動物展示般，呈現園內對各種動物的差異評價，而標本也延續了生前被視為高價值的動物在園內的生命，並成為經營者詮釋過去、呼召遊客記憶的工具。

註釋

1 遊樂園有由公共團體興設，也有由企業經營的商業設施。日本最早的遊樂園於一九一一年由私人鐵道興設，作為鐵道沿線的附帶事業，整合遊戲場、運動設施及文化空間等。一九七〇年代後，結合運動、觀光設施、動植物園等自然生態環境、鄉土民俗產業，主要以兒童、青少年與家庭遊憩為對象。參考德久球雄撰，「遊園地」，《日本大百科全書》，引自日本知識（JapanKnowledge）資料庫：http://www.japanknowledge.com，二〇一三年二月十三日點閱。

2 謝其淼，《主題遊樂園》（臺北：詹氏書局，一九九五），頁三、三一。

3 吉見俊哉認為一九五〇年代起設立的迪士尼樂園（Disneyland Park）式的主題遊樂園，是邀請遊客進入樂園裡的連續變化場景，讓遊客在其中演出他自己，而造成一種自現實解放出來的幻想關係（simulacre），此種脫離現實的效果，異於展示人文或自然的博覽會、博物館或動植物園，在後者這些場所中，人們透過俯瞰式的觀賞，與外部現實世界建立一種理所當然的參照關係。吉見俊哉著，蘇碩斌、李衣雲、林文凱、陳韻如譯，《博覽會的政治學》（臺北：群學出版社，二〇一〇），頁二四八。

4 Susan Davis, *Spectacular Nature: Corporate Culture and the Sea World Experience*. Berkeley, CA: University of California Press, 1997. 謝其淼，《主題遊樂園》，頁七五～七九。

5 運用野生動物表演的爭議，因事故的發生而更引人深思，以人類圈養並用於表演的虎鯨（orcas，或稱 killer whales）為例，一九六八年以來已有多起攻擊訓練者的實例，近年較有名的是二〇一〇年二月二十四日在奧蘭多「海洋世界」，虎鯨提利康（Tilikum）在表演中，拉住資深馴獸師布蘭蕭（Dawn Brancheau）的馬尾並將她拖入水中溺斃的事故。參見 David Kirby, *Death at SeaWorld: Shamu and the Dark Side of Killer Whales in*

Captivity, New York: St. Martin's Press, 2012。另外，創立於英國、密切注意圈養動物福利的國際組織「生而自由基金會」（Born Free Foundation），以保護受威脅的物種、停止個體動物的苦難為目標，自一九八四年起進行對動物園的檢視工作，致力於改變公眾對動物的態度、說服決策者，以求獲致成果。有關其對馬戲團與表演動物的看法，參見：http://www.bornfree.org.uk/campaigns/zoo-check/circuses-performing-animals/，二〇一三年三月五日點閱。

6 謝其淼，《主題遊樂園》，頁一五。

7 一九三五年臺灣博覽會所設立的「兒童國」中動物的圈養至少包括大鳥籠，參見吉村清三郎所繪的「始政四十周年記念臺灣博覽會鳥瞰圖」，吳密察等撰文，國立臺灣博物館主編，《地圖臺灣：四百年來相關臺灣地圖》（臺北：南天書局，二〇〇七），頁二二九。

8 有關遊客對圈養動物產生的壓力影響，可舉以下的研究為例：二〇〇七年，動物學家對中國大陸五一黃金假期中，北京動物園遊客對被圈養的貓熊造成的影響進行研究，發現當遊客流量升高時，次日貓熊個體糞便採樣中，代表承受壓力的皮質醇便顯著提高，這可能與遊客帶來的喧鬧、叩擊展場玻璃或丟擲異物等干擾行為有密切的關係。崔媛媛、胡德夫、張金國、李犇、蘭天，〈黃金週遊客干擾對圈養大熊貓應激影響初探〉，《四川動物》，二八：五（二〇〇九年五月），頁六四七～六五一。

9 所謂夏季夜間開園，是自一九三〇年起，在定制的開放時間外，特於暑期約半個月的時間中開放夜間觀覽，於晚間六點至十點開園，讓市民「納涼」休閒。對遊客而言，除動物的觀覽外，也可參與施放煙火、放映電影、演出臺灣戲劇、摸彩等各項活動，據稱入園者達數千人。關於圓山動物園的開放時間，依一九二八年公告的臺北市動物園處務規程，各月分時間如次：

月分	一、二	三、四、五	六、七、八	九、十、十一	十二
開園	八點	七點三十分	七點	七點三十分	八點
閉園	四點	四點三十分	五點	四點三十分	四點

宋曉雯，〈日治時期圓山公園與臺北公園之創建過程及其特徵研究〉（臺灣科技大學建築研究所碩士論文，二〇〇三），頁六七。夏季夜間開放也曾於戰後一九七〇年恢復，仍用納涼晚會名義，開放時間長達九十天。臺北市議會公報二卷一〇期，第一屆第二次大會教育部門第二組問題，一九七〇年十月二十三日，頁三七五。

10 臺北市役所，《臺北市政二十年史》（臺北：臺北市役所，一九四〇），頁八一〇～八一一。

11 〈全島一の兒童遊園地新竹公園に建設　敷地八千坪で設備を完二十七日に地鎮祭舉行〉，《臺灣日日新報》，一九三五年一月十五日，版七。

12 〈新竹兒童遊園地でライオンを公開〉，《臺灣日日新報》，一九三七年一月十五日，版一一。

13 〈遊園地の鹿を野犬が咬殺　六、七匹が寄つてかつて〉，《臺灣日日新報》，一九三六年一月十八日，版九。

14 〈竹市動物園大象　已被馴服　近日公開表演〉，《民聲日報》，一九六二年五月八日，版五。

15 謝水森，〈開闢新竹公園的回憶〉，《竹塹文獻》，三〇（二〇〇四年七月），網路版：http://media.hccb.gov.tw/manazine/2004-07-30/magazine5-2.htm，二〇一三年二月九日點閱。

16 〈新竹動物園　管理不善　夏教授指出缺點〉，《民聲日報》，一九六二年七月三日，版五。

17 〈兒童遊園地の夜間開場〉，《臺灣日日新報》，一九三四年七月十日，版三；〈龍虎鬪：動物園今表演鼬貓惡鬪毒蛇〉，《公論報》，一九四九年十二月三十日，版四；〈龍虎鬪：動物園今日有表演　招待風景協會會員〉，《公論報》，一九五〇年一月十五日，版四。

18 林秀姿，〈一個都市發展策略的形成：一九二〇至一九四〇年間嘉義市街政治面的觀察（上）〉，《臺灣風物》，四六：二（一九九六年六月），頁三五～五七；林秀姿，〈一個都市發展策略的形成：一九二〇至一九四〇年間嘉義市街政治面的觀察（下）〉，《臺灣風物》，四六：三（一九九六年九月），頁一〇五～一二七。

19 〈壽山小公園　飼梅花鹿　造兒童遊園地〉，《臺灣日日新報》，一九三四年十二月十六日，版一二；〈高雄壽山の梅花鹿〉，《臺灣日日新報》，一九三五年二月三日，版三。

20 〈北部圓山一帶　市府積極整頓　建設為風景區　目前側重保護風景　違章建築逐漸取締〉，一九五二年七月三日／《聯合報》／版二。這項風景區規劃，到一九六九年時，在「天然公園」的名義下重新出發。〈中山橋北側坡地　將闢為天然公園〉，《聯合報》，一九六九年一月十四日，版四。

21 在一九六〇年代末至七〇年代動物園與兒童樂園的改建計畫中，六千多萬元的預算中，用於動物園的部分僅五百餘萬，且多為辦公設施的改善，如新建辦公大廈、進行水族館工程及全園油漆、取消或整頓賣店等，另在美化的部分，則聘請楊英風、藍蔭鼎等藝術家擔任設計委員。而兒童樂園的部分則是汰舊換新，逐步興建各種新式遊樂設備，包括增建咖啡杯、修釣魚場、太空列車、滾轉椅和瞭望車，改設十部小電車，將小火車改為迴轉水車，而小火車移建於山上，以瞭望市區，山上並增建噴水池一所，同時溜冰場整修為磨石地，改建室內溫水游泳池，改建室外游泳池更衣室，園內種花、種樹及庭園欄杆改建，龍船改造，興建宮殿式休息亭五座。〈北市府決撥五千餘萬元　充實美化兒童樂園　分訂近程遠程計劃三年內完成　並以五百七十萬元整理動物園〉，《聯合報》，一九六八年十二月十一日，版四。

22 如當時高雄興建中的水族館即被視為一處「高尚遊樂場所」。〈讓觀光客乘興而來 也能讓他們盡興而歸　朱倚天說　我們應多建高尚遊樂場所〉，《經濟日報》，一九七一年十二月二十七日，版一一。

23 但其中梅花鹿及水鹿並非展示用，而是為金門縣畜牧場育種之用。參見民國七十二年七月八日金門縣政府致臺北市動物園七二敦建字第七四五五號函，主旨：「貴園贈送本縣中山育樂中心動物乙批，業於六月廿九日裝運來金，特函申謝，敬請查照案」。檔案藏於臺北市動物園。

24 〈雲仙樂園將增資一億　實施第三期擴建工程　設置軌道纜車、繞山電動椅、動物園等〉，一九七六年八月十五日／《經濟日報》／版八／觀光旅遊；〈漫步西子灣　徜徉澄清湖〉，《聯合報》，一九七八年九月十六日，版一六；〈省議員考察中部觀光事業座談　盼當局研討獎勵辦法　改進中南部觀光事業〉，《經濟日報》，一九六九年十月二十二日，版六；〈陽明山建設　目標朝向國家公園　市議員陳號園提計劃　建北投為溫泉觀光區〉，《聯合報》，一九六八年十月四日，版六。

25 一九八〇年代末，遊樂園的開發甚至成為山坡地炒作的手段：〈也是新竹風？　廿四家高球場新申請設立十五家遊樂區營業與開發　襲捲全縣三分之一山坡地　地價飛漲　地主惜售〉，《聯合報》，一九八九年八月十三日，版三。

26 其實戰後一九七〇年代前，臺北動物園與馬戲團之間還是保持友好關係，曾互贈獅子或交易動物，如一九六〇年代的東方馬戲團。〈警方勒令東方馬戲　停演人獅相親節目　一週傷二人有點不對勁　蔡清枝分析有幾種原因〉，《聯合報》，一九六八年十一月十三日，版三。

27 參考 Elizabeth Hanson, *Animal attractions: nature on display in American zoos* (New Jersey: Princeton University Press, 2002), p. 35.

28 參見紐約動物園中非洲剛果蜜熊與遊客接吻的照片，《攝影新聞》，一九五六年四月三十日，版二。

29 直到一九七〇年代，國際間才確立徹底排除人為對野生動物干預的政策，不再任由人們隨意餵食，使野生動物與人們保持應有的距離。雖然這是指戶外的野生動物，但是在動物園內飼養的動物，政策上也逐漸拒絕遊客餵食。參考：瀨戶口明久，〈「野猿」をめぐる動物観〉，石田戢、濱野佐代子、花園誠、瀨戶口明久著，《日本の動物観：人と動物の関係史》（東京：東京大学出版会，二〇一三），頁一七九～一八一。

30 イーフー・トゥアン（段義孚）著，片岡しのぶ、金利光譯，《愛と支配の博物誌》（東京：工作舍，一九八八），頁一二五。澳洲鸚鵡的例子見照片及圖說，《攝影新聞》，一九五六年十二月二十六日，版二。

31 西村清和，〈動物の深淵、人間の孤独〉，收入渡邊守雄等著，《動物園というメディア》（東京：青弓社，二〇〇〇），頁六四～六八。

32 〈國語を話す　珍鳥が出場　日延べの夜間動物園〉，《臺灣日日新報》，一九三〇年七月二十日，夕刊版二。這隻八哥據說能講十多句日語，譯為漢文如：早安、晚安、痛喔、我是八哥、媽媽以及客人抱歉，並模仿鐵槌聲等。

33 石田戢，《日本の動物園》，頁六三～六五。

34 〈お猿さん得意満面　圓山動物園で御禮演藝會〉，《臺灣日日新報》，一九四一年八月十七日，版三。

35 戰前臺灣的動物園由於缺乏資料，不能確定動物表演活動詳情。但日本的上野動物園有數張照片顯示該園動物表演的部分情形，如一九二五、一九二八～一九二九、一九三五～一九三七年時，有大象舉國旗、走直線圓石、單腳站立在小椅子上的表演；戰後到一九七二年間，由訓練日誌等資料可歸納出該園有長達五頁的表演紀錄，被訓練表演的動物包括大象、猩猩、海獅、狸、山羊、巴丹鸚鵡及其他鸚鵡、馬等。東京都編集，《上野動物園百年史（資料編）》（東京：東京都生活文化局広報部都民資料室，一九八二），頁六八三～六八七。

36 一九七一年之前的市政報告中未曾談及動物表演，一九七一年起稱為「動物技藝表演」，到一九七四年時改稱為「動物表演與技術訓練」，但之後均未再列出此項。《臺北市市政紀要》，民國六十年度（頁九〇）、六十一年度（頁五八）、六十二年度（頁一〇四）、六十三年度（頁八一），臺北市立動物園研考室提供。一九七一年蔡清枝在議會答覆關於表演用汽油預算問題時，曾說明動物訓練每週實施兩次，訓練了兩隻猴子以及由老虎、獅子跳火圈，都會用到汽油。臺北市議會第一屆第十九次臨時大會會議紀錄，一九七一年八月四日，頁四九〇、四九二、四九三。

37 〈圓山動物園發生「命案」　大象野性勃發　捽死餵食工人〉，《中央日報》，一九七五年十二月二十三日，版三。

38 〈動物表演比賽　節目精彩　觀眾千餘〉，《中國日報》，一九五六年五月二十一日，版四。

39 王喬，〈芳鄰二三事〉，《聯合報》，一九六八年九月二十二日，版九／聯合副刊。

40 〈動物園負責人談　訓練動物表演　並非虐待行為〉，《聯合報》，一九五二年三月二十七日，版二。

41 蔡清枝在日本工作的動物園可能是私人鐵道會社經營的「阪神公園」（阪神パーク），前身為一九二九年成立的甲子園娛樂場，一九三二年改為「阪神公園」，由阪神電鐵資本經營，包括動物園與水族館，一九四〇年日本動物園水族館協會成立時也是創會會員。動物園學研究者石田戢評價該園為昭和初期認真經營的動物園，設有猴島、海獅池、山羊山等哈根貝克型態的無柵欄放養展示場，但也有動物表演。石田戢，《日本の動物園》，頁五六。

42 蔡清枝認為自己「天性有喜愛動物的細胞」，一九四八年時曾因不忍見路邊販賣的猴子與雉雞將遭宰殺食用而買回自養。〈深鎖惆悵滿園愁　馴獸老人淚自流　畜生豈無情依檻傷心　祝他早康復嘉惠動物〉，《臺灣新生報》，一九七五年十一月十一日，版三；〈傳授降龍服虎絕技　臺北圓山動物園長　蔡清枝徵門徒　規定年齡從廿至廿五之間　最主要條件是愛護動物〉，《民聲日報》，一九六〇年二月八日，版四。

43 中華民國保護牲畜協會、臺灣省政府農林廳編，《保護動物手冊》（臺北：中華民國保護牲畜協會，一九七一），頁一二七。

44 同前註，頁一三七～一三八。

45 〈雖然是兇猛殘暴　管叫牠溫馴如貓　馴虎制豹極有技巧〉，《臺灣新生報》，一九七五年十一月十日，版三。

46 陳德和戰後在臺灣省農業試驗所恆春牧場擔任管理員時，認識了到牧場觀摩的蔡清枝，之後由蔡氏引入動物園擔任飼養人員，並成為其得力助手。〈馴獅伏虎陳德和〉，《聯合報》，一九七七年一月八日，版三。

47 〈國寶級馴獸師　人稱老ㄙㄞ〉，《聯合報》，二〇〇三年一月二十六日，版一九。

48 一九七八年臺北市立動物園施政報告中，說明前一年施政的「具體績效」之一是：「擴大印度象之展示場，釋放被枷鎖廿年之雄象。」《臺北市政紀要》六十七年度，頁一四六，臺北市立動物園研考室提供。

49 大衛・柯特萊特（David T. Courtwright）著，薛絢譯，《上癮五百年》（臺北：立緒文化，二〇〇二），頁二〇〇～二〇二。

50 〈國寶級馴獸師　人稱老ㄙㄞ〉，《聯合報》，二〇〇三年一月二十六日，版一九。

51 〈培育導盲犬　總統幕後推動　盲人重建院將自澳洲引進訓練　協助盲人自立〉，《聯合晚報》，一九九三年八月三十日，版九，生活。

52 〈海狗抵臺　將學表演〉，《民聲日報》，一九六〇年八月二十三日，版三；〈回報香港海洋公園贈藥　北市圓山動物園贈特產鳥類致謝〉，《中央日報》，一九七六年四月二日，版六。

53 〈臺北定于四日　舉行慈幼大會　慶祝節目開始活動〉，《民聲日報》，一九五三年四月一日，版四。

54 婁子匡，〈臺灣鬥雞之風俗〉，《臺灣風物》，一七：五（一九六七年十月），頁四三；跳蚤的表演根據報導有推車、團體跳舞、踢球、拉木馬、跳圈圈等節目，見：〈最小的演員－跳蚤　董守經的絕技．新奇的遊戲〉，《聯合報》，一九五九年十二月十六日，版三。中國的動物戲謔文化中，如鬥雀及鬥鵪鶉等，也與鬥雞一樣，被支持者看成是利用該動物的天性而產生：「棕鳥鴉雀有凶悍好鬥的習性，作為籠鳥飼養，常常用來欣賞，同時也馴養它們與其同類間的互相廝鬥」、「習性好鬥，常致對方頭、嘴撕破，甚至跗折斷，以分勝負」。鄭作新編著，《中國籠鳥》（北京：科學出版社，二〇〇八），頁二五三；沈傳麟等編，《花鳥魚蟲賞玩詞典》（上海：上海辭書出版社，一九九四），頁三七一。以上引文轉引自韓學宏，《鳥類書寫與圖像文化研究》（臺北：文津出版社，二〇一一），頁一八三。

55 中華民國保護牲畜協會、臺灣省政府農林廳編，《保護動物手冊》，頁三一、五七、五九。

56 考林．斯柏丁（Colin Spedding）著，崔衛國譯，《動物福利》（北京：中國政法大學出版社，二〇〇五），頁一〇四～一〇八。

57 〈動物園和兒童樂園　春節期間延長開放時間〉，《聯合報》，一九七八年二月六日，六版。

58 此一事故造成動物表演結束的說法，是臺北動物園飼育人員陳德和退休後，於二〇〇四年三月三十日針對該園研究員郭燕婉電詢時的答覆。參見郭燕婉筆記，〈考古釋疑〉，打字稿，無時間及頁碼。該筆記藏於臺北市立動物園研考室。

59 《臺北市議會公報》卷一六期五，臺北市議會第二屆第八次大會教育部門第四組質詢及答覆，一九七七年九月十四日，頁三四九～三五〇。

60 臺北市立動物園致臺北市政府教育局函，「本園為配合實際業務需要，擬將現任01－04技正職位之陳寶忠（歸畜牧技術職系）與現任02－01飼養組長之陳義興（歸禽畜訓育〔按，原文誤繕〕職系）對調服務。是否可行，敬請核示案」，民國六十八年五月二十日，北市動園人字第一九二號。但事實上極地館與水獸表演場仍列入新園規劃中。

61 〈新動物園規劃將採開放式　具教育娛樂學術多元功能〉，《聯合報》，一九七九年一月二十日，版六；〈「極地」惹是非　此「館」生誤會　市長說不蓋真的不蓋　局長稱罪在資料不詳〉，《聯合報》，一九八四年三月二十八日，版六。

62 陳寶忠，《動物園的故事》（臺北：時報文化，二〇〇四），頁一一六。

63 〈抬腳、趴下　動物園有個大象訓練班〉，《聯合報》，二〇〇三年六月二十六日，版B1。讓管理員成為動物密友之說見：陳寶忠，《動物園的故事》，頁一一九、一八九。

64 即綜合動物園中所謂集郵式的動物蒐集。

65 Henri Ellenberger, "The Mental Hospital and the Zoological Garden", in Joseph Kraits ed., *Animals and Man in Historical Perspective* (New York: Harper & Row Publishers, 1974), pp. 68-71. 引自：渡邊守雄等，《動物園とい

うメディア》（東京：青弓社，二〇〇〇），頁三六。

66 見《聖經・創世記》二：一九後段。

67 Harriet Ritvo, *The Animal Estate*, p.12.

68 如一九三三年上野動物園為新入園的兩頭「珍稀動物」長頸鹿公開徵求命名，原來在馬戲團中，牠們的名字是阿里與才妲，經過決選，徵得的新名是長太郎與高子。高島春雄，《動物渡來物語》，頁三九～四〇。

69 戰爭時期日本帝國內某些動物園內的異國動物，因政治因素而被更改為符合政治意涵的新名，如京都動物園於一九四三年四、五月間向私人動物園購買大象卡雅尼（Kalyani），入園後更名為「共榮」，即為一例。Mayumi Itoh, *Japanese Wartime Zoo Policy: The Silent Victims of World War II* (New York: Palgrave Macmillan, 2010), Kindle Loc1390, 1397.

70 〈虎夫婦の名前　一般から募集　命名式は五月五日〉，《臺灣日日新報》，一九三五年四月二十五日，版二；〈虎に命名　雄は猛雄、雌は破魔子〉，《臺灣日日新報》，一九三五年五月六日，版七。動物園的動物由行政首長命名，在戰後也有很好的例子：一九五九年動物園公開徵求為新購的長頸鹿命名，有五百多位民眾參與，最後由市長決定為苑春；一九七七年初，動物園新生四頭豹，被行政院長蔣經國命名為東、西、南、北。行政首長的權威，甚至直接反映在被命名的動物身上，如一九七五年新生的三頭小老虎對外徵求名字，得到的建議中，有以園長為名的（虎王、虎光、虎平），也有希望用市長或省主席之名（豐緒、東閔），建議者的理由是「欽佩謝主席與張市長為民服務的精神」，「希望他們今後做事虎虎有威」，但不知這是否是一種藉參與命名而提出的反諷。〈動物園新客不寂寞　五百餘人爭為命名　將擇優送請市長選定〉，《中央日報》，一九五九年一月十四日，版四；〈蔣院長應新聞同業之請　替動物園四隻小豹　取名

「東、西、南、北」〉，《中央日報》，一九七七年五月六日，版六；〈替虎娃擬名為豐緒　盼市政虎虎有生氣〉，《聯合報》，一九七五年十月十八日，版三。

71 這個新門面是在昭和十五年（一九四〇）四月三日，配合神武天皇祭紀念日完工，花費四千餘圓。〈見事に出來上つた　動物園の表門　二頭の象がお出迎へ〉，《臺灣日日新報》，一九四〇年四月七日，夕刊版二。

72 瀧川政次郎，〈北京と象〉，《東亞學　第一輯》（東京：日光書院，一九三九），頁二二三～二三六。

73 雖然沒有被殺，但象舍加了兩重的鐵檻，並且做了石造防彈壁，象腳也上了鐵鎖。戰爭結束時，日本本土全部的動物園僅餘兩頭大象未被屠殺，而帝國圈內總共有五頭大象留下，其他十五頭被人們「處分」。有關戰爭時期的動物處分政策，請參考本書第三章。

74 「マー」（Ma）可能由南洋馴象者命名，「ちゃん」（chan）是日語中對關係親近者的愛稱，戰後譯為「瑪小姐」，或直稱其名「瑪」。〈圓山動物園の人氣者マーちゃん〉，《臺灣日日新報》，一九二六年九月六日，版三。

75 〈秋晴の動物園〉，《臺灣日日新報》，一九一九年十月八日，版七。

76 山形丸是屬於日本郵船株式會社的貨船，由三菱重工業長崎造船所建於一九一六年，總噸數三八〇〇噸，載重噸位六三一一。

77 〈載到動物　虎狒狒縞馬〉，《臺灣日日新報》，一九三五年四月十八日，版八。

78 〈圓山動物園へ　愈々乘込む　ビルマの巨象　今から人氣を獨りて背負つてる〉，《臺灣日日新報》，一九二六年八月七日，夕刊版二；〈圓山の動物園へ來る象さんの出發　八月十五日に新嘉坡を〉，《臺灣日

日新報》，一九二六年八月二十日，夕刊版二。

79 〈御愛嬌ものゝ象君〉，《臺灣日日新報》，一九三〇年三月十九日，版六。

80 原本來臺前，坐的命令語是「ソン」（son），站是「トン」（ton），經馴養師重新訓練後，改為日語的「坐れ」（suware）及「立て」（tate）。〈圓山動物園の人氣者象君　嬢ちゃん坊ちゃんを　背中に乘せる〉，《臺灣日日新報》，一九二六年十一月七日，版五。

81 一九三〇年舉行的其實是第二屆的動物慰靈祭，但因資料不足，無法確定象在前一年（一九二九）第一屆動物祭中曾出席擔任致祭代表。〈人間や動物の盛んな參列　動物代表、象君の焼香　臺北基隆各日曜學校主催　圓山動物園の動物祭〉，《臺灣日日新報》，一九三〇年十一月二十四日，版三。

82 〈眞赤な晴着の象君もお詣り圓山で動物慰靈祭〉，《臺灣日日新報》，一九三六年十一月二十四日，夕刊版二。

83 一九三三年完工的象舍仍持續使用到戰後，當時費一萬圓修築，是鐵筋水泥建築。〈動物園の象君に　頰へたをなめられ　カスリ傷を負ろた園丁　近頃圓山に起つたナンセンス〉，《臺灣日日新報》，一九三一年十月五日，版六；〈象君が新宅に引越　三十日に〉，《臺灣日日新報》，一九三三年六月二十九日，版七。

84 所謂搖搖舞，可能是關檻日久而產生的刻板行為。立石鐵臣，〈羆と猩猩〉，《臺灣日日新報》，一九三九年十二月六日，版六。

85 《臺北市概況（二）》，一九四〇年，頁八〇～八二。

86 臺北市役所，《臺北市政二十年史》，頁八〇八。

87 引文原為日文，經筆者漢譯。〈圓山動物園の猩猩一郎君に　日本一の折紙つく　動物コンクールで表彰さる〉，《臺灣日日新報》，一九三六年五月七日，夕刊版二。一郎過世前已長到一百五十公分，坐時高度有一百公分，最長的毛亦達一公尺。高島春雄，《動物渡來物語》，頁二二。圓山動物園曾考慮以南美狒狒與一郎配對，但無後續報導。〈圓山動物園便り　珍客マント狒狒君の入園と猩猩一郎君にお嫁さん候補〉，《臺灣日日新報》，一九四〇年二月三日，夕刊版二。

88 〈圓山動物園便り　珍客マント狒狒君の入園と猩猩一郎君にお嫁さん候補〉，《臺灣日日新報》，一九四〇年二月三日，夕刊版二。

89 楊雲萍，〈猩猩他一篇——動物園詩抄のうち〉，《臺灣時報》，二八二號，一九四三年六月十日，頁九八～九九。楊雲萍此動物園詩系列另撰有虎一篇，但未正式發表。

90 高島春雄，《動物渡來物語》，頁二二。戰後動物園雖成立標本室，但因時日既久，保存不易，多半蛀壞。

91 〈虎豹身價談妥　走獸交易訂約　動物園裏準備迎賓〉，《聯合報》，一九五二年一月二十二日，版二；〈動物園五食客　今日可以出籠　大象昨日自吃甘蔗　花豹不時暴吼如雷〉，《聯合報》，一九五二年三月二日，二版；〈小朋友！猜象　猜對了，有獎〉，《聯合報》，一九六七年九月二日，版三；羅曼，〈為慶賀昔日戰友六六壽誕而作　大象林旺的故事〉，《聯合報》，一九八三年十月二十九日，版八；張夢瑞，《林旺與馬蘭的故事》（臺北：聯經出版公司，二〇〇三），頁一二～二九。

92 人類的一夫一妻型態，其實與大象的自然習性相距甚遠：大象的基本家庭單位包括一位女族長、她的雌性親屬，以及包含兩性的未成熟後代。成熟的雄象會獨自流浪，或是加入未交配過的雄象組成的鬆散集團。薇琪・柯羅珂（Vicki Croke）著，林秀梅譯，《新動物園：在荒野與城市中漂泊的現代方舟》，頁一四六。

93 據記者觀察，當時施虐者包括大人及小孩，而以臺灣本島人為多。〈動物園と注意〉，《臺灣日日新報》，一九一三年五月十八日，版七。此一日文報導在漢文版中改寫為勸導性質較強者，以棍棒施虐的部分消失。〈觀動物園者注意〉，漢文版《臺灣日日新報》，一九一三年五月十九日，版四。〈苗圃の動物園〉，《臺灣日日新報》，一九一三年六月一日，版七。

94 〈獅子や虎に惡戲をする者あり危うく眼を潰す所公德心と動物愛護の念〉，《臺灣日日新報》，一九二一年九月五日，日刊版五。

95 〈動物園　小自然　蔡清枝心目中的鳥獸烏托邦〉，《聯合報》，一九六六年六月二十五日，版三。

96 〈被虐害的牠們——動物園「遊記」〉，《中央日報》，一九四九年十一月十一日，版四；〈動物園又傳惡耗　三歲小熊病不治　給人打傷後球菌侵入　又患黃疸病藥石無效〉，《中央日報》，一九五〇年八月十二日，版五；〈動物園又添亡魂　有位遊客眼力好　石頭擊斃大烏龜〉，《中央日報》，一九五一年一月二十日，版四；〈動物園內白毛長手猴　被遊人虐待一死一傷　該園負責人對此事表示遺憾〉，《聯合報》，一九五二年十月二十日，版四；〈臺北市動物園怪事今年多　斑馬被塗漆〉，《民聲日報》，一九五九年九月二十日，版三；臺北市議會第一屆第三十二次臨時會議紀錄，臺北市政府致臺北市議會，函復市立動物園連年大批死亡原因及死亡動物處理情形案，一九七三年六月八日，頁六二三；〈誰殺長頸鹿？　胃裏塞滿塑膠袋　消化不良肝腫大〉，《聯合報》，一九八三年三月四日，版三。

97 雙翼，〈談天說地　熱帶動物之死〉，《經濟日報》，一九七〇年十二月十五日，版一二。

98 亮軒，《壞孩子》（臺北：爾雅出版社，二〇一〇），頁二三四。

99 〈圓山動物園の錦蛇　大猩猩を呑む　猩猩が手出をしたらしく　兩者は激しく鬪つた〉，《臺灣日日新

報》，一九二二年八月三十一日，版七；〈大椿事の後の動物園の賑ひ〉，《臺灣日日新報》，一九二二年九月一日，版五。

100 〈動物園南山虎嘯　馴獸師智擒麗美　放虎容易捉虎難小販傷臂　動員二十人遊客飽受虛驚〉，《聯合報》，一九五六年八月十一日，版三。

101 〈五日の晩には仕掛花火　圓山動物園で〉，《臺灣日日新報》，一九三三年八月四日，夕刊版二；〈動物園納涼會今晚の餘興〉，《臺灣日日新報》，一九三四年七月二四日，夕刊版二；〈圓山動物園納涼會停辦〉，《民聲日報》，一九五四年七月十六日，版四。

102 〈獅・豹・熊・狼　一群野獸飽餐　將捕捉市內野狗　送去動物園加菜〉，《中央日報》，一九四九年五月十四日，版三。

103 〈龍虎鬪：動物園今表演　鼬貓惡鬪毒蛇〉，《公論報》，一九四九年十二月三十日，版四；〈龍虎鬪：動物園今日有表演　招待風景協會會員〉，《公論報》，一九五〇年一月十五日，版四。

104 一九六七年三月三十一日臺灣省政府發布「保護牲畜辦法臺灣省施行細則」第十二條，引自中華民國保護牲畜協會、臺灣省政府農林廳編，《保護動物手冊》（臺北：中華民國保護牲畜協會，一九七一），頁七三。

105 對殺虎者而言，這是一種高利潤的生意。一九八四年時，據業者表示，一隻五百公斤、進口報價約二十萬元的老虎，可賣到三十五至四十萬元左右，轉手間可賺至少百分之五十的厚利。就商業價值看，老虎肉可食，皮可利用加工為製品或裝飾品，虎頭可作標本，虎眼、虎骨、虎血都是高貴的中藥。〈嘉義再演殺虎記　先宰公虎試探賣座　皮肉骨血問津者眾　有人願將二隻母虎購贈六福村〉，《聯合報》，一九八四年十月二十二日，版五；黃韻珊，〈透鏡　進口獅與虎〉，《經濟日報》，一九八四年十二月七日，版一二／經濟副刊。

106 即使到一九八〇年代，道德勸說的方式仍一再使用於私人動物園，但證明對遏阻虐待動物成效有限。如六福村野生動物園「曾張貼許多廣告，提醒遊客不要亂餵東西給動物吃，但很多人還是缺乏公德心」。〈誰殺長頸鹿？　胃裏塞滿塑膠袋　消化不良肝腫大〉，《聯合報》，一九八三年三月四日，版三。

107 何凡，〈玻璃墊上　說了不算〉，《聯合報》，一九六六年七月六日，版七／聯合副刊。

108 臺北市議會第一屆第三十二次臨時會議紀錄，臺北市政府致臺北市議會，函復市立動物園連年大批死亡原因及死亡動物處理情形案，一九七三年六月八日，頁六二三。

109 鄭麗榕，〈「體恤禽獸」：近代臺灣對動物保護運動的傳介及社團創始〉，《臺灣風物》，六一：四，二〇一一年十二月三十一日，頁一一～四三。

110 賴淑卿，〈呂碧城對西方保護動物運動的傳介——以《歐美之光》為中心的探討〉，《國史館館刊》，二三（二〇一〇年三月）。

111 同註109。

112 賴淑卿，〈一九六〇年代臺灣推動保護動物社會教育探析〉，二〇〇九年十二月二十八日國史館第一八八次學術研討會論文摘要，《國史館館訊》，四（二〇一〇年六月），頁二二九。

113 從相關用語上也可以看出人們動物觀的改變，最明顯的例子是一九六〇年成立的中華民國保護牲畜協會，於一九七三年更名為中華民國保護動物協會，代表一九七〇年代在動物觀上的變革。至今「畜牲」、「牲畜」仍是負面用語，而動物則較無褒貶意義。根據李季樺的研究，清代風俗論中一個重要的課題是人如何脫離禽獸，也就是文明化，此一概念顯示出人本主義的傾向，也有人高於、優於禽獸的意涵。李季樺，〈文明と教

化——十九世紀臺湾における道德規範の構築と変容〉（東京大學東洋史博士論文，二〇〇六）。

114 研究者認為臺灣野生動物的保育始自一九七〇年之後，包括禁獵政策的頒布、野生動物研究調查及國家公園的設立等，社會大眾對環境問題的態度也開始改變。白安頤（Aniruddh D. Patel）、林曜松著，吳海音譯，《臺灣野生動物保育史》（臺北：行政院農業委員會，一九八九），頁二一～二四。

115 關於逐漸體會動物作為一種生命的價值，尤其是類似人類生命的價值，一本一九八〇年代出版的動物史中的一段話，可以成為旁證：作者描述當時臺灣有生食猴腦的宴席及食用猴肉的情形，探討人們不愛護猴子的幾個可能原因，結語並說道：「猴子的命運可悲，值得特別給予同情，理由倒不只在牠有血肉之軀，殺牠、敲牠時，會痛、會哀叫，實在還別有道理在——有空請到圓山動物園一遊吧！看看籠子裡那麼多大大小小的猴輩，不覺得面熟嗎？不像你、我、他嗎？有些生物學家說他老兄還是咱們人類的遠親哩，咱們豈忍心把親戚的『腦』和『鞭』都吃掉呢？」文中顯示作者對於靈長類動物的特殊考量，也反映人們的愛護動物觀中，隱然存在的對不同動物的高低序列看法。劉峰松，《臺灣動物史話》（高雄：敦理出版社，一九八四），頁二八。

116 薇琪・柯羅珂著，林秀梅譯，《新動物園：在荒野與城市中漂泊的現代方舟》（臺北：知書房，二〇〇三），頁三。威爾森（Edward O. Wilson）著，金恆鑣譯，《繽紛的生命：造訪基因庫的燦爛國度》（臺北：天下遠見出版公司，一九九七年第一版），頁四七三～四七五。

117 賈德・戴蒙（Jared Diamond）著，王道還、廖月娟譯，《槍炮、病菌與鋼鐵》（臺北：時報文化，一九九八），頁一七七～一七八。

118 論者批評這種只偏重於方法而忽略教育本質的傾向，使所謂兒童中心學說在殖民地臺灣的實踐與民主教育大有差別。祝若穎，〈兒童中心學說的傳入與展開——日治時期臺灣公學校修身教育之研究（一九二八～一九四一）〉，《教育研究集刊》，五六：二（二〇一〇年六月），頁七一～一〇三。

119 其中的動物圖像設施包括：象型及獅型溜滑梯各一，動物型長椅二十張、兔之家等，場內遊樂設施也有以動物頭型作成的遊動圓木。鹿又光雄，《始政四十周年記念　臺灣博覽會誌》（出版地不詳：臺灣博覽會，一九三九），頁六五六～六五七。

120 古賀忠道，〈子供はなぜ動物好きか〉，《臺灣婦人界》，六：五，一九三九年五月一日，頁八四。

121 以一九二〇年為例，臺灣動物園入園人次八萬〇八六人，其中兒童佔三萬二六二九人；一九三〇年時，總入園人次十七萬七〇六九人，兒童佔六萬三五一三人；而古賀寫此文的一九三九年，臺灣動物園入園人次三十二萬一二三四人，其中兒童佔十一萬四三五八人，資料來源為《臺北市統計書》。臺灣動物園的兒童觀覽人次比例為何較高，筆者目前也無解，但一個可能的原因是，日治時期圓山同時擁有殖民者重視的政治認同地標（臺灣神社），以及風景秀麗的公園、動物園、運動場等遊樂休閒設施，且位於鐵路等交通便捷的臺北近郊，為一處具有代表性的觀光與修學行程地點。

122 司徒衛，〈靜觀散記　動物園〉，《聯合報》，一九八六年十二月十三日，版八。

123 Ian Miller, Didactic nature: exhibiting nation and empire at the Ueno Zoological Gardens, Gregory M. Pflugfelder & Brett L. Walker eds, *JAPANimals: history and culture in Japan's animal life*, P.277.

124 吳新榮多次到訪圓山動物園：一九三五年十一月十二日與妻兒同往，一九五二年八月二十九日記其母與兒孫到動物園，一九五三年三月九日與朋友及小孩去。他重視兒童的「動物教育」，曾在一九三八年十月二十三日記載：「為了小孩的教育，我家可成動物園。目前飼養的動物有：獸類：日本狗、長尾猿、五色貓、月兔。鳥類：傳信鴿、火雞、家雞。蟲類：食用露〔陸〕螺、烏龜。」林獻堂則於一九三七年五月三十日、一九三七年九月七日、一九四三年五月九日與兒孫同訪上野動物園。呂赫若幾次提及圓山動物園：一九四二年四月十日與朋友去，同年十二月六日孩子與大人去，一九四三年三月十四日復帶四個孩子去，認為「實在有趣」，同年六月八日在動物園前遇到學生，同年十一月十二日再帶孩子前往。張麗俊一九二四年十一月五日到圓山，先訪神社，後到動物園「觀珍禽奇獸」；一九三五年四月九日到大阪動物園遊玩。楊基振一九四七年六月一日記女友帶楊三名子女到圓山動物園玩。

125 〈老校歌失落記〉，《聯合報》，二〇〇〇年一月二十七日，版三七／聯合副刊。

126 〈真「象」樣　彷彿活著有呼吸〉，《聯合報》，二〇〇四年六月八日，版A10／話題；〈圓山思索〉，《聯合報》，二〇〇〇年十月三十一日，版三七／聯合副刊。

127 〈坊ちゃん嬢ちゃん　大はしやぎ　動物園の寶探し〉，《臺灣日日新報》，一九三七年三月十五日，版七。

128 〈本島では初ての試み　日曜學校主催の動物祭　可愛い坊ちゃん嬢ちゃんの　手に依て圓山動物園內で盛大に行る〉，《臺灣日日新報》，一九二五年十一月十二日，版五。

129 臺灣總督府，《臺灣教科用書　國民讀本　卷九》（臺北：臺灣總督府，一九〇二），頁六～八，收於「日治時期臺灣公學校與國民學校國語讀本　第一期一九〇一～一九〇三（明治三十四～三十六年）」，《臺灣教科用書國民讀本一～十二卷》（臺北：南天書局景印，二〇〇三）。

130 從插圖（尤其是大象的部分）來看，這個動物園近似圓山動物園，但作者並未書明地點。臺灣總督府，《公學校用　國語讀本　卷六》（臺北：臺灣總督府，一九三九），頁七八～八五；收於「日治時期臺灣公學校與國民學校國語讀本　第四期一九三七～一九四二（昭和十二～十七年）」，《臺灣教科用書國民讀本一～十二卷》（臺北：南天書局景印，二〇〇三）；臺灣總督府，《初等科國語　二》（臺北：臺灣總督府，一九四四），頁三四～三九；收於「日治時期臺灣公學校與國民學校國語讀本　第五期一九四二～一九四四（昭和十七～十九年）」，《コクゴ一～四卷　初等科國語一～八卷》（臺北：南天書局景印，二〇〇三）。比較兩期中的本篇課文，文字部分小修訂，大致類似，而以三種動物為主的三張插圖則不同。這篇動物園的課文並沒有反映出戰爭時期背景，但在第三期（一九二三～一九二六）與第四期教科書中，已出現軍鴿（第三期）、軍犬與軍馬的相關課文，其中軍犬部分是談「滿洲事變」（即九一八事變）中建立軍功的金剛、那智兩頭名犬，與本書前述的戰時動物宣傳動員有關。

131 在一九四一年日本文部省出版的有關自然觀察教材中，即強調觀察、思考、處理自然界及生活中各種事物的重要，希望能將知識與技能實踐於現實生活中。文部省，《自然の観察　教師用一》（東京：日本書籍株式會社，一九四一），頁一～二，「自然の觀察」復刻刊行会，《自然の觀察》（東京：広島大学出版研究会，一九七五年復刻本）。

132 在當時民間出版的教科參考書裡，對於國語讀本中動物題材課文的教導及作文指導，也強調對動物樣態、習性的觀察與思考（推敲）。佐藤憲正，《国民科国語綴方授業細目第三学年》（臺北：臺灣子供世界社，一九四一），頁一六三～一六七。

133 《臺北市政紀要》六十七年度，無頁碼，藏於臺北市立動物園研考室。

134 主張動物權的湯姆・睿根（Tom Regan）引用調查報導，指出美國動物園也常見將多餘動物賣給動物貿易商、獵場、不明身分的個人及未註冊的動物園和農場。他引用的是：Linda Goldstein, 'Animals Once Admired

at Country's Major Zoos are Sold or Given away to Dealers', San Jose Mercury News, February 11, 1999。湯姆・睿根著，莽萍、馬天杰譯，《打開牢籠：面對動物權利的挑戰》（北京：中國政治大學出版社，二〇〇五），頁二三三。

135 郭燕婉主編，《再造方舟：王園長光平先生紀念專輯》（臺北：臺北市立動物園，一九九三），頁五；〈動物園獸滿為患　考慮採節育措施〉，《聯合報》，一九七八年四月十日，版三；〈接近大自然的新家　讓牠們繁殖能力增強　動物園「獸」口爆炸〉，《聯合報》，一九九〇年十月二十二日，版一五／臺北市民生活；〈動物園度小月　嬌客變成盤中飧〉，《聯合報》，二〇〇一年十一月四日，版一九／省市生活新聞。據日本動物園經營者的考察，一九七〇及八〇年代時，某些歐洲城市動物園還會以經濟的理由來處理園內繁殖過多的動物，如捷克的布拉格、德國的烏帕塔爾（Wuppertal）、巴黎樊尚（Vincennes）等地動物園，對於園內野豬、鹿、摩弗倫羊（mouflon）等繁殖過多的「過剩動物」的處理方法，是當成園內老虎、獅子的活餌或甚至作為慰勞員工的食物。淺倉繁春，《動物園と私》（東京：海游舍，一九九八年初版三刷），頁二六～二七。

136 臺北動物園第一組，「茲擬定淘汰本園繁殖過剩雞鴿類處理辦法一份請核示」簽，民國六十三年五月十三日。由於動物無法如一般財產訂定使用年限，因此臺北動物園特別報請免受「使用年限已達報廢程度」之限制，但仍列入財產增減表定期報臺北市政府備查。臺北市政府致臺北市立動物園函，「貴園所請野生動物（非家畜）難定使用年限，有關報損請准依行政院訂定之各機關財物報損（廢）分級核定金額之規定辦理，免受『使用年限已達報廢程度』之限制乙案，復請查照案」，民國六十五年四月二十二日，六五府財四字第一二五二二號。

137 第一屆第三十次臨時大會議決案，教育審查會對六十二年度總預算有關教育部門補送工作計畫，請審議同意動支乙案審查意見第二點，頁三五五。

138 並木美砂子，〈子ども動物園について〉，http://homepage3.nifty.com/zooedu/czoo3.htm，二〇一一年九月二十八日點閱。並木美砂子認為一九三〇年代起歐美的兒童動物園風潮，是基於一九二四年瑞士日內瓦發表兒童權利宣言的背景，亦即與所謂「發現兒童時期」有關。

139 並木美砂子，〈子ども動物園について〉。

140 《臺北市議會公報》二卷一〇期，第一屆第二次大會教育部門第二組問題，一九七〇年十月二十三日，頁三七五。

141 〈小獅子，抱一抱！　六福村新花樣．遊客們都樂了〉，《聯合報》，一九七九年九月五日，版一二／萬象。

142 〈兒童動物園春節開幕　打破樊籠與鐵柵限制　小朋友可進入園中撫摸駱馬梅花鹿〉，《聯合報》，一九八〇年十二月二十九日，版七；〈兒童動物園小動物受虐　大人騎象龜天竺鼠遭竊　為維持開放展示請遊客手下留情〉，《聯合報》，一九八一年二月二十三日，版七；〈可愛動物園忘關柵門　可憐孔雀膏獅吻〉，《聯合報》，一九八三年八月十五日，版三。

143 並木美砂子，〈子ども動物園について〉。有關兒童動物園的批評，並木氏係引用 Heini Hediger, *Wild Animals in Captive* (New York: Dover Publications, 1964), p.164。

144 一九八〇年時對木柵新園有關兒童的展示區規劃，已朝向家庭與農村主題；二十世紀末起，此區納入更多環境教育的內涵。二〇〇四年臺北動物園將可愛動物展示區提升為兒童動物園後，強調愛護動物要從了解動物習性出發，不可從人類的眼光衡量；兒童與動物的互動中，也加入照顧動物的教育，如解說員帶領國小兒童體驗餵食騾子與兔子，並為動物刷毛與清便。依據園方二〇一一年出版的導覽手冊，兒童動物區的設計是以「學習園地」為主軸，包括可愛動物、農村動物與農村生態展示區，目的為「將『生態教育』融入農村風景之中」；此外，也規劃有關「生態殺手」的展示，亦即教育外來侵入種問題，此項規劃顯示園方有意強調的生態保育等環境教育內涵。〈動物小保姆　刷毛餵食樣樣行〉，《聯合報》，二〇一二年十月七日，版B2／北市綜合新聞；張志華總編輯，《臺北市立動物園導覽手冊雙語版》（臺北：臺北市立動物園，二〇一一），頁二一。韓伊婷，〈關愛的囚籠：木柵動物園的自然化地景與觀視權力〉（臺北：臺灣大學建築與城鄉研究所碩士論文，二〇一二），頁三一。

145 Rachel Poliquin, *The Breathless Zoo: Taxidermy and the Cultures of Longing* (PA: The Pennsylvania State University Press, 2012), Loc.196, 206, 284.

146 〈白部長參觀臺北動物園〉，一九四七年三月二十九日，中央社電，收入《臺灣文獻叢刊續編》電子資料庫。

147 白安頤、林曜松著，吳海音譯，《臺灣野生動物保育史》，頁一八。

148 臺北市議會第一屆第七次大會會議紀錄，一九七三年五月七日，頁一三五五。

149 臺北市議會第一屆第三十二次臨時會議紀錄，「臺北市政府致臺北市議會，函復市立動物園連年大批死亡原因及死亡動物處理情形案」，一九七三年六月八日，頁六二四。

150 除了作標本與成為飼料外，因傳染病致死的動物處理方式則是焚燬。〈圓山動物園　訂工作準則〉，《聯合報》，一九七四年八月三十日，版六。

151 薇琪・柯羅珂著，林秀梅譯，《新動物園：在荒野與城市中漂泊的現代方舟》（臺北：知書房，二〇〇三），頁二四〇。動物園專家大衛・漢考克斯（David Hancocks）也認為美國的動物園熱衷於展出許多動物園偏愛的動物，而動物保育也常僅限於幾種哺乳類等受歡迎的大型動物；他認為在復育計畫上動物園並不是最佳的執行者，但是未來在拯救野外棲地的教育上卻可以發揮功能。David Hancocks, "Lions and Tigers and Bears, OH NO!", Bryan G. Norton, Michael Hutchins, Elizabeth F. Stevens, and Terry L. Maple eds., *Ethics on the Ark: Zoos, Animal Welfare, and Wildlife Conservation* (Washington and London: Smithsonian Institution Press, 1995), p. 34. 二十一世紀的臺北動物園認為可藉明星動物作保育行銷，因「民眾對明星級物種的好奇與喜愛，確實會造就一股強烈的群眾情懷。藉由此一情感的連結，足以引發民眾關心與反思野生動物面臨的問題，產生愛屋及烏的效益」，「在保育生態學上，『旗艦物種』所帶來的長程效益並不僅止於物種本身，而在其能延伸到本土物種及環境保護的議題」。〈大貓熊保育教育（二）明星物種不只是明星〉，《動物園報》，二〇〇八年十月三日，引自「臺北動物園保育網」：http://ppt.cc/sY0x，二〇一三年四月二十九日點閱。

152 當時專家認為這頭長頸鹿可製成外皮與骨骼兩種標本，但不知確實處理情形。〈騏麟悲櫪下　駿駒死泥塗　長頸鹿小姐玉殞記〉，《聯合報》，一九六六年六月十五日，版三；〈長頸鹿身高十八尺　製作標本場所難覓　夏元瑜教授進行洽借中〉，《聯合報》，一九六六年六月二十五日，版六。

153 對經費有限的新竹動物園而言，大象更顯珍貴，綾子死後，該園也未再買入其他大象。〈新竹動物園大母象跌落濠溝死亡〉，《聯合報》，一九六九年十月十二日，版七。但後來似乎只留下綾子的骨骼標本而無皮製標本。見〈骨骼標本保存三十年　新竹動物園大象綾子遺愛人間〉，「今日新聞」（NowNews），二〇〇二年十月二十九日，http://www.nownews.com/2002/10/29/738-1369351.htm，二〇一三年四月十八日點閱。今天新竹動物園雖無活的大象展示，但園方仍使用許多大象意象的設計，此或與象在各動物園都受到遊客的喜愛有關。

154 〈盛況難再見　喊停時有聞　新竹動物園褪色的吸引力〉，《聯合報》，一九九二年十一月三日，版一七／鄉情。

155 林茂，〈臺灣貓熊〉，《聯合報》，一九八五年五月十七日，版一二／綜藝．萬象。

156 〈圓山動物園增闢標本館　珍禽異獸栩栩如生〉，《聯合報》，一九八五年五月十七日，版六。

157 〈行動動物園進校園〉，《聯合報》，二〇〇八年二月十日，版A5／焦點。

158 臺北市兒童遊園地多數時間附屬於圓山動物園或合併經營，但曾在一九五八至一九六八年間由民間承租經營。一九八六年動物園自圓山遷至木柵後，兩園正式分家。二〇〇九至二〇一一年間，木柵動物園外曾設立「臺北市立兒童育樂中心文山園區」，見臺北市立兒童育樂中心網站：http://ppt.cc/byen，二〇一三年三月五日點閱。

159 不過木柵動物園的研究者認為，二〇〇二年後臺北動物園走上國際行銷之途，採取的還是主題樂園化的策略，引入明星動物廣為宣傳，並販售動物造型商品等紀念物。韓依婷，〈關愛的囚籠：木柵動物園的自然化地景與觀視權力〉（臺北：臺灣大學建築與城鄉研究所碩士論文，二〇一二），頁二五。而美國迪士尼動物王國的獸醫人員也確實曾被臺北動物園邀請到園指導，使該園對迪士尼宣稱要成為世界頂尖動物園的經營管理方式「有更深刻的認識」。陳寶忠，《動物園的故事》，頁一一五。

第五章 環境與動物園

工業革命後因人類活動而促成的地球生態變遷較前擴大，二十世紀中變化速度更為驚人，不僅限於地區，而是與全球的影響相互環扣。動物園中的野生動物與園外環境中的動物密切相關，涉及自然生態系中的生物圈，在環境鉅變的時代背景下探討近代動物園的政治文化史，相關的動物獵捕、動物貿易或後來因自然生態系的破壞而產生的保育論述中動物園的角色，甚至關於新動物園的想像，都不能避免觸及環境問題。本章將從動物來源與棲地變化、國際情勢潮流以及臺北動物園的新園規劃與執行，來探討動物園與環境問題的關係。

一、動物來源的討論與實踐

牠們來自哪裡？誰抓了牠們？在這個過程死亡了多少？（水族館所需的魚類）捕魚的方法有沒有危害環境？取得新代表物種前這些物種在水族館活了多久？

——譯自 Nigel Rothfels，*Savages and Beasts* (Baltimore and London: the Johns Hopkings University Press,2002), p.205

（一）綜合動物園之路

戰前動物園的動物來源、取得過程與環境間的關係，以及動物們在園內的生活方式與時間久暫，一般研究者較少談及，動物園方面留下的資料也有限，但事實上，若沒有動物就沒有動物園可言。本節嘗試探討臺北動物園在一九一〇到二〇年代間，亦即機構設立初期，對於蒐藏動物的定位，特別是是否著重區域特色，及其方針思考與實踐過程，以此尋思動物、棲地與動物園的關係。

一九一五年臺北廳經營的臺北圓山動物園，其實是由臺灣特色及異國動物兩種不同來源組成。如前所述，臺北動物園最早是源自臺灣總督府博物館，而這所博物館早期是朝向臺灣自然史博物館的目標規劃，亦即以臺灣特有的動植物為特色。但這所博物館之下的小型動物園，不久併入臺北廳在圓山成立的公營動物園，其另一個主要來源是圓山當地由民間經營的動物園，而後者是以臺灣本地以外動物為主。針對臺北動物園的經營方向，曾有來自民間批判立場刊物的反對聲音，大致是站在教育文化的立場，從動物園作為代表日本帝國之下臺灣文化事業的角度提出商榷，尤其思考動物園是否要定位為臺灣島立動物園，或不重視區域特色，以吸引一般民眾，用地方經費維持動物園的經營。這則署名「南海野人」的意見出現於一九二一年，當時因地方制度改革，動物園由臺北廳移由臺北市管理，屆此時刻，他對臺北動物園的成立歷史、現況、未來方向提出看法，認為動物園與博物館、植物園、圖書館等文化事業，都是國家文明進步的象徵，但是圓山公園內的動物園運作卻有名無實，成為被閒置的文化事業。他建議未來宜擴大經營，改變使用地方費維持現狀的情形，改由國庫費負擔，以走向發達臺灣文化的動物園。其次是關於蒐藏特色，動物園成立以來，園中的動物以外國及日本內地者為多，臺灣特有的居少數，認為仍應以蒐集臺灣原產地者為宜。作者並列舉臺灣特有的「臺灣熊、高砂豹、生蕃犬、水鹿、紅頭嶼山羊、麋」，或是中央山脈中的櫻花勾吻鮭及臺灣特有的鳥類等，以上動物飼養繁殖後，可以和國外動物園及動物學教室等機構交換標本或出售，必大有利於動物園財政，而非僅如當時只依靠少許門票收入。第三，當時動物園中的動物是獸檻圈養，不像一些國外動物園採「自然生活」（意指無柵欄圈養）的方式，圈養於檻內的動物都衰弱而無活力，像判了無期徒刑的囚犯。第四，在加強學術研究上，該園應把握臺灣地理上的優勢，確立熱帶研究的特色，與中央研究所及國際合作，以成為臺灣島立的大動物園為目標。[1]

從以上「南海野人」的意見看來，當時圓山動物園雖然是臺灣島內第一的動物園，但在經費編列方式、飼養的動物上，卻不具臺灣特色，也沒有特有的學術研究定位，無法稱為臺灣島立的大動物園，而只是以地方經費維持的地方型動物園。尤其園內檻舍空間與規劃方式極不適動物居住，難以視為具規模的動物園。批評者站在臺灣文化建設的企圖上提出看法，也觸及動物與地域之間的關係，並批評檻欄圈養方式。然而他的意見沒有得到臺灣總督府或臺北市官方的回應。在官方的規劃中，臺北市的動物園主要是作為滿足都市民眾的休閒設施，並不傾向賦予其嚴肅的學術研究功能。不過在宣傳上，一九二〇年代中期起終日治之期，官方對圓山動物園內的描述，除強調是日本帝國五大動物園之一外，已將園內動物的特色定調為「以熱帶產禽獸為首，蒐集世界各地的珍獸名禽」，而這個方向也與早期的動物捐贈企業

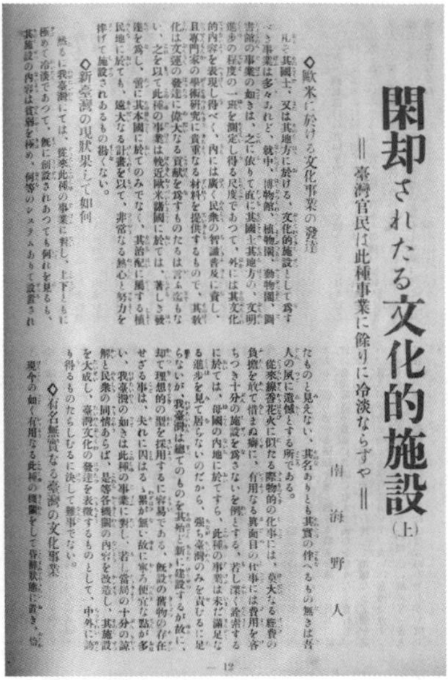
閑却されたる文化的施設（上）
＝臺灣官民は此種事業に餘りに冷淡ならずや＝
南海野人

◇歐米に於ける文化事業の發達

凡そ其國土、又は其地方に於ける、文化的施設として爲すべき事業は多々あれど、就中、博物館、植物園、動物園、圖書館の事業の如きは、之に依りて直に其國土其地方の、文明進步の程度の一斑を測定し得る尺度であつて、外には其文化的內容を表現し得べく、內には廣く民衆の智識普及に資し、且專門家の學術研究に貴重なる材料を提供するもので、其效化は文運の發達に偉大なる貢獻を爲すものたるは言ふ迄もない、之を以て此種の事業は輓近歐米諸國に於ては、著しき發達を爲し、啻に其本國に於てのみでなく、其治配に屬する植民地に於ても、遠大なる計畫を以て、非常なる熱心と努力を捧げて施設されあるもの尠くない。

◇新臺灣の現狀果して如何

然るに我臺灣にては、從來此種の事業に對し、上下ともに極めて冷淡であつて、旣に創設されあつても何れを見るも、其施設の內容は貧弱を極め、何等のシステムありて設營されたものと見えない、其名ありとも其實の伴へるもの無きは吾人の夙に遺憾とする所である。

從來線香花火に似たる際物的の仕事には、莫大なる經費の負擔を敢て惜まぬ癖に、有用なる眞面目の仕事には費用を吝ちつき十分の施設を爲さないを例とする、若し深く詮索するに於ては、母國の內地に於てすら、此種の事業は未だ滿足なる進步を見て居らないのだから、強ち臺灣のみを責むるに足らないが、我臺灣は總てのものを其始と新に建設するが故に、却て理想的の型を採用するに容易である、旣設の舊物の存在せざる事は、夫れに囚はるゝ累が無い故に寧ろ便宜な點が多い、我臺灣の如きは此種の事業に對し、若し當局の十分の諒解と民衆の同情あらば、是等各機關の內容を改造し、其施設を大成し、臺灣文化の發達を表徵するものとして、中外に誇り得るものたらしむるに決して難事でない。

◇有名無實なる臺灣の文化事業

現今の如く有用なる此種の機關をして萎縮狀態に置き、恰

— 12 —

圖 5-1　署名「南海野人」的讀者投書，批評動物園閒置的現況。（資料來源：《實業之臺灣》，1921 年。國立臺灣圖書館典藏）

主——臺灣日日新報社的估計接近，也就是以日本內地不易見到、熱帶易於養殖的動物為主要蒐集對象，因此雖非以臺灣本地為主，但特別強調所謂「熱帶」的區域特色。[2]然而即使提及氣候區中的動物，從開園至一九八六年遷園前，圓山動物園對於動物的展示及圈養，基本上都未產生與自然生態環境配合的思維。

論者評價日本的動物園歷史時，認為明治維新後，相較於歐美，日本在「文明開化」上具有「後發的便利」，有機會參考歐美的經驗，在建設上可以改善前人的缺點，但事實上，上野動物園早期的規劃仍欠缺積極性，動物居住環境極不完備，也缺乏圖書及文獻，學術研究體制亦不佳。[3]同樣地，比上野動物園晚了三十餘年開園的圓山動物園，亦未能掌握後見之明，規劃出發展特色。以一九一〇年代臺灣設立官營動物園的時間點來看，當時雖然卡爾・哈根貝克已提出規劃自然的概念，以濠溝等分隔方式來展覽動物，而非採用柵欄圍籠式獸檻，

且增強各種動物同聚一處的氛圍，但遲至三〇年代，他的觀念才受到注意並引用。[4]因此，圓山動物園設立時，使用的仍是囚籠式獸檻，終日治之期都維持這種柵欄式圈養，直至一九五五年才興建無柵式的猴丘，一九六〇年代則出現所謂「熊自然景」的濠溝式圈養場地。[5]

哈根貝克對包括臺灣在內的近代動物園展示觀念影響很大，值得在此稍稍一提。他是一名動物商，研究者認為他在帝國展示異國動物對遊客的吸引力之餘，很有運用動物的生意經。在他的經營裡，每隻動物都有清楚的價格，決定價格的因素包括：動物的年齡、人們對此動物族群的標準、動物性別、個性脾氣、有無外觀上的缺陷、來源、馴養之可能性、當時市場情況、此種動物族群的擴散程度等。早在十九世紀末、二十世紀初，在動物展示上，他便使用了《聖經．創世記》篇中兩個概念。首先是伊甸園，亦即「樂園」的概念：他在動物園宣傳單上，描繪一個經由現代而科學的方法（事實上是運用山坡的高低感與濠溝隔絕的原理）設計出的動物展場，人們像進入伊甸園般，可以在風景如畫的地方，全景式地看到實際生態上不會看到的景象，各式各樣的動物一層層地陳列在遊客眼前，甚至也回望著人們，像是動物與人們的樂園，所有生物都安全而和諧地並存，那也是人們對未來世界的想像。之後他更以「方舟」取代「樂園」的概念，宣稱在他的動物公園內，可以提供動物一個庇護所，遠離弱肉強食、血腥的世界，不但免於自然界的威脅，也可逃避獵者的殺戮。一九二〇年代他並趁野生動物保護運動之機，談到「愛護動物」可免致野生動物的滅絕，他的形象就從「動物商」被轉換塑造為「挪亞」，當時確也是他事業的另一個高峰期。然而事實上，他的動物公園並不是為了要成為動物庇護所而設，本質上是為滿足大眾對動物的好奇，以經濟目的為主，也可說是滿足了中產階級「重塑自然」的夢想，要將動物園作為娛樂與教育場所。6

在這種中產階級式的夢想中，綜合型的動物園是當時許多動物園的發展方向，遊客希望看到的是「完整的動物王國」，尤其是當地罕見的、大型的哺乳類動物，而非僅有在地的動物而已。也就是理想上、動物園經營者擬滿足遊客的欲望，希望能在動物園構築出大自然動物王國的縮影。然而事實上，各動物園蒐集到的動物是以其稀有性（稀罕）及可取得性為兩項原則，並且是在經營者有限的預算能力中達成。因此每一所動物園都以蒐集更多外來動物為目標，但集中在可取得的脊椎動物，以持續吸引遊客。巡迴動物園時期，展示的動物都是以本地之外的動物為主；上野動物園與京都動物園也有許多外來種動物，日治時期臺北的圓山動物園雖宣稱將臺灣特有動物列為收容特色，但事實上也仍以擴充來自島外（包括日本內地及國外）的動物為目標。日本知名動物園專家古賀忠道的回憶錄中，也可以看到這種動物園界的普遍趨勢，尤其戰後異國動物更成為動物園的主體，國際間動物交換走向制度化。7這也幾乎是臺灣動物園走過的道路，是動物園經營者對一般民眾心理的掌握方式。在一九五〇年代，臺北市的施政工作報告記者招待會中，對於動物園的部分，強調希望「增加有價值之大型動物」，[8]其所謂有價值，實主要指民眾罕見的動物，特別是來自異國者。因此一位動物園經營者有一段心得：「人們注目與關心像熊貓或無尾熊這類高人氣的動物，是無法改變的事實。不管過去或現在，注重自己國內原生種動物的動物園一直不多。」[9]一九九〇年代動物園的主要國際組織甚至在其共同說帖中，企圖以消弭外來與本土的差異，來洗刷動物園作為珍奇動物博物館的形象，他們認為「外來的」一詞的希臘字字源是「來自聽覺範圍之外」，「事實上動物園所展示的動物都不是大眾所習見的，至於本土動物與外來動物的差別並不重要」。[10]雖然二十一世紀時臺北動物園主管在思考該園的特色時，亦考量發揮臺灣「極豐富的生物相」的「充沛生物資源」，以創造該園「在世界動物園界獨一無二的特色」，[11]但長期以來該園對其他地區動物的圈養與展示並沒有改變，尤其是遊客關注動物的爭取，對包括該園在內的多數動物園而言，似乎是放諸四海而皆準的原則。

而上述二十世紀初「樂園」與「方舟」的理想，隨著自然環境問題的深化，漸成為動物園保育論述的代稱，持續被動物園經營者承繼下來。一九八〇年代末期木柵新園自詡是保存物種的「方舟」，二十一世紀後該園復以「溫馨和諧」為口號，即重新描繪了人與自然和諧並存的「樂園」夢想。[12]

（二）從棲地到動物園

究竟圓山動物園的動物是否真「以熱帶產禽獸為首，蒐集世界各地的珍獸名禽」？而其主要來源又包括哪些地方？綜合言之，在動物園的臺灣總督府博物館時期，不論是標本或活體動物，確實是以本地特有動物為主。在臺灣自然史的方向下，博物館主要透過地方官衙，如臺中、南投、嘉義、阿緱各廳，蒐集臺灣島特有的動物。一九一三年成立的苗圃動物園，將原博物館之下的農事試驗場以及總督府官邸飼養的動物遷入，包括臺東的黑熊、火燒島（今綠島）的蝙蝠、南投的獼猴及山羊、白鼻心、木鼠、紅頭嶼（今蘭嶼）的雞及山羊，及火雞、鴨、小鹿、臺灣雉、鷹、兔等。此外，另有少量外界寄贈的動物，其中有來自本島的，也有外來種動物。早在一九一一年臺南舉行共進會時期，矢野馬戲團就曾寄贈「醬油桶般大」的大蛇給總督府博物館，該蛇在外觀上令人感到印象深刻，曾被形容為「目光如炬、鬼氣逼人」，但牠出處不明，不知是否為臺灣本地動物，曾連同羌、水獺、石虎等幾種埔里捕獲的小動物，被當成博物館的陳列品展出，但可能是作成標本而非活體飼養；其中水獺及石虎，今日都已列為瀕臨絕種保育類動物。水獺原分布於臺灣全島沿海至海拔一千五百公尺以下之溪流附近，西部地區已久不見其活動蹤跡，而東部少數溪流域偶有傳出未經證實的發現消息，目前僅島外金門地區有少數個體出現。因其毛皮被人們認為質地佳，早期常被捕捉利用，而河川污染及溪流生態的破壞，對其生存影響極大。[13]苗圃動物園內動物名單，未見石虎與水獺。此外寄贈總督府博物館動物的，尚有本島人章某，他在一九一三年送了一頭捕自桃園廳三角湧（今三峽）溪旁的「大鷲」，重量兩貫（約三．七五乘以二，等於七．五公斤）。[14]另外海外寄贈動物者，如愛久澤直哉自東南亞寄贈小猴兩隻及懶猴一隻。[15]據說早期苗圃動物園內曾養有南美的駱馬，[16]後來動物移往圓山公園，在博物館與臺北廳的交接清單中，確仍有駱馬，而實際移交的動物，除前述外，另有鴨、鴿、孔雀、棕熊、馬、羌、蛇等，共七十頭，這些動物有些顯然不是臺灣本島所產，如溫帶或寒帶所見的棕熊。[17]而據後來報紙報導，博物館苗圃曾養有一頭印度出生的獅子，於一九一六年十一月九日經移轉到圓山內的動物園。[18]

進入圓山公園內的動物園時期，島內動物已不再是主體，最早創園者大竹娘曲馬團等民間馬戲團或巡迴動物園的經營者，熟悉於展示異國動物及其表演營利活動，許多動物都透過國際間的動物貿易取得。從報紙報導看來，私立的圓山動物園剛試行開園時，主要動物都是臺灣島外的，如虎與豹（均印度產）、土狼（北美產）、火雞（錫蘭產）、鴕鳥與袋鼠（均澳洲產）、鳳凰孔雀（義大利產）、大蛇（印度產）等。[19]雖不能明確知曉圓山公園內的動物是向誰購得，但二十世紀初以還，日本許多用於商業展示或表演的異國動物，都是來自德國動物商社，亦即以前述哈根貝克家族經營的動物貿易為主，包括當時日本很有名的矢野巡迴動物園，甚至官方的上野動物園，都是該商社的往來客戶，接觸方式包括購買與交換，交易的範圍很廣泛，數量也不少。[20]自十九世紀末起，歐洲人逐步掌握了國際間動物貿易的所有程序，漸漸主控買賣，由其組織並資助到非洲與東南亞等地的獵捕團隊，捕捉被訂購的動物。而到一次大戰發生前，這些動物貿易已成為專業化的殖民事業，獵捕者將獵捕行動解釋為對自然和動物的愛，即使在獵捕過程中獵捕者藉大量殺戮以取得少數幼獸，也還是宣稱這些行為是為了保育與教育的需求，一九〇二年美國紐約動物園（即後來的布朗動物園）園長威廉・霍納迪（William Hornaday）的看法是具體而微的代表：他認為在野外捕捉三頭活的幼犀牛送去給數以百萬計的人觀看，與讓四十頭犀牛在尼泊爾的叢林裡奔跑而僅只偶爾給一些「無知的原住民」看見，前者對這世界有更大的利益。[21]二十世紀初的動物貿易，在上述的邏輯下發展，透過在動物棲地的殺戮與捕獵，為許多動物園與馬戲團提供動物來源。

除了歐洲殖民者企業化的捕捉動物外，一九三〇年代起臺灣公學校的國語教科書中，也列入有關東南亞土著傳統獵象方法的文章，事實上，透過土著獵捕動物，並由歐美人士主導將動物從大口岸輸出，也是國際間動物貿易的一種方式。在教科書中〈獵象〉一文，書寫印度土著全村一起捕象，人類如何智取「最大的陸上動物」，使牠從野獸變為忠僕、家畜化的過程。該課文中首先談象的體型、產地、生活型態等，之後鋪陳土著獵人如何一步步用柵欄圈圍住象，並綑綁住象腳，經過不斷地抗拒掙扎，最後象「……因狂暴而逐漸喪失元氣，看牠開始一點一點吃起牠周圍散亂的食物。如此經過幾天，而至於可以高興地接受人用盤子盛上的食物。不知不覺間，牠就成為忠實順從的家畜」。[22]上述獵象的過程看來似乎遙遠而陌生，事實上卻可能是身為臺北動物園明星動物的三頭亞洲象，以及二十世紀初期被各馬戲團帶到臺灣的亞洲象被獵取的實際經歷。尤其大象是一種人類難以控制育種的動物，圈養下的大象幾乎無法進行繁殖，因此從棲地捕捉及訓練野象，一直是利用象的重要來源。[23]

上野動物園因為是代表日本帝國國家級的動物園，有很多機會得到來自軍方戰利品或作為外交贈禮的動物，此外還有國際間的動物交換機會，如海軍自澳洲寄贈袋鼠；暹羅贈送印度象；與雪梨動物園換得袋鼠、與華盛頓動物園換得浣熊等例子。隨著日本帝國在東亞的擴張，日本本土與滿洲及朝鮮的動物園之間，動物寄贈的情形亦大為增加。[24]日治期間的臺灣圓山動物園則因為是殖民地、地區性的動物園，收到外交賀禮的機會罕見，較多是與臺灣有淵源的官員（或前官員）、企業以及來自臺灣地方上特殊捕獲時的捐贈，至於所贈動物產地，零星的捐贈者是在地取得，財力較雄厚或官階較大者則多捐贈異國動物；由於日本南進政策，來自南洋者尤為大宗。如圓山尚在私人動物園時期的一九一四年夏天，有臺北廳新庄興直公學校（今新北市新莊國小前身）校長須田久雄寄贈臺灣本地「極慓悍」的一對「大猿」。[25]其後也有在臺灣捕獲梅花鹿或海狗而轉贈或售予動物園者。較值得注目的，是一九三二年在花蓮港廳捕獲臺灣雲豹，由基隆泰記汽船株式會社曹德滋捐贈圓山動物園，如果屬實，則是發現臺灣雲豹的珍貴紀錄。[26]而臺灣日日新報社則是早期動物園的贊助大戶，每年慣例利用「福引殘品寄附金」（抽獎剩品捐款）購買動物贈送動物園，曾贈與虎（印度）、豹、土狼、鱷魚、火雞、鴯鶓、大蛇等，在開園日時，所贈已達二十四種、五十隻，從動物種類看來，其中不少是臺灣的外來種。臺灣日日新報社也曾媒介在日月潭工區工作的石山運之助，捐贈私人飼養的純白貓鼬，這種小型哺乳動物顯然是外來的。[27]另前民政長官及當時在任者也有捐贈，如一九一六年時，內田嘉吉與下村宏曾各寄贈巴拿馬鱷魚與蜥蜴混血之動物（報導中名之為「依寓哇那」）、秘魯駱馬及原官邸中的鸚鵡等；而一九二〇年代臺北州知事相賀照鄉也曾寄贈老虎。

一九一七年，南洋開發組林謙吉郎則寄贈婆羅洲的三歲母猩猩給臺北的動物園，報導中形容這是一位「珍客」。[28]據學者研究，大正初期至一九二〇年間，正是日本帝國馬戲團或動物園從婆羅洲引入猩猩最盛的時期，但牠們很少在新土地活過三年；臺北這位珍客則住了五年。於一九二二年因獸檻規劃不當，被鄰舍溫室的印度錦蛇從排水溝侵入，慘遭吞食。而名為一郎的猩猩，則於一九二五年被在婆羅洲開業的日籍醫師送給臺北醫專校長堀內次雄，再被轉送入圓山動物園，後享壽十九年，創了日本帝國內的紀錄。然而在這短短十多年的輸出高峰期過後，因產地猩猩的生存受到威脅，婆羅洲當地禁止輸出，直到戰後才又開放，猩猩在國際動物園界的稀有性因此更高，這也是猩猩一郎在日本帝國圈受到珍視的原因之一。[29]而上述只是諸多來自南洋的日籍企業或軍隊捐贈動物的例子之一，另還有其他日人捐贈臺灣動物園種種動物，包括婆羅洲的大豚猿、蜥蜴、鳥類、蘇門達臘的鹿、暹羅的豹貓與孔雀、南洋鸚鵡、大龜、新加坡的大鱷魚等，如前所述，這與日本在南洋的政治、經濟擴張有密切的關係。到戰爭時期，傳統的動物貿易路線被切斷，日本帝國之外的動物更難取得。但隨著日本軍事勢力的拓展，新佔地區的動物也被送到動物園來，一九三九年日本佔領海南島後，臺灣總督小林躋造捐贈海南島的大蜥蜴給圓山動物園，是歷年捐贈者中官階最高的。[30]

日治時期臺灣與其他動物園之間的動物交換是否盛行不得而知，但有京都動物園出生的獅子、大阪動物園出生的孔雀來到圓山動物園的紀錄，這些動物也可能出生不久就由動物園售予民間馬戲團經營者，再透過動物貿易商轉售到臺灣的動物園。[31]

值得注意的是，異國動物從棲地來到臺灣的過程，仍有其政治經濟背景。通常經手的是兼營動物貿易的日本馬戲團業者或動物商人，抑或由動物園人員到日本內地挑選動物，因此有些動物離開棲地後，會先經由日本內地再運到臺灣，對動物而言另增一段辛苦的旅程。如一九一八年臺灣日日新報社由於之前所贈印度虎死亡，又新贈一頭印度虎，是從橫濱運來，剛到臺灣時，可能因船運勞頓，據觀察毫無元氣，毛色暗淡，不久即病逝。而一九二一年臺北動物園所購十餘種動物，則是透過神戶的動物商人中田氏購得，其中老虎曾長期住在北海道，到臺灣不久，因不適應新遷居地氣候而病逝。[32]可知動物從棲地到臺灣動物園的旅行路線，除上述國際間動物貿易的全球因素外，仍受到日本帝國與殖民地間的框架影響。後來圓山動物園也有派人直接到動物棲地附近城市購買動物的例子，如一九二〇年圓山動物園養育主任到新加坡取虎以及「蒐集珍奇動物」，但該園專業人員有限，這種情形並不多見；即或從棲地購回動物，也是由日本的動物商負責，如一九三五年門司商人野上虎吉從新加坡帶馬來虎、非洲斑馬、狒狒兩頭來到臺灣。[33]

戰後臺北動物園的動物來源，到一九七〇年代之前，仍以日本動物園界以及同屬前帝國圈的韓國居重要地位，包括交換、買賣及協助園方進行動物繁殖，甚至連以娛樂為目的的動物表演中，所使用的猴子騎用腳踏車也向日本購買。[34]往來對象以動物園之間為主，但也曾與私家動物商交換，計價常依日本動物商公開印行的價目表為最高價。據統計，一九五五年至一九六六年間，來自日本的動物贈與和交換共計十三次，包括一九五六年以梅花鹿、山豬、帝雉與上野動物園交換袋鼠，一九五八年琉球政府贈印度貓，韓國贈真那鶴（即白枕鶴），一九六一年京都市贈送白雉、鹿兒島贈送天鵝等。一九六七年六筆新增動物，除一筆是與臺北市民交換，其他五筆都是來自日本的動物園；又如一九五五年將獅虎送往橫濱配種，都是因襲日本動物園界的關係。而此一關係的延續，很重要的媒介是派員參加日本動物園水族館協會年會活動（戰後臺北動物園與會身分可能為列席而非出席），並同時參觀日本動物園吸取經驗，且討論交換或購買動物事宜。本書第三章曾述及，日本動物園協會在一九三九年成立，次年召開第一次總會時更名「日本動物園水族館協會」，臺北動物園從創會開始就參加，到一九四三年召開最後一次戰時總會（即第四回）時仍與會。戰後可能自一九五八年起再度派員前往，至一九七〇年代之前都維持緊密的關係，一九七一年時還曾計劃輪流派員到日本上野動物園實習。[35]

除日本外，另有澳洲議員贈送袋鼠（一九五五）、美國舊金山市贈送冠鶉（一九五九），後者或許與舊金山當地有眾多華僑有關。[36]事實上，戰後海外臺僑及華僑漸成為臺北動物園重要的供應來源，沈常福馬戲團一九五五年開始贈送臺灣動物，並曾來臺表演，其經營者是泰國華僑。而一九五一年臺北動物園向外購買大批動物，也是透過在泰國的華僑接洽當地公司辦理動物貿易，這些貿易有時是由動物園指定購買動物後，動物商再到棲地捕獵，如一九五〇年代初向泰國購虎的例子。[37]而新竹動物園在一九六〇年，則是接受旅日臺僑何國華捐贈的大象、獅虎、豺豹、白鶴、駱駝、斑馬等動物，這些動物有些是由日本的馬戲團輾轉購入的。

此外則是零星幾件動物外交或以動物助益國際關係的例子，如一九七〇年以臺灣省產動物贈送哥倫比亞，[38]一九七二年接受澳洲贈送袋鼠一對、回贈梅花鹿一對，這與當年十一月間國際青年商會大會在臺北召開有關，袋鼠被當成來自澳洲的友誼紀念物，我方則以具臺灣特色的梅花鹿為回禮。[39]擁有國際動物貿易重要港口開普敦的南非，也曾於一九六九年同意贈送臺灣四頭白犀牛等「珍禽異獸」，「以促進兩國間的文化交流」，這些動物由臺北動物園派員自南非運回並圈養於園內。[40]一九八〇年代，臺北市與沙烏地阿拉伯吉達市結為姊妹市，因此互贈動物，送給對方的是臺灣特有的水鹿與臺灣獼猴各一對，花鹿、山娘、環頸雉、山雞及羌各兩對，而吉達則回贈母的條紋獵狗兩隻、阿拉伯羚羊一對、野驢（阿拉伯驢）兩對及單峰駱駝一對。[41]

臺北動物園也有從國內動物商得到異國動物的例子，如臺北市東昇企業股份有限公司於一九七〇年七月二十日申請以黑豹一對、人猿一隻、鴕鳥一對、大鱷魚一隻、六腳龜兩隻等共五種動物，交換臺北動物園梅花鹿三十四隻。[42]另外亦有海關沒入的走私動物，本擬依法銷毀，經動物園以「社會教育機構，並負有對野生動物作學術研究之責任」的名義，通過檢疫程序，爭取撥交到園內。[43]

一九八〇年代末、九〇年代初，臺北動物園逐步加入國際動物園組織，從地區性動物園轉與全球潮流有更多聯結，而此一趨勢的發展，則與七〇年代起保育、環境意識的發展有關，關於國際環境變遷以及國內的因應措施，將在下一節探討。

二、動物園與生態環境

動物園是消滅金毛獅狨的元兇，卻也是其復甦的推手。把牠們推至懸崖的是那股想展示美麗戰利品的慾望，但人們終究認知到這種行為不但惡劣，更會危害地球的未來，這才催生了金毛獅狨的保育運動。

——湯瑪斯．法蘭屈（Thomas French）著，鄭啟東譯，《動物園的故事》，頁一〇三

（一）跨國趨勢

一九七〇年代起，野生動物已被看成是世界的公民，而非僅是城市市民或一國的寵物，尤其隨著自然資源保育觀念的開展，全球環境價值透過跨國政府力量進行干預，國際上出現一些關於野生動物貿易的新規範，對動物園的經營產生很大的影響，臺灣完全沒有置身事外的可能。但臺灣對於這個「國際環境政治」大潮流的因應，卻相對顯得被動，雖然自一九八〇年代起，在相關法令上已逐漸新增「生態永續」等有關環境的價值目標，但實際執行上卻

常有矛盾，到一九九四年，還因濫殺瀕臨絕種動物（如使用犀牛角、殺虎）的指控造成負面國際印象，而被批評保護野生動物不力，並遭到美國以「培利修正案」懲罰。[44]

國際間有關物種保護的一個里程碑，是一九七三年「華盛頓公約組織」的成立。該公約組織全名為「國際瀕臨絕種野生動植物貿易公約組織」（Convention on International Trade in Endangered Species，以下簡稱CITES），是在聯合國架構下，由「國際自然及自然資源保育聯盟大會」（IUCN）在對動物交易進行長達十年的研究後，於一九七三年提出公約，由二十一個國家在美國首府華盛頓特區簽署，並自一九七五年生效，至二〇一三年五月已有一百七十八個會員國。[45]其管制方式是針對野生動植物貿易（而非棲地保護）以達成物種保護的目的，措施上分三個方面：（一）製作名錄，分級管制；（二）輸出入許可證的管制；（三）配額制度。[46]該公約組織對野生動物的進出口貿易產生很大的限制，可說兼具「保護動物公約」與「國際貿易公約」的性質。臺灣雖然不是CITES會員國，但為野生動植物國際貿易的重要市場，因此在跨國動植物貿易中，仍必須跟緊CITES的腳步，遵守相關規定。[47]雖然不法商人仍會設法鑽動物貿易的漏洞，例如將動物走私到沒有加入公約組織的國家「洗動物」之後再進口，不過一旦受到國際的監督，這些行為都會受到嚴厲的批評。

圖 5-2　1973 年華盛頓公約組織在美國華盛頓特區成立。（資料來源：華盛頓公約組織官網）

關於ＣＩＴＥＳ對臺北動物園的影響，亦即國際上透過貿易控管來達成物種保護的潮流對臺灣動物園的衝擊，還是要到一九八〇年代才產生。當時臺北動物園決定自圓山遷往木柵，開始對外大量購買其認為應予展示的動物，由於部分列名ＣＩＴＥＳ保育類動物名錄，因此才發生巨大的衝擊。在這個過程中，因國際與國內壓力，臺灣逐步因應調整保育政策；面對考驗的不只是臺北市政府或行政組織末端的動物園，而是國家中央與部會層級，因為這項動物貿易被聯結到臺灣對待野生動物的態度，野生動物保育成為舉國關注的議題：一九八六年臺北動物園為開設新園，透過美國動物貿易商國際動物交換中心（ＩＡＥ）大量對外購買包括瀕臨絕種動物在內的動物。臺北動物園挑選ＩＡＥ的理由，除考量該公司不僅是單純的動物貿易商，且在美國德州及非洲肯亞等地設立多處動物養殖中心，更擁有飼養動物的相關知識與設施，供應動物的同時也可提供顧問諮詢，此外亦即是一家標榜能提供動物與飼養知識、設施等全套服務的公司。我國政府發出的證明文件中，也保證進口的野生動物「不用於商業目的」，「以人道方式搬運，絕不傷害其生命」，並且「有合適的設備及照顧動物的能力」。[48]然而這次動物交易中，以金剛猩猩為首，受到了來自國際保育組織的指責。金剛猩猩列為CITES名錄中第一類動物，受嚴格保護，只能供動物園流通，不能做商業買賣；而動物園間的流通也有嚴格的條件限制：輸出國方面，須由學術單位證明對其原生地族群沒有影響，由管理單位證明不違背該國法令，運輸過程不會傷及動物且已取得輸入國的許可；而輸入國方面，則須提出給予輸出國的輸入許可，我方學術單位也須證明本地有小金剛的棲息環境，管理單位則須證實非為商用。[49]一九八六年，總部設於美國南卡羅萊納州的國際靈長類動物保護聯盟，以及以色列相關單項野生動物保護組織致函我國政府，批評我國購買瀕臨絕種動物，間接助長動物的滅絕，因為要捕獲小猩猩，經常得射殺猩猩族群中的母猩猩與負保護之責的大猩猩，許多被捕獲的小猩猩因而憂傷致死，而我國的購買，甚至造成運輸途中兩隻金剛猩猩死亡，是「不道德」的行為；此外，IAE所取得的金剛猩猩也被指控是經由偽造出口證明非法運出原產地喀麥隆，國際保育組織盼我國政府調查此一貿易的真相，並照會金剛猩猩原產地喀麥隆政府資源部要求調查。[50]

臺北動物園終以小金剛猩猩「規則與合約不符」，拒絕向IAE完成驗收，但仍以「人道和保護動物」的立場，未將猩猩送回，而由新光集團買下捐贈，將小金剛留在臺北動物園。

這起事件使臺灣在國際間的保育形象更加惡化，也與其後國人買賣犀牛角、象牙等買賣野生動物事件，同樣成為國際嚴厲指責的行為，最終引致國際制裁。小金剛事件中，國內民間要求臺北動物園順應國際間野生動物保育潮流，並遵守相關規範，批評者甚至直指動物園角色定位的問題，要求其「兼具野生動物保育機構和社教機構雙重功能」，應考量動物離開原棲地能否適應臺灣的圈養環境，不應購買無法生存於臺灣的動物，以免違反動物保育原則。[51]總之，小金剛事件之際，臺北動物園被期許負擔起保育野生動物的角色，而這個新定位的產生，其實與一九七〇年代以來的國際趨勢息息相關。

在此情況下，一九八〇年代臺灣動物園的歷史出現一個大轉折，包括從區域走向全球化，以及保育行銷的宣傳：一九五〇年代末及六〇年代、甚至七〇年代初，臺北動物園接續過去被殖民的時期在東亞區域的關係，重新派員參與日本動物園水族館協會年會，若干程度呈現戰前關係的連續性。但到一九八〇年代，在全球化的浪潮中，臺北動物園漸以城市動物園的身分加入國際動物園組織。一九八二年應邀參與的「國際動物園教育者協會」

（ＩＺＥ）是其第一個參加的國際組織，三年內兩度派員出席該會雙年會，即使曾因遷園等諸事繁忙而中斷，但此一全球化的趨勢到一九九〇年代已完全無法避免。之後臺北動物園脫離前殖民母國的動物園文化影響，傳統動物園中私人僑民捐贈的角色轉淡，以城市聯誼或外交關係為目的的結盟，也改為保育、「物種保存」的口號，與國際動物園、水族館間密切地進行人員與資訊的交流。[52]唯臺北動物園曾申請加入聯合國架構下的「國際自然及自然資源保育聯盟大會」（ＩＵＣＮ），卻未獲批准，因一九七一年後我國不再具有聯合國會員國身分。[53]然因與其他國際動物園、水族館間的關係，該園仍能以間接方式參與相關事宜。

一九九〇年代後，國際動物園組織更以國際合作的方式撰寫保育策略，成為其對外說明的共同指導原則，據以告知社會大眾動物園在全球環境主義與保育活動中能做什麼，也是對抗反對動物園者聲浪的辯解書。早在一九八一年，ＩＵＣＮ即以聯合國環境計畫（United Nations Environment Programme，ＵＮＥＰ）與世界野生動物基金會（World Wildlife Fund，ＷＷＦ）[54]發表「世界保育戰略」（World Conservation Strategy，ＷＣＳ），並於十年後的一九九一年修訂為「新世界保育戰略」，基於全球化的立場，動物園在其中被賦予「種的保存」的角色，次年在里約熱內盧聯合國環境及發展會議（地球高峰會）通過「生物多樣性公約」（Convention on Biological Diversity，ＣＢＤ），保育與永續發展成為全球環境具體行動方案，而物種的域內與域外保存形式都是維持生物多樣性的方法。在這個背景下，保育指導方針的整合文件也出現在臺北動物園參與的組織，如動物園園長國際聯盟與ＩＵＣＮ其下物種存續委員會（Species Survival Commission，ＳＳＣ）。ＳＳＣ相關的保育繁殖物種專家群（ＣＢＳＧ）於一九九三年訂定「世界動物園保育方略」（The World Zoo Conservation Strategy，ＷＺＣＳ），二〇〇四年在臺北舉行的世界動物園暨水族館協會（ＷＡＺＡ）年會中並修訂為第二版（The World Zoo and Aquarium Conservation Strategy，ＷＺＡＣＳ）。[55]

上述情形或許可以視為動物園走向全球環境主義的過程，但這股趨勢卻絲毫無法削弱從動物福祉與權利的角度批評動物園的聲浪。前章已述及，一九七五年彼得．辛格《動物解放》一書的出版，從生物倫理觀點檢視動物實驗、工廠化農場及產品測試等動物虐待問題，和一九八三年湯姆．睿根的動物權主張，均喚起世界對動物處境與動物作為主體的道德地位的關注。生而自由基金會（Born Free Foundation，ＢＦＦ）早自一九八四年起就從事動物園檢查工作，核心理念為野生動物屬於野外，因此是從批判立場檢視動物園圈養野生動物的情形。對於動物園以保育之名為存在之實，一九九四年世界動物保護協會（ＷＳＡＰ）與生而自由基金會發布檢視現代動物園後所提出的報告，批判保育與復育工作在動物園業務中的比例、圈養動物多數非屬瀕臨絕種動物、生命教育的成效低等實情，認為動物園的保育與環境教育效果很有限，卻造成圈養動物在生理上和心理上極大的痛苦。因此報告中也從動物福利的立場，對動物園的改革提出十大建議，包括動物的有效管理、建立動物護照系統、成立基金會、組織專家諮詢小組、建立動物最低需求標準等。這份報告也成為臺灣動物保護團體檢視、訪察臺灣各動物園時重要的參考文件。[56]顯示動物園即使宣稱以維護環境倫理為存在的依託，但人工圈養野生動物的道德爭議卻仍舊無法解決。而對於人工圈養動物的照顧標準，則可以一九七九年英國農場動物福利委員會（Farm Animal Welfare Council，FAWC）為農場動物提出的「五大自由」（Five Freedoms）原則為經典，亦即參考動物的基本需要，認為動物有（一）免於饑餓、（二）免於不舒適、（三）免於痛苦傷害和疾病折磨、（四）表達正常習性及（五）免於恐懼和悲傷的自由。[57]這也是國際間主張動物福利與保護者常引述的幾項原則，不僅適用於屠宰的動物，對於被圈養的動物也有類似的呼籲，特別是針對被圈養而產生的種種傷害，如刻板症、強迫或異常的重複行為、嘔吐、食糞癖、自殘等常在動物園發現的異常行為。

事實上從一九八〇年代開始，國際上對於制定監督動物園的法規，逐漸顯現具體的成果，最早的是英國於一九八一年通過「動物園許可證法」（Zoo Licensing Act），歐盟委員會亦在一九九九年制定動物園內野生動物飼養的指導性規範。[58]在展場與圈養場的設計上，八〇年代美國動物園也因為蓬勃的經濟發展，而在動物園的硬體上做了革命性的更新，新建築設計中大量引用無柵欄式自然環境的理想，展示時更考量模擬動物與生態環境的關係，甚至被形容為自然化運動的誕生。[59]

（二）國內因應

本節將從一九七〇及八〇年代之際，在國際保育趨勢與動物園自然化運動下，圓山動物園相關行政措施與法令的研擬以及木柵新園的構築過程，來探討動物園如何利用保育潮流與自然化浪潮，打造心目中的「方舟」與「樂園」。

一九八二年，在前臺北市長、當時的行政院政務委員張豐緒的發起下，成立了中華民國自然生態保育協會，初期會址設在臺北市動物園，由王光平園長擔任總幹事，並出版機關刊物《大自然》，該協會後來對於野生動物保育法的立法，如草案研擬等方面提出了重要的意見。[60]但在政府的保育工作中，臺北動物園並非主導者而是參與者；有時動物園的立場，甚至與其他機關的保育立場相左。

在國際保育潮流下，一九七〇年代中，臺灣的行政機關已有若干行政措施與保育工作相關，如一九七〇年經濟部國貿局曾以行政命令規定禁止二十七種珍禽異獸出口，經濟部、內政部及交通部觀光事業委員會等也曾保護臺灣特產的、具學術價值的鳥獸，一九七二年及一九七五年兩度頒布「禁獵令」，一九七二年亦曾以保護與研究需要為由，將宜蘭蘭陽溪下游列為「雁鴨保護區」，禁止狩獵五年，並在臺灣各地設立自然保護區。[61]到一九八〇年代，國際批評臺灣屠殺候鳥或其他野生動物的壓力也逐漸增加，包括一九八二年國際保育聯盟在印尼召開十年一度的大會，取消對我國的例行邀請，理由為我國對自然保育不力。政府為改善國際形象，陸續成立墾丁、玉山、陽明山與太魯閣國家公園，並在其中從事生態物種的保育工作，如墾丁國家公園梅花鹿復育，將臺北圓山動物園五隻公鹿和十七隻母鹿放到社頂自然公園放養，另也計劃在烏山頭作臺灣特有種雉類復育、武陵農場櫻花鉤吻鮭復育，及山椒魚、水鹿、野生食用蕈、臺灣杉、臺灣紅檜、臺灣鐵樹、莎草蕨、紅樹林、鳥類等瀕臨絕種及特有珍稀動植物物種復育繁殖。[62]一九八五年行政院核定內政部所報「臺灣地區大型哺乳動物暫行保護措施」，規定獅、虎、豹、熊及犀牛等五種動物，除動物園、學術機構及馬戲團需要，經行政院農委會核准者外，不准進口，並由經濟部配合修改進出口貨品相關規定；而對於動物園及馬戲團所飼養的前列五種動物則准許出口、出售或贈與其他動物園、馬戲團，或與其他動物園、馬戲團交換，但不得對私人出售或贈與。[63]然而在該保護措施核定次年，民間仍有公開殺虎出售等行為，國際動物保護組織為此致函蔣經國總統及行政院政務委員張豐緒，「呼籲我國正視老虎瀕臨滅絕事實，停止此一殘暴行為」。[64]同樣引起國際反應的是一九八七年解嚴後，中國大陸擬「贈送」貓熊給臺灣動物園的事件，當時雖然臺北動物園有極高的意願接受，並擬定「大貓熊飼養繁殖計畫」向農委會提出，但農委會顧慮可能產生負面政治效應，而以保育的理由建議拒絕：「政府曾與國內野生動物保育專家及國際野生動物保育組織聯繫，大家多認為貓熊已瀕臨絕種，應保護它們在自然環境生長，回歸族群，盡量不要圈養。」而世界野生動物基金會成員之一的倫敦動物園協會也正式發表聲明反對貓熊來臺，認為除非不展示、不營利且有助於物種保存，否則只是破壞貓熊的復育計畫。研究中國貓熊外交的日本學者認為，當時我方政府的拒絕顯示出的政治思維，是在外交孤立的情況下，擬以遵守CITES保育原則的文明政府姿態，向國際表示與中國共產黨政權有所區別。[65]

在一九八〇年代下半，臺北動物園已體認到杜絕非法或變相野生動物的進出口是消極的行動，希望以整合資源進行繁殖計畫為積極的作為。該園的作法是協助政府研擬動物園管理辦法草案，並開始強調研究與保育的目標，提出園內飼養異國動物與園內外繁殖臺灣特有的瀕臨絕種動物等計畫。[66]其中整合資源的構想主要是指建立國內動物園界的伙伴關係，這也是一九九四年中華動物園協會（後更名為臺灣動物園暨水族館協會）成立的早期淵源。人工繁殖計畫的實施，則從一九八二年起在帝雉與長鬃山羊上有具體成果。[67]

至於一九八〇年代官方對動物園的管理法令構想，則是從社會教育、保育的幾個方向著眼。這項行政命令草案出現的背景，與八〇年代遊樂園風潮中，諸多民間動物園的成立有關。當時民間動物園多以「育樂中心」等公司名義向經濟部申請設立，以營利為目的，但設備不佳，缺乏專業技術與人員，動物飼育狀況惡劣，也常販售死亡動物圖利，有的甚至經營不善倒閉後任意棄動物於死境。一九八八年教育部擬訂「公私立動物園管理辦法」草案，法源依據是「社會教育法」，認定動物園屬於社教機構，未來的主管機關在中央為教育部，在省市為教育廳局，縣市則歸縣市政府負責。而農委會則以保育業務主管機關的立場，希望動物園在寓教於樂之外，能兼具動物保育的功能。不過這項法案最終因與現實有落差而未竟其功。臺北市立動物園實際負責該案初稿的研擬，其精神與作法實為該園當時正擬調整進行的方向，包括：環保觀念，設置污水處理系統；人員專業化，設擁有畜牧及獸醫師執照的專、兼職人員；動物取得須依循合法管道，遵守國內外法令及國際公約的規定；圍籬、動物欄舍及展示場、警告標誌、醫療設施均應符合一定標準；仿國家公園設立解說員；罰則為對違反規定者撤銷立案許可；瀕臨絕種及珍貴稀有動物因故死亡，其屍體應製成標本，不得販售圖利。但這項草案在教育部的審查會中產生了很多爭議，因此擱置。[68] 其後私人動物園管理不善問題屢屢出現，農委會官員表示教育部為動物園主管機關，然而教育部卻已不願再插手，因此動物園管理法令一直未能訂定，成為動物保護團體詬病的問題。[69]

另一方面，一九六〇年代起臺北動物園興起空間自然化夢想。圓山動物園成立於一九一〇年代殖民時期，獸檻採用囚籠式，或許因為是接手原由私人馬戲團經營之動物園，且偏重市民休閒娛樂功能，為滿足遊客近距離觀看動物的心理；另一方面，日本帝國當時對動物園的展示觀念，還沒有受到歐美公立動物園逐漸採行的哈根貝克無柵欄式飼養影響。所謂哈根貝克無柵欄式放養，主要是利用壕溝、坡地及山丘的地形起伏，依動物地理學的配置飼養動物，使遊客可以得到全景式（panorama）的觀覽視野。[70] 歐美動物園這種無柵欄式的趨勢在一九二〇年代已逐漸流行，以美國為例，底特律（Detroit）動物園正式於一九二八年開幕，十年間陸續完成設施，非洲區的展示中，遊客站立的地方可以一眼看到低窪沼澤地的紅鶴、冠鶴，平原上的非洲牛羚、長頸鹿、斑馬，岩山附近的大象、犀牛、獅子、狒狒等。而日本帝都東京上野動物園首次引入非圍籠式飼養方式，則是在一九二三年關東大地震後。主事的公園課長井下清在都市重建過程中，於一九二五年七月至一九二六年六月考察歐美公園業務歸來，才於一九二七年底至一九三一年間，首次在上野動物園建立了北極熊舍、海豹池及猴山等無柵欄飼養檻舍，而這些改建計畫，也是部分而非全面的。[71] 一九三三年，哈根貝克馬戲團訪日，其訓練與養殖動物的方式，在日本馬戲團界掀起了所謂「哈根貝克革命」。但日本動物園專家全面規劃無柵放養的動物園，則是到一九三八年滿洲國計劃成立新京動物園以後，當時已進入戰爭時期，國外動物進口不易，新京動物園至一九四五年才完工開園。因此可以說，戰爭結束前，無柵欄式的飼養方式並沒有在日本帝國圈內實踐。[72]至於哈根貝克利用壕溝與高牆來營造立體景觀式的獸檻首次在臺灣採用，則是一九六二年的新竹動物園。[73]

臺北動物園在一九六〇年代多次提出朝向自然式動物園的目標，但當時的想法幾乎都是原地擴建，在哈根貝克構想的人造自然的基礎上發揮，強調可以讓遊客看得清楚，動物也自由生活，是「自然式獸檻」的鳥獸樂園，動物也「有如生長在原始叢林的感覺」。[74]當時該園尚未進入全球化風潮中，國際接觸仍維持戰前的動物園經營關係，實際觀摩對象多以日本動物園為藍本，一九六五年時，甚至請來古賀忠道為園內改建提出意見。古賀於一九三七至一九六二年間任上野動物園園長，對戰前及戰後日本動物園的經營有很大的影響，與臺灣亦有淵源，也有意結合亞洲國家動物園與水族館成立組織。他來臺時勘察圓山動物園五天，聽取改建工程計畫，也參觀了新竹動物園。他建議擴大園地並添增動物，改用無柵欄式圈養，以壕溝作為動物與遊客之間的間隔，既可增加動物繁殖率，也防止遊客虐待動物。[75]

一九六六年，圓山動物園外開始進行圓山觀光區整頓計畫，為該區的休閒娛樂功能增加誘因。一九六八年，圓山動物園收回兒童樂園合併經營，兩年後提出原地改建規劃，仍偏重遊樂園的走向，擬滿足遊客劇場般的視覺體驗，以「大眾化的休憩遊樂場所」為目標，還沒有任何生態保育的內容。但當時已有動物地理分區配置的構想，「把性質相近的安置在一區」，「建十處天然獸檻，將猛獸完全安置於天然獸檻內。十處天然獸檻將設置於動物園山後，臨近淡水線鐵路處，這是一長條的低地，遊客可居高臨下的欣賞，不致發生任何危險」。另規劃「動物療養院」：「把那些年老、患病、受傷的動物集中起來，給予適當的治療，此一措施，可以收到隔離的效果，使一些健康狀況正常，沒有受傷的獸類不受到疾病的傳染。」第三個特點是動物表演場，「利用南側山麓，建動物表演場。表演場將採居高臨下的方式，可以容納較目前的表演場更多的遊客。其建築形式將仿照古希臘的圓形劇場，每一位遊客，都可坐下來欣賞，而不必像現在看表演一樣伸長脖子」。[76]

但一九七〇年代（約一九七二年）起，在環境意識日增的背景下，以更接近自然的市民休閒場所為前提，各方已提出動物園遷離圓山的建議。綜合當時提出應遷離圓山的原因，有以下幾點：（一）面積：園地狹小，號稱連同兒童樂園共九．五六一三公頃，約合三萬坪，實際獸欄僅約一千七百坪，每隻動物活動空間才一坪多，且多為圍籠式檻欄；（二）環境：地處空氣污染區，圓山當地有嚴重缺水問題，且在航道下噪音大，「失去自然景色」，「影響動物生活」，也「不合時代要求」；（三）為增加市民休閒遊憩去處及改善動物生活環境，擬在郊區尋覓寬闊山坡地遷建。亦即由市中心向市郊近山地帶遷移。另遷建原因中，所謂「符合國際標準」也一直被提起。

遷園案的籌劃前後歷經五任市長——張豐緒、林洋港、李登輝、楊金欉、許水德，從一開始，就朝所謂「天然獸欄」、「天然式現代化動物園」的方向規劃。後來在臺灣的保育工作中負有重責的張豐緒，一九七二年在臺北市長任內聽取新園規劃構想時，特別指示應考慮蒐集臺灣地區所產的各種野獸，期望此一動物園具有臺灣特色；後來新園也規劃了臺灣動物區。遷園案的進行則可以分成政府內部籌備階段及民間公司規劃階段，籌建階段由市府組成籌備小組，在確定地點的過程中，於陽明山管理局等單位協助下，考量過六張犁、士林內雙溪、內湖碧山里、松山、南港、北投永和里、木柵老泉里等十餘處，一九七三年起實地會勘六處。籌備小組曾請動物學者列席交換意見，並放映德國法蘭克福動物園及西柏林動物園的影片參考。新園考量的條件，除面積與環境情況，也將天然條件如氣候、風向、溫度、雨量等納入思考，由中央氣象局協助採集資料；交通方面，則規劃以捷運路線及聯外道路來解決，於一九七四年選定木柵頭廷里山區。[77]而實際規劃階段則由民間的磊磊工程顧問公司負責，規劃者以具有美國學術與行政背景的景觀設計專家曹正為首，當時諮詢的顧問群以國外

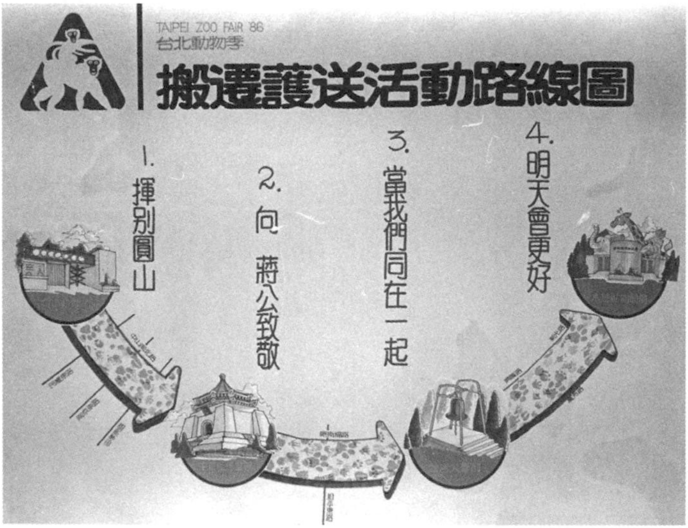

圖 5-3　1986 年 8 月 6 日於臺北市動物季中宣布動物園搬遷路線圖，途中不忘向蔣公致敬。（資料來源：中央社授權）

專家為主，尤其是美國更具實質影響力，首位掛名者是洛杉磯動物園的華倫·湯瑪斯（Warren Thomas），另外三人以聖地牙哥野生動物園及聖地牙哥動物園為主，聊備一格的日本顧問，則以日本動物園學會理事長古賀忠道為首；國內專家包括各大學動植物學與景觀學者。一九八〇年提出新園實質規劃報告，已明確朝娛樂、教育、研究、保育四個方向構思，除了休閒、娛樂，也有教育、學術研究，甚至生態控制的責任。其中「教育資料中心」以視聽媒介和動物標本來發揮教育功能，包括博物館、標本館、視聽教室及教學展示說明。展示方式則建議依地理分區與生態環境分區，配合適當的地理景觀，以展現動物、植物與景觀的關係。另在繁殖計畫中，則以「臺灣瀕臨絕種或珍奇動物」（如藍腹鷴、帝雉、長鬃山羊，以及水鹿、麝香貓、黃喉貂、石虎、雲豹及臺灣獼猴）、「富有經濟價值動物」（如梅花鹿、羌、白鼻心、蛇及外來的鱷類）為對象，並列為研究項目。[78]

但各界關於新園的想像，除了有關大自然動植物與環境的「天然」內容外，也包括人文的內涵，而外界的期許甚至會加入政治意涵。一九七六年，曾任中國時報社長及總主筆的楊乃藩主張：動物園有促進國家認同的責任，應「設法搜集在中國大陸上和在臺灣生長的相同的動物，並且作詳細的說明，以加強一般民眾對於國家及鄉土的認識」，亦即在展示中強調臺灣與中國大陸的聯結，他認為這比大量羅致可以適應臺灣氣候的動物還要重要。[79]在一九七七年早期籌建小組會議紀錄中，也出現民俗文化村的構想，希望人們在與自然接觸中，不但同時獲得休閒娛樂、鍛鍊身體，也能緬懷先民開發創造的過程，有意藉歷史文化彰顯征服自然、掌控自然的一面。後來雖保留了青少年體能鍛鍊場，但民俗文化村的構想決定分離另立，仍回歸到以動物園為主的規劃。[80]

一九七〇年代末期，動物園已停止動物表演活動，但新園的規劃中仍列入表演動物、場地設計與人員需求等，因為動物表演還是一些意見領袖的重要選項。[81]一九八〇年，磊磊工程顧問公司提出的新園規劃報告中，在動物表演一節，力圖與動物虐待及馬戲表演劃清界限：「表演項目須限於不虐待動物之限制以內，不得趨〔按，應為「驅」，原文誤繕〕使動物做超越能力之外之表演，亦不得訓練動物做馬戲團式之危險性表演。」所列可供表演的動物有海豹、海獅、逆戟鯨，靈長類的猴、猩猩、長臂猿、印度象、獺熊或灰熊、鸚鵡等，計劃令牠們做餵食表演、生態表演、模仿人類的表演。[82]之後動物園派人到美國實地觀摩動物表演，並做成紀錄片。但是因為預算考量，一九八四年臺北市政府主動刪減水獸表演場的經費一億元，縮小規模並更名為水獸展示場。次年，臺北市議會教育審查委員會的議員認為，若少了水獸表演場與展示南北極動物的極地館，會使新園從「亞洲一流」淪為「三流的動物園」，並強調這是「社會教育觀點」，因此終將表演場列入新園建築。可是這個場地後來仍因未能購入相關動物而閒置。[83]從這個例子來看，與一九七〇年代類似，動物園都不是因為考量動物福利的道德原因才使動物表演於園內絕跡。

三、結語

早期設於臺北苗圃的小型動物園擁有自然史博物館的理想，重視臺灣特有原生種動物的蒐集，但動物園設立於圓山公園內後，作為市政型動物園，改以市民休閒娛樂為主要目標，為吸引遊客的目光，動物園走向擴充島外（包括日本內地及國外）動物的方向（尤其是所謂「吸睛巨獸」，charismatic megafauna）。許多動物都透過國際間的動物貿易取得，但取得過程深受臺灣與島外政治、經濟的影響，除與臺灣島有關的政商與社會網絡發揮作用，日本動物商的仲介角色，緣故者在東亞、南亞的政治、經濟甚至醫療的發展，都可能促成新的動物從棲地來到臺北動物園。戰後雖然政權轉換，但由於早期動物園主事者的社會關係與專業知識來源仍深植於日本，因此至一九七〇年代之前，臺北動物園的動物來源仍與日本有密切關係。戰後的一項新發展，則是華僑或臺僑來自僑居地或其他棲地的動物供應增加，另亦有部分係以外交為名的動物交換。

此外，一九七〇年代起國際上保育趨勢與動物園自然化的潮流，以及國內因應中相關的行政措施與法令的研擬，還有木柵新園的構築過程，皆是必須深入探討的重點，特別是除了空間上對自然的模擬想像之外，各界對於新動物園主要人文內涵的看法。值得注意的是，在包括本土動物在內的繁殖復育、環境教育已納入未來目標的同時，利用動物表演的娛樂化規劃仍未完全被放棄。

註釋

1 南海野人，〈閑却されたる本島の文化施設〉，《實業之臺灣》，一三：七（一九二一年七月十日），頁一二～一四。

2 如臺北市役所，《臺北市案內》（臺北：臺北市役所，一九二六），頁九；臺北市役所，《臺北市政二十年史》（臺北：臺北市役所，一九四〇），頁八二六。臺灣日日新報社早期的看法見：〈圓山の動物園　共進會迄には充實〉，《臺灣日日新報》，一九一六年一月二十日，版七。

3 渡邊守雄等，《動物園というメディア》，頁四三～四四。

4 馬克・貝考夫著，錢永祥、彭淮棟、陳真等譯，《動物權與動物福利小百科》，頁三七四。研究者認為十九世紀末、二十世紀初，許多動物園經營者已體認到柵欄式的展示不理想，但只有哈根貝克藉落實自然分隔式展示空間，明確宣稱，動物園可以創造一個讓動物「自由」、「快樂」生存的空間。Nigel Rothfels, *Savages and Beasts: The Birth of the Modern Zoo (Animals, History, Culture)*, Baltimore (London : Johns Hopkins University Press, 2002), p199.

5 即使是上野動物園，也是在昭和時期的一九二七年才出現第一個無柵欄式的「猛獸」展場，然而這個所謂無柵欄的展場，其實充滿了光禿禿的人造假石。小宮輝之，《物語　上野動物園の歷史》（東京：中央公論新社，二〇一〇），頁九〇～九三。依官方園史稱，臺北動物園在一九六五年完成熊自然欄舍，但媒體一九六三年已先報導，預定是年年底完成熊「自然景」，其圈養方式為：「除有假山、山洞及樹林等佈置外，并挖掘一條深兩公尺、寬兩公尺的深溝，隔斷遊客觀賞的地方，使熊無法跨越，以保護遊客的安全。該園并計劃于明年興建獅、虎的自然景各一座，因獅、虎善于跳躍，故其周圍將需挖掘一條寬達九公尺的深溝，以防止牠們跳越。」郭燕婉主編，《方舟二十年：臺北市立動物園園史暨遷園二十週年紀念專刊》（臺北：臺北市立動物園，二〇〇六），頁九五；〈臺北市動物園 建「熊」自然景 預定今年年底完成〉，《聯合報》，一九六三年八月十九日，版三。

6 詳參 Nigel Rothfels, *Savages and Beasts: The Birth of the Modern Zoo (Animals, History, Culture)*, pp. 175-187. 哈根貝克家族對近代全球都市動物園的建立影響很大，因為他們控制了國際動物貿易，十九世紀末及二十世紀上半，主要大型動物園的動物來源幾乎都與哈根貝克家族有直接或間接的關係。其中一個例子是東南亞錫蘭動物園（the Dehiwala Zoo），該園距離東南亞主要動物輸出港如新加坡很接近，一九三六年由官方設立時，是從約翰．哈根貝克擔任園長的私人公司買下，這也再一次證明早期許多官方動物園與動物展示、表演及買賣者之間密切的往來關係。Major Aubrey N. Weinman, *A Zoological Guide to the Zoological Gardens of Ceylon* (Colombo: Govt. Press, Ceylon, second edition, 1961), p. iii.

7 古賀忠道，《私の動物誌》，收入《全集日本動物誌（二五）》（東京：講談社，一九八四），頁八六。

8 〈教局警局分向記者報告　本市將建中學國校　民眾組訓業已開始　警察業務準備防護工作〉，《聯合報》，一九五二年一月十三日，版二。

9 阿部弘士文、圖，孫智齡譯，《動物園的生死告白》（臺北：遠足文化公司，二〇一二），頁一〇八。

10 此一說帖原出版年代為一九九三年。動物園園長國際聯盟、世界自然保育聯盟之物種存續委員會之保育繁殖專家群作，彭仁隆主編，王圻等譯，《世界動物園保育方略：動物園暨水族館在全球保育中扮演之角色》（臺北：臺北市立動物園，二〇〇七），頁二六。

11 陳寶忠，《溫馨和諧臺北動物園：園長週記》（臺北：臺北市立動物園，二〇〇六），頁四九。

12 一九八九年時臺北動物園園長王光平說明該園的理想是：「使地球上的生物彼此更合〔按，原文如此〕諧、更相容」。王光平，〈永不瀕臨絕種的努力〉，收於郭燕婉主編，《再造方舟：王園長光平先生紀念專輯》（臺北：臺北市立動物園，一九九三），頁九九。二〇〇六年陳寶忠在其園長週記中提及，該園老志工參觀美國聖地牙哥動物園時，看到小朋友與遊客隔著玻璃與河馬親嘴，管理員以肉球與老虎互動，小朋友幫動物梳毛，這些「溫馨和諧」的景象極令老志工感動。陳寶忠，《溫馨和諧臺北動物園：園長週記》（臺北：臺北市立動物園，二〇〇六），頁六二。事實上，河馬極易攻擊其他動物，在現實生態中不可能與人類親嘴。

13 〈博物館の新陳列品　異彩を放つ大蛇〉，《臺灣日日新報》，一九一一年二月十八日，版三；有關水獺在臺灣的自然史，參考鄭錫奇撰，〈水獺〉，《臺灣大百科全書》網站：http://taiwanpedia.culture.tw/web/content?ID=6931#，二〇一二年十二月二十日點閱。

14 〈寄贈大鷲〉，漢文版《臺灣日日新報》，一九一三年十月九日，版六。

15 〈新竹通信（八日發）愛久澤氏寄贈〉，漢文版《臺灣日日新報》，一九一三年七月十二日，版六。

16 〈臺灣の動物園〉，《臺灣時報》，一九一三年，頁四九。〈博物標本の蒐集〉，《臺灣日日新報》，一九一三年三月四日，版二。〈苗圃の動物園〉，《臺灣日日新報》，一九一三年四月十四日，版二。

17 〈引繼動物〉，總督府檔案，大正四年（一九一五）十二月四日，頁一五二，檔號〇〇〇〇二四四二〇一一〇一四九。苗圃保留了部分棲息於園中林木的鳥類等動物。

18 〈秋風に淋しく散る病葉のやうに脆い雄獅子の死圓山動物園の人氣者死ぬ〉，《臺灣日日新報》，一九二六年九月二十六日，夕刊版二。

19 〈圓山の動物園〉，《臺灣日日新報》，一九一四年四月十三日，版五。

20 上野動物園自一九〇一年開始與哈根貝克家族貿易，購入獅子、北極熊、猿、刺豚鼠、鴕鳥、埃及雁、加拿大雁、河馬等動物，這也是日本動物園中首次擁有獅子。除與哈根貝克往來外，上野動物園也曾以北海道熊與赴日表演的義大利馬戲團交換老虎。東京都編集，《上野動物園百年史（資料編）》（東京：東京都生活文化局広報部都民資料室，一九八二），頁五七三～五八四。而矢野動物園與哈根貝克家族的交流與貿易，則參見阿久根巖，《サーカス誕生——曲馬團物語》（東京：株式会社ありな書房，一九八八），頁一四四。

21 Nigel Rothfels, *Savages and Beasts: The Birth of the Modern Zoo (Animals, History, Culture)*, p67. 威廉・霍納迪（William Hornaday）確實對美洲野牛的保育有貢獻，但是他在一九〇六年將一名剛果原住民奧塔・本加（Ota Benga）與猩猩關在同一處並作所謂種族展示，被後人看成是一件動物園醜聞。

22 《公學校教科書》，四：六，一九三八，頁七八～八五；四：一〇，一九四一，頁一二六～一三〇；五：二，一九四四，頁三四～三九。

23 上述日本殖民時期臺灣公學校教科書所提及的獵象方式，與印度阿薩姆及孟加拉東部等地的捕捉訓練方式「凱達」（Keddah）很接近。研究人與動物關係的作家羅傑・卡拉斯（Roger A. Caras）說大象是人類最有力的僕人，但他認為凱達獵象法「是一種殘忍的訓練」，是人類藉由暴力虐待來取得控制優勢的過程。羅傑・卡拉斯著，陳慧雯譯，《完美的和諧：動物與人的親密關係》（臺北：天下遠見出版公司，一九九八），頁一三七～一四七。目前在技術上，動物園已可用人工受精的方式讓大象在圈養環境中繁殖，但報導者也指出這些動物園內的大象生活在「虛幻的野性泡影」的現實：「當新生小象出生在動物園裡，大象群體會不會朝著一個無法預見的方向演變？與自然脫節了，牠們還會是所謂的大象嗎？」參見：湯瑪斯・法蘭屈（Thomas

French）著，鄭啟東譯，《動物園的故事》（臺中：晨星出版公司，二〇一二），頁一八二、二二〇～二三九。

24 東京都編集，《上野動物園百年史（資料編）》，頁五八〇、五八四～五八八。

25 〈動植物寄贈二件〉，漢文版《臺灣日日新報》，一九一四年八月二十四日，版四。

26 〈圓山動物園に　豹を寄贈〉，《臺灣日日新報》，一九三二年六月二十三日，版七。

27 〈白色マングース　圓山動物園入り〉，《臺灣日日新報》，一九三四年四月十六日，版七。

28 〈珍客來る　圓山動物園の猩猩〉，《臺灣日日新報》，一九一七年八月二十二日，版七。牠剛抵臺不久，報上曾刊出牠吸奶的照片，圖說是「孩子們的朋友」。〈坊つちやんのお友達　圓山動物園の猩猩〉，《臺灣日日新報》，一九一七年八月二十四日，版七。

29 高島春雄，《動物渡來物語》，頁二二。

30 〈大トカゲ　總督から正式に寄贈〉，《臺灣日日新報》，一九三九年六月二十一日，版七。

31 〈二十七日の蓬萊丸で珍動物が澤山來た獅子や熊や白孔雀など　動物園も益々賑はふ〉，《臺灣日日新報》，一九二七年十月二十八日，夕刊版二。

32 〈動物園之虎　印度產　既七歲〉，漢文版《臺灣日日新報》，一九一八年五月十五日，版六；〈動物園の虎〉，《臺灣日日新報》，一九一八年五月二十一日，版七；〈圓山動物園へ新來の珍客〉，《臺灣日日新報》，一九二一年十二月十六日，版七；〈人氣もの〉　圓山動物園の虎が死んだ〉，《臺灣日日新報》，一九二三年八月十九日，版七。

33 〈虎を受取りに　動物園から出張〉，《臺灣日日新報》，一九二〇年三月二十八日，版七；〈動物園近

聞〉，漢文版《臺灣日日新報》，一九二〇年三月二十九日，版四。但此行似失敗，是年底圓山動物園乃透過矢野動物園才真正購得一頭老虎。〈動物園行きの珍客が來た　虎と縞馬と狒狒と〉，《臺灣日日新報》，一九三五年四月十八日，版二。

34 〈動物園向日訂購腳踏車　供猴子騎用〉，《聯合報》，一九五一年九月二十一日，版七。

35 報導中，至少一九五八、一九六一、一九六四、一九六六與一九六七年臺北動物園曾派員參加日本動物園水族館年會，通常由蔡清枝代表。他自一九五七年八月起調任相當於園長的管理員之職，後來改為主任、副園長代理園長，大致而言，從一九五七年八月至一九七〇年四月前，他一直是臺北動物園的實際負責人。一九七一年新任園長曾光偉親自赴日考察，參觀包括上野在內的四所動物園。〈曾光偉談　考察日本動物園的觀感〉，《聯合報》，一九七一年八月三日，版六。

36 《臺北市政紀要》五十五、五十六年度，無頁碼，臺北市立動物園研考室提供。

37 〈泰國雄獅　月底運臺〉，《聯合報》，一九五二年三月二十三日，版二。

38 臺北市議會第一屆第十次臨時大會第五次會議紀錄，一九七〇年十月八日，頁九〇五。（詳細動物待補）

39 〈臺北市政府致臺北市議會函〉，民國六十一年八月十一日發文，文號府教四字第四〇六二九號，收於《第一屆大會第二十六次臨時大會會議紀錄》附件五，一九七二年九月二十六日，頁七八五。

40 〈南非山林大狩獵　動物園長滿載歸　珍禽異獸・得來非易　餐風宿露・歷經艱辛〉，《聯合報》，一九七〇年一月二十三日，版三。臺北動物園由園長蔡清枝前去主持運回動物，其出國報告以「南非保護動物事業考察記」為名，認為南非是改進動物園的最好借鏡。中華民國保護牲畜協會、臺灣省政府農林廳編，《保護動物手冊》，頁四二～四四。

41 臺北市立動物園致臺北市政府教育局函，「敬復有關沙烏地阿拉伯吉達市長擬贈本市該國若干沙漠鳥獸乙節，恭請察核一案」，民國七十一年四月二十四日北市動園飼字第五三八號。

42 臺北市議會第一屆第十次臨時大會第五次會議紀錄，一九七〇年十月八日，頁九〇五。

43 臺北市立動物園致高雄海關函，「為報載貴關緝獲自印尼走私進口猩猩五隻、馬來熊乙隻、長臂猿乙隻，貴關本擬銷燬，經社會人士發覺並籲請中華電視臺出面交涉，獲貴關同意並將該批野生動物暫予隔離，茲因本園已依法洽請經濟部檢驗局及高雄分局將該批動物撥交本園，該局分局均囑應逕洽貴關辦理放行，故特函請准予放行，撥交本園一案」，民國七十一年三月六日，北市動園飼字第三一四號。

44 關於國際環境政治對臺灣的影響，參見：曾華璧，〈臺灣的環境治理（一九五〇～二〇〇〇）：基於生態現代化與生態國家理論的分析〉，《臺灣史研究》，一五：四（二〇〇八年十二月），頁一三五。

45 CITES, List of Contracting Parties, http://www.cites.org/eng/disc/parties/chronolo.php，二〇一三年五月二十三日點閱。我國並非其締約國。

46 謝芙美，〈保育類野生動物管理法律問題之研究〉（東吳大學法律研究所碩士論文，一九九五）。

47 臺灣因為一九七一年退出聯合國（即中華民國政府在聯合國中的中國代表權被中華人民共和國政府取代），而無法成為聯合國架構下ＣＩＴＥＳ的會員國，不能與其他會員國對話、討論，也無法對提案表示意見，而僅能以非營利組織的身分參與。〈臺灣接軌華盛頓公約的任務：立保育典範　增國際能見度〉，臺灣環境資訊協會環境資訊中心：http://e-info.org.tw/node/84540，二〇一三年五月二十四日點閱。除了公約組織的成立外，ＩＵＣＮ也發表一項政策聲明，將人工復育當成保育的手段，這項政策與後來動物園扮演的域外保育角色有關。傑洛德．杜瑞爾（Gerald Durrell）著，李靜宜譯，《現代方舟二十五年：杜瑞爾與澤西動物園傳奇》（臺北：大樹文化，一九九五），頁二〇七。

48 臺北市立動物園致經濟部國貿局函，主旨：「請核給金剛猩猩進口之法文證明文件，俾便辦理承購手續，請查照案」，北市動園保字第一一八八號，民國七十五年五月二十四日。藏於臺北市立動物園檔案室。

49 〈小金剛來路一團謎　喀國逮捕六名盜獵嫌犯　國際盼我查明買賣問題〉，《聯合報》，一九八七年四月十七日，版六。

50 〈小金剛　大誤會　要澄清　國際保護動物組織來函指控我方　木柵動物園受侮辱提出嚴重抗議〉，《聯合報》，一九八七年二月十七日，版三。同年後續仍有七件來自美國相關陳情函經總統府轉交臺北市政府巡復，臺北動物園的覆函草稿中，強調該園為教育機構，並且以展示「世界各國動物園現在已經普遍展示的種類為目標」，也希望對方「瞭解我國國民透過動物園接受保護動物教育的權益」。此一覆函草稿顯示對國際保育趨勢的漠然，唯是否寄出及何時寄出，並無留下史料。

51 〈博覽會　赤道北極廣搜集　動物園　角色功能搞不清　瀕臨絕種紅皮書　胡亂進口黑名單　外行當道問題多　漠視知識和潮流〉，《聯合報》，一九八七年五月二十八日，版三。

52 一九九〇年起，臺北動物園陸續加入美洲動物園暨水族館協會（ＡＺＡ，二〇〇一年因會費調整，評估後退出）、美洲園藝協會（ＡＺＨ）、東南亞動物園協會（ＳＥＡＺＡ）、國際動物園園長聯盟（世界動物園暨水族館協會前身）、保育繁殖物種專家群（ＣＢＳＧ）、國際物種資訊系統（ＩＳＩＳ）、野生動物疾病醫療協會（ＷＤＡ）、美國動物園獸醫師協會（ＡＡＺＶ）等。郭燕婉主編，《方舟二十年：臺北市立動物園園史暨遷園二十週年紀念專刊》，頁七九～八一。

53 郭燕婉主編，《方舟二十年：臺北市立動物園園史暨遷園二十週年紀念專刊》，頁八〇。

54 一九八六年更名為世界自然基金會「World Wide Fund for Nature」。

55 動物園園長國際聯盟、世界自然保育聯盟之物種存續委員會之保育繁殖專家群作，彭仁隆主編，王圻等譯，《世界動物園保育方略：動物園暨水族館在全球保育中扮演之角色》（臺北：臺北市立動物園，二〇〇七），viii；世界動物園暨水族館作，彭仁隆主編，陳一菁等譯，《為野生動物開創未來：世界動物園暨水族館保育方略》（臺北：臺北市立動物園，二〇〇六），頁四～七。

56 英國世界動物保護協會（WSAP）、生而自由基金會（BFF）原著，李耀芳、馬于茹、悟泓譯，《動物園的真相》（臺北：臺灣動物社會研究會，二〇〇三），頁四。

57 參見FAWC官方網站：http://www.fawc.org.uk/freedoms.htm，二〇一二年十一月八日點閱。

58 考林・斯柏丁（Colin Spedding）著，崔衛國譯，《動物福利》（北京：中國政法大學，二〇〇五），頁一〇〇～一〇三、二二七～二二八。一九七二年美洲動物園暨水族館協會（AAZA，一九九四年更名為動物園暨水族館協會（AZA））正式成立之後，也發展出動物園的認證制度，標準包括園中動物得到的照顧、經濟穩定度、倫理、教育、服務、科學以及保育等，每五年重新審查已有認證的動物園一次，但多數大城市知名的動物園幾乎都得到認證。薇琪・柯羅珂著，林秀梅譯，《新動物園：在荒野與城市中漂泊的現代方舟》，頁二一〇。

59 薇琪・柯羅珂著，林秀梅譯，《新動物園：在荒野與城市中漂泊的現代方舟》，頁八六～八七；Elizabeth Hanson, *Animal attractions: nature on display in American zoos*, pp. 175-177.

60 張之傑，〈永遠的軍訓教官——記王光平園長〉，收於郭燕婉主編，《再造方舟：王園長光平先生紀念專輯》（臺北：臺北市立動物園，一九九三），頁一四三。

61 曾華璧，〈臺灣的環境治理（一九五〇～二〇〇〇）：基於生態現代化與生態國家理論的分析〉，頁一三〇～一三一。

62 〈想看梅花鹿、只有到動物園去　野生的品種、證實在臺灣絕跡　獵人無限制的捕捉濫殺、生存空間逐漸遭到剝奪　關心自然生態保育工作、有賴大家一起戮力維護〉，《中國時報》，一九八三年六月二十日，版三；〈保育自然生態 將設專責機關〉，《聯合報》，一九八四年一月八日，版三。

63 行政院函復內政部，有關所報「臺灣地區大型哺乳動物暫行保護措施」請鑒核一案，民國七十四年五月十八日，臺七四內字第九〇三三號函。臺灣國家數位典藏網站：http://npda.cpami.gov.tw/files/356-1001-415,c77-1.php，二〇一三年五月二十五日點閱。

64 〈臺灣殺虎，壞事傳千里　動物保護協會　來函要求制止　經查半年多來　並無進口情事〉，《聯合報》，一九八六年二月二十四日，版五。

65 〈余玉賢從環境與保育技術上分析　臺灣還不適合貓熊進口〉，《聯合晚報》，一九八八年十二月五日，版三；〈大陸有意贈送我貓熊　倫敦動物園協會反對〉，《聯合報》，一九八九年七月二十七日，版四。家永真幸，《パンダ外交》，頁一八四。

66 王光平，〈永不瀕臨絕種的努力〉，收於郭燕婉主編，《再造方舟：王園長光平先生紀念專輯》，頁九八。

67 《臺北市市政紀要》七十二年度，無頁碼。

68 〈保育動物　掃除死角　民間動物園　設備技術不良　教部訂辦法　全部納入管理〉，《聯合報》，一九八八年十二月一日，版四／社會觀察．大家談；〈動物園管理　納入正軌　教部研議辦法　將請專家評估〉，《聯合晚報》，一九八九年二月一日，版四／話題新聞。

69〈有名可查的二十九個　無名的不計其數　私人動物園無法管　農官憂心〉，《聯合晚報》，一九九四年二月十日，版二／話題新聞。二〇〇四年六月十五日，臺灣動物會研究會、臺灣促進和平基金會、人本教育基金會、高雄教師會生態教育中心等團體聯合呼籲政府盡速訂立「動物園法」，以規範動物園設置之申請程序與條件、經營管理之監督與查核以及善後計畫方案，並應設立「圈養動物福利委員會」，審查各動物園對各類動物的進口、繁殖計畫，且加強改善現有各大動物園圈養動物的環境及福利問題。參見：〈無「法」的國度——動物園？〉，臺灣動物社會研究會網站：http://www.east.org.tw/that_content.php?s_id=8&m_id=56&id=123，二〇一三年五月三十一日點閱。

70 經過一九八〇年代美國動物園的自然化運動後，濠溝式隔離造成的可能危險與安全問題也逐漸被發現，因此後來又發展出玻璃隔離等新的動物展示空間規劃。參見：薇琪・柯羅珂著，林秀梅譯，《新動物園：在荒野與城市中漂泊的現代方舟》，頁八六。

71 小宮輝之，《物語　上野動物園の歷史》（東京：中公新書，二〇一〇），頁九〇～九三。

72 若生謙二，《動物園革命》（東京：岩波書店，二〇一〇），頁九二；石田戢，《日本の動物園》（東京：東京大学出版会，二〇一〇），頁六七。

73〈本省第一座立體化　放飼式猛獸柵欄　將在竹市動物園籌建中〉，《民聲日報》，一九六二年四月二十八日，版五。

74 何凡，〈玻璃墊上　改善動物園〉，《聯合報》，一九六一年七月十九日，版六／聯合副刊；〈動物園　小自然　蔡清枝心目中的鳥獸烏托邦〉，《聯合報》，一九六六年六月二十五日，版三；〈蔡清枝的構想：駱駝家庭生活愉快　大象娶親遠道而來〉，《經濟日報》，一九六九年一月二十八日，版七。

75 〈古賀博士說動物園　子非魚．安知魚之樂　好牧人．自有愛羊心〉，《聯合報》，一九六五年九月三日，版三。

76 〈動物園　新設計　使成大眾化遊樂場所〉，《聯合報》，一九七〇年八月十日，版七。

77 臺北市議會第一屆第七次會議紀錄，一九七三年四月九日，頁七〇七；〈動物也怕噪音　市府覓適當地點遷建圓山動物園〉，《聯合報》，一九七二年十一月四日，版七。

78 磊磊工程顧問公司，〈臺北市立動物園臺北市新動物園規劃報告〉，一九八〇。

79 楊乃藩，〈建議新動物園〉，《中央日報》，一九七六年五月二十三日，版一〇。

80 臺北市立動物園製，「臺北市動物公園（暫定）籌建小組第五次會議資料」，一九七七年九月十七日，無頁碼。

81 如楊乃藩就主張：「動物園不但要有靜態的欣賞，還要有動態的表演，闢一個兒童動物園，讓孩子們騎象，騎小馬，餵羊吃奶，與蟒蛇遊戲，看猴子表演，教鸚鵡唱歌，都是很動人的節目。」楊乃藩，〈建議新動物園〉，《中央日報》，一九七六年五月二十三日，版一〇。

82 磊磊工程顧問公司，〈臺北市立動物園臺北市新動物園規劃報告〉，一九八〇。

83 〈新動物園兩館場　議員盼敗部復活〉，《聯合報》，一九八五年六月四日，版六／臺北市民生活版。

結論

公共動物園被引入臺灣的歷史才僅一世紀之久，但在這短短的百年之間，它的樣貌已歷經多重改變。一九一〇年代，臺北動物園本是總督府博物館下的一支，後移入圓山成為都市公園的一角，再後是遊樂園與動物表演的娛樂場，到一九八〇年代下半加入學校校外教學輔助場域的功能，並利用物種的保存基地（「方舟」）口號建構自我的存在意義。而在經營主體上，臺灣的公共動物園多以市級公立機構的形式經營，[1]二十世紀初是作為帝國（國家）或地區城市的文明設施，園中動物成為市民的共同寵物；而一九七〇年代起受全球環境政治影響，動物園組織集團化，知識交流頻繁，動物的飼養、登錄、繁殖、交換等各項管理更具有國際視野，園內動物在全球生態系中的自然資產價值也被強調。在探究動物園急欲與過去的娛樂歷史劃清界限的同時，本書擬在探討國家、社會對圈養野生動物的利用面向之外，也思考被圈養的野生動物在不同時期的處境，牠們（或牠們的血統來源者）如何從棲地被帶到城市？在動物園這個空間如何被安排融入人類社會，成為人類社會生活的一部分？都是本書擬尋求解答的題目。因此本書的書寫方式並不是一部單純的動物園史或動物園經營史，而是期望能擁有動物文化史的角度，尤其是動物政治文化的部分。

研究者認為動物園在政治象徵上有幾種文化隱喻，以下筆者擬借用為綜述近代臺灣動物園性質的思考工具：[2]首先是將動物園視為烏托邦的空間，亦即「樂園」、「伊甸園」（甚至遷園時運用的「快樂天堂」）之類理想世界的隱喻。本書第一章曾提及，傳統臺灣庭園或田園生活中，動植物與其他建築的安排，都是有意構築人與自然和諧關係的理想空間，將動物安放在人們的休閒生活中，這項特質在臺北動物園時期仍然維持。樂園的想像不但反映在動物園的娛樂功能，也被用來比擬園中精心規劃出的秩序感，尤其是人與動物、動物與動物之間相互無害的和諧假象，遠離外界殺戮競爭的現實。其次，是用科學主義將動物物化、對象化，將動物園中的動物展示當成類似自然界動物王國的縮影，每個動物都代表牠的物種，在知識的百科全書中佔有一小部分，這也是綜合動物園組成的基礎（主題型動物園同樣可用這種科學主義來理解），人們因此對動物的圈養、展示產生「集郵式」的熱情。圓山動物園作為綜合型的動物園，亦表現出這個政治文化面向。第三，動物園成為權力宰制的空間。臺灣民間豪紳之家以動物的圈養及展示彰顯其社會地位，豐富其社交生活；早期臺北動物園也是文明的誇示，因此帝國中的權力者常在園中巡視或安排被統治者作儀式性觀覽，帝國內也藉動物作上對下、下對上或地區之間的動物贈與、獻納或交流；而動物園裡空間的設計亦完全以遊客的視線為主，遊客看到的都是過濾的、整頓過的一面，植物的擺置是在遊客目光所及之處，老弱的動物則移除在展示路線之外。動物園也常被比喻為動物的監獄（及精神病院），這不但指園中對動物脫逃的防範（脫逃者若無法捕捉回籠，常會被擊斃），也指動物囚鎖籠中，無時無刻不遭受管理者的監視與控制。以上權力宰制的部分，在臺北圓山動物園的歷史中均可見到。第四，動物園是一種奇觀的展示，向遊客顯現其自負的「文明進步」，罕見的、來自海外的或一般市民生活經驗之外的動物成為園中圈養的對象，人們可以在園中從事娛樂休閒，餵動物，騎動物，看動物表演，甚至在不為人發現的地方以虐待動物為滿足。這種奇觀的展示與體驗，尤可以本書所論有關圓山動物園中珍貴動物的蒐集，以及包括馬戲團或博覽會時期在內，動物園娛樂化的部分為例證。第五，從動物園的媒介性質而言，動物園協助人們脫離日常生活的單調感，在國與國、城市與城市間成為交誼的媒介，也是人們窺看自然的想像之窗。以上可視為圓山動物園與其他近代動物園普遍的政治文化象徵。

以下則針對近代臺灣動物園的歷史文化脈絡來思考。圓山動物園的歷史分期與傳統的歷史分期有很大的差異，亦即不是以戰爭結束為最重要的區隔，雖然戰爭末期動物凋零多，戰後經濟的考驗大，而上層日本職員也多在戰後遣返，但從整體動物園文化而言，一九七〇年代才是一大分水嶺，此前園中的規制與活動方式大致屬於日本動物園文化系統，之後開始與全球化集團或區域組織建立伙伴關係，經營上並以美國動物園文化為新的取法對象，終而在一九八〇年代做出全面遷園重建的變革。當然戰前與戰後的區別在動物園的政治文化上還是有意義的，戰爭對包括臺灣在內的日本帝國圈動物園經營有深刻的影響，為應付戰爭的非常狀況而產生了全帝國的動物園聯合組織，這個特質與美國的動物園組織在一九二〇年代為了改善動物園經營而誕生，顯然目標有所不同。而在宣傳上，動物園在戰前戰後的教化內容當然也各有偏重，戰爭時期動物在日本帝國被極端地資源化，動物園成為帝國精神動員的空間，動物的「處分」政策也成為心理戰的一環，而戰後來自中國的新統治者在動物園舉行政治紀念活動或相關政治宣傳，則是另一種去日本化的操作方式。

關於本地動物在動物園中的角色，與前述的政治隱喻中權力象徵的部分關係最為密切，常與地理的領有或軍事佔領等政治局勢相聯結，也可視為動物的國家化。在帝國的框架中，臺灣的動物被化約為臺灣的符碼，因此帝都的動物園裡飼養著殖民地臺灣送來的動物，而一九二三年日本皇太子巡禮臺灣後的歸程，臺灣的動物園主管跟隨著運送獻納品的軍艦，押送精選的在地各種動物到皇家庭園，將相當於整個臺灣動物縮影的動物園呈獻給皇太子，這些動物後來則被飼養在皇家園邸以及帝都動物園內。戰爭時期，隨著日軍的擴張，新佔地的動物也被捕捉，並在帝國圈內的動物園以贈品的形式流動，某種程度彰顯帝國軍事勝利的榮光，臺灣動物園園長也出差到新佔領地協助調查當地的動物資源。戰後動物園以高度娛樂化的活動吸引遊客，但動物作為政治的象徵，並沒有被遺忘，一九七〇年代，曾任中國時報社長及總主筆的楊乃藩在報刊建言新動物園的構想時，仍秉持動物地理與政治文化聯結的觀念，認為將來新園中要多蒐集的是中國大陸與臺灣均有的物種，因為動物園負有促進國家認同的責任。一九八〇年代之後，由於國際環境政治的影響，動物與棲地的生態自然關係逐漸受到注目，臺北動物園作為臺灣第一大動物園，關於臺灣特有野生動物的圈養、繁殖與研究工作，在新動物園中開始佔有一席之地，亦即配合生態保育的口號，臺灣特有動物是生態系中多元物種的一支，其價值重新被發現並進行保育。然而在這同時，由於綜合動物園包攬整個動物王國的原則，其他地理區或生態系的動物仍是園內不會放棄的蒐藏；而自始至終，就遊客的喜好而言，圓山動物園內高人氣的明星動物通常也不是本土動物，亦即異國動物的需求在動物園仍然持續存在。

就生態環境與動物園的關係來看，國際間的潮流有關鍵性的影響，相對於上述野生動物的國家化，這個潮流可名之為野生動物的世界公民化。由於一九七〇年代國際間意識到野生動物被獵捕造成的自然資源枯竭危機，而於一九七三年成立華盛頓公約組織（一九七五年生效），藉以規範國際間動物買賣，透過控制交易的方式嚴格保護瀕臨絕種的野生動物。上開規範有深遠的成效，促使動物園不易透過貿易自棲地取得動物，因此許多動物園改由園內繁殖或透過園際交換獲得園內需要的動物；又為避免園內繁殖近親交配產生問題，物種資訊的交流更形重要，國際間各動物園逐漸建立密切的伙伴關係。臺北動物園自一九八〇年代起、九〇年代中，逐步加入這股全球化的潮流，也參與國際動物園組織的保育策略，在動物園內及棲地中進行繁殖計畫，以建構「方舟」自許，但這些作為主要都在遷離圓山動物園以後進行。這股生態環境主義的潮流，同時推動了動物園中對環境教育的努力。

然而無論是前述各種對動物的資源化運用，或基於環境主義對瀕臨絕種動物的保育及環境教育的新目標，動物園內的動物作為生命個體的意義在何時開始被注意到、甚至受到重視，都是值得關切的動物園歷史問題。如同人類社會中個體的差異評價，動物園中的動物在人們眼中也不等值，因此受重視者生前、死後在園中都經過特意的文化儀式處理，包括命名、婚配、標本化，並在展示中意欲喚起人們對該動物在人類社會扮演的角色的記憶。本書除思考圓山動物園自開園以還，園內動物被施以肉體虐待的問題，並提及戰爭結束前，幾位名人遊客描寫動物園內人氣動物在圈養中身心困頓的處境，也探討動物園經營者自一九七〇年代開始承認空間規劃等管理與動物福祉的直接關聯，可以看到對於動物的「新感性」已在當時萌芽。[3]雖然戰後一九五〇年代臺北動物園的職員已創組愛護動物協會，但是對愛護的觀念，是局限在購買更多的珍奇動物、訓練動物表演、作動物展覽等娛樂人們的活動，與考量動物本身需求的關愛仍有相當的距離。筆者也相信，更多探索動物與人類社會相遇的歷史，必有助於我們思考真正的人與自然關係和諧之道。

註釋

1 二十一世紀初臺北動物園在經營上曾有法人化的努力，但未果。

2 參見：渡邊守雄等，《動物園というメディア》，頁一五～四六。

3 此處所謂「新感性」，係借用凱思・湯瑪斯（Keith Thomas）對人與自然世界的研究，他認為十八世紀末以後，英國中產階級愈來愈注意如何對待動物的問題，這種「新感性」顯示出對野蠻造物（Brute creation）受苦的同情，新的論點更關注到野生動物的保護與自然的保存，人類優越論、人類中心主義及動物的馴化問題受到更多批評與指摘。參見本書緒論中對動物文化史研究成果的回顧。

謝辭

這本書的內容主要是七年前的博士論文，多年來由於專心教學與新的研究，博論出版的事一直延遲，非常感謝如今終於可以付梓。說起來投入動物文化史研究，甚至能在大學中開設動物與人類社會課程，實在像是偶然間走入的一段神奇之旅，而這緣起，單純是因為一隻橘貓。

二〇〇七年夏末，到日本東京交換留學前，我向指導教授許雪姬老師提出改變博論題目的構想。當時舊題已研究了三年，也發表部分成果。我報告老師，很想試著為自己的貓寫歷史，這研究動機強烈，但在學位論文上有點像狂想，如何著手？心中還不清楚，要再摸索觀察。而老師竟然同意了，所以我就開始帶著（對）貓咪（的懸念）出去旅行。

果然一路是豐富驚奇，雖然遇到的困難不少，但得到的協助更多，想不到連世界觀和對生命的看法都有了改變，未知待探索的部分好像也比以前更多。

許雪姬老師，謝謝您不厭其煩的教誨，不論在學業及生活上，您對學生的照顧與扶助都難以計數。老師的認真與敬業精神，是我從事研究時嚮往的境界。

口試委員曾華璧老師、張素玢老師、張隆志老師、蔣竹山老師，從初期選題、論文大綱的審查、論文內容的調整，都分別給予寶貴的意見；這本書也因為蔣老師的推薦，能收入遠足文化出版的潮歷史書系，令人感謝。

感謝政治大學歷史系師長的教導，並讓我到日本東京大學總合文化科當交換學生，以及到中國大陸交流研討，使我有更多學習觀摩與交流機會，也蒐集到不少資料。特別感謝碩士論文指導教授黃福慶老師，以及林能士老師、薛化元老師、呂紹理老師、彭明輝老師、劉祥光老師、黃福得老師、李素瓊助教。在日本期間，承蒙若林正丈老師、川島真老師與村田雄二郎老師的教導，森田健嗣、陳文松、顏杏如、賴郁君的照顧，十分感念。難忘在靖國偕行文庫中翻看戰爭時期動物相關史料的激動，這也是本書動物慰靈祭部分的靈感來源。

中研院臺史所提供我作研究豐富的養分，眾多行政人員熱情協助，也謝謝鍾淑敏老師、詹素娟老師、劉士永老師、陳姃湲老師，以及史語所的陳國棟老師經常不吝指教。

謝謝動物史研究前輩李鑑慧老師、行動者朱增宏先生，還有龔玉玲、趙席夐帶領我進入動物研究（一年多的時間我們維持著三人讀書會），龍緣之、朱丰中、林冠瑜的指教。錢永祥老師、吳宗憲老師、張君玫老師、黃宗潔老師、黃宗慧老師、李若文老師、戴麗娟老師、余慧君老師、吳明益老師、謝曉陽老師、陳嘉銘老師，您們的研究都是我的源頭活水。

研究過程中，感謝臺北市立動物園提供合作研究機會，讓我能調閱檔案、使用園內圖書、訪談耆老，尤其感謝曹先紹研究員、郭燕婉研究員、陳德和師傅、呂玉芳小姐、吳麗玲小姐的協助。也感謝國科會（科技部前身）、鄭福田基金會，在我撰寫論文最後一年，提供了豐厚的獎學金使我無後顧之憂。謝謝埔里鎮立圖書館陳義方先生、三上右近先生、日本木下馬戲團惠予珍貴史料。

書中部分章節曾在「臺灣教育史研究會」上發表，謝謝吳文星老師及參加者的指正，包括周婉窈老師對於大家族園邸中馴養動物、林玟君老師對於馬戲團中動物表演等的回饋。特別感謝「歷史學柑仔店」部落格，讓我在上面發表了與動物史相關的幾篇小文，讓書寫動物史成為樂趣。

許多師友在中研院臺史所日記解讀班或其他場合一起研討，啟發我的觀念，例如黃子寧提示兒童與動物的關係，陳翠蓮老師與范燕秋老師對本論文主題的鼓勵，李季樺提示動物在文明與野蠻上的教化象徵意涵。李順仁、林秀美、曾獻緯、楊朝傑、曾令毅、洪紹洋、郭双富、石婉舜在動物研究上不時提供資料，林炳炎先生夫婦經常的鞭策，都令人感銘。如師亦友的王源森、劉唐芬、張繼昊、耿立群，如父般的林宗貴長老，在天上的張媽媽、耿媽媽，感謝您們對我人生的指引與豐盛的分享。還有多位經常往返的良友，感謝您們的打氣與支持：林蘭芳、陳美蓉、何鳳嬌、林偉盛、李力庸、林丁國、陳鴻圖、陳世榮、李毓嵐、劉世溫、江明親、蔡思薇、徐聖凱、易正義、李道緝、吳淑鳳、蔡淑瑄、吳美慧、張瑞斌、阮仁華、安明子、闕順玲、施卿琛、陸萍慈（天唯法師）、陳紅旭、郭瑋瑋。

家是避風港，懷念爸媽，感謝養育之恩；兄姊、嫂子們無條件的支持，外甥 Wei Wei 為我建立書目與協助譯稿，侄兒超元在日本幫忙購書，有您們的人生不孤單。日日夜夜陪我寫論文的毛孩子 Akai、小 Pi，還有常讓我掛心的 Siauhu、甜美的 Naiyo、花花，謝謝你們為我開了一扇窗，讓我了解到自己對生命懂得那麼少。

感謝師長、朋友與家人，您們的鼓勵與包容陪我走過曲折的道路，謹以這本不成熟的書表達我對您們深深的謝意。

出版過程中，專業又超級認真的林蔚儒小姐和總編輯李進文先生，投入的心血無計其數，謝謝您們使這本學術書籍有了新的生命。

「惟喜愛耶和華的律法，晝夜思想，這人便為有福！他要像一棵樹栽在溪水旁，按時候結果子，葉子也不枯乾。凡他所做的盡都順利。」（〈詩篇〉一：二－三）一切榮耀歸於主。

雖然是一隻普通的貓，卻改變了我的生命。（張雅慧繪）

2010 年 7 月 7 日點閱。
維基百科「Killer whale attacks on humans」條目，2013 年 2 月 26 日點閱。
維基百科「臺北大空襲」條目，2013 年 1 月 30 日點閱。
維基百科「臺北市立動物園」條目：http://ppt.cc/Jd!t，2013 年 1 月 31 日點閱。
臺北市立兒童育樂中心：http://ppt.cc/byen，2013 年 3 月 5 日點閱。
〈臺灣接軌華盛頓公約的任務：立保育典範 增國際能見度〉，臺灣環境資訊協會環境資訊中心：http://e-info.org.tw/node/84540，2013 年 5 月 24 日點閱。
德久球雄撰，「遊園地」，《日本大百科全書》，引自 JapanKnowledge 資料庫：http://www.japanknowledge.com，2013 年 2 月 13 日點閱。
鄭錫奇撰，〈水獺〉，《臺灣大百科全書》網站：http://taiwanpedia.culture.tw/web/content?ID=6931#，2012 年 12 月 20 日點閱。
賴永祥，〈八里坌長老汪式金〉，《教會史話　第六輯》514，賴永祥長老史料庫：http://www.laijohn.com/book6/514.htm，2011 年 3 月 16 日點閱。
關懷生命協會，〈記者會報導　學習愛，從小開始——拒絕動物戲謔，提倡友善動物旅遊〉，網址：http://www.lca.org.tw/news/node/2602，2012 年 9 月 16 日點閱。

ac.uk/history/index.html，2012 年 9 月 11 日點閱。

日本國立國會圖書館數位圖書館，「近代デジタルライブラリー」：http://kindai.ndl.go.jp/info:ndljp/pid/832905，2012 年 9 月 20 日點閱。

日本國立環境研究所侵入生物データベース，http://www.nies.go.jp/biodiversity/invasive/，2012 年 6 月 20 日點閱。

日本農林水產省調查：http://www.maff.go.jp/j/seisan/tyozyu/higai/h_manual/pdf/data8.pdf#search=' タイワンリス '，2012 年 6 月 20 日點閱。

加爾各答動物園（Zoological Garden in Calcutta, Kolkata Zoo）：http://kolkatazoo.in/urls/history_zoo.html，2012 年 11 月 17 日點閱。

生而自由基金會（Born Free Foundation）：http://www.bornfree.org.uk/campaigns/zoo-check/circuses-performing-animals/，2013 年 3 月 5 日點閱。

行政院函復內政部，有關所報「臺灣地區大型哺乳動物暫行保護措施」請鑒核一案，民國 74 年 5 月 18 日，臺七十四內字第 9033 號函。臺灣國家數位典藏網站：http://npda.cpami.gov.tw/files/356-1001-415,c77-1.php，2013 年 5 月 25 日點閱。

岐阜市歷史博物館「館蔵品紹介　絵はがき」博覽會明信片：http://www.rekihaku.gifu.gifu.jp/kanzouhin/postcardindex.html，2012 年 6 月 19 日點閱。

岐阜縣圖書館「鄉土繪葉書」有關躍進日本大博覽會之繪葉書：http://www.library.pref.gifu.lg.jp/digitallib/ehagaki/8111647168.htm，2012 年 6 月 19 日點閱。

並木美砂子，〈子ども動物園について〉，http://homepage3.nifty.com/zooedu/czoo3.htm，2011 年 9 月 28 日點閱。此外並木美砂子亦著有兒童動物園相關書籍。

林炳炎，〈U-2: U.S. Naval Medical Research Unit2 美國海軍第二醫學研究所〉，http://pylin.kaishao.idv.tw/?p=853，2012 年 11 月 10 日點閱。

首爾動物園：http://grandpark.seoul.go.kr/Eng/html/seoul/0101_intro.jsp，2012 年 10 月 11 日點閱。

國立臺灣文學館：http://www3.nmtl.gov.tw/Writer2/writer_detail.php?id=1911，

瀧川政次郎，〈北京と象〉，《東亞學　第 1 輯》，東京：日光書院，1939，頁 223-236。

瀬戸口明久，〈「野猿」をめぐる動物観〉，石田戢、浜野佐代子、花園誠、瀬戸口明久著，《日本の動物観：人と動物の関係史》，東京：東京大学出版会，2013，頁 179-181。

六、其他網站（若連結失效，請見諒）

〈金華山リス村〉（松鼠村）官方網站：http://www.kinkazan.co.jp/0000.htm，2012 年 6 月 20 日點閱。

〈金華山リス村〉，日文維基百科，2012 年 6 月 20 日點閱。

〈都市設備の改善：論說〉，《臺灣新聞》，1918 年 11 月 29 日，引自「神戸大学附属図書館　新聞記事文庫」，2012 年 12 月 26 日點閱。

〈無「法」的國度──動物園？〉，臺灣動物社會研究會網站：http://www.east.org.tw/that_content.php?s_id=8&m_id=56&id=123，2013 年 5 月 31 日點閱。

「畜魂碑大集」：http://www.wretch.cc/blog/yeh75731/9599345，2013 年 1 月 27 日點閱。

「戦時中の動物園」：http://ppt.cc/xLjf，2012 年 12 月 1 日點閱，該站已自 2013 年 1 月 1 日起關閉。

Braverman, Irus. "Looking at Zoos." *Cultural Studies.* (2011.10) http://papers.ssrn.com/sol3/papers.cfm?abstract_id=1956705，2012 年 8 月 16 日點閱。

CITES, List of Contracting Parties, http://www.cites.org/eng/disc/parties/chronolo.php，2013 年 5 月 23 日點閱。

Janathan Burt 訪問紀錄：*Chronical Review.* (2009.10.18)：http://chronicle.com/article/Animals-Reconsidered/48803/，2012 年 8 月 13 日點閱。

Reaktion Books: http://www.reaktionbooks.co.uk/series.html?id=1，至 2012 年已出版 54 本。

University of Sheffield (National Fairground Archive)，http://www.nfa.dept.shef.

犬塚康博，〈新京動植物園考〉，《人文社会科学研究》，18號（千葉：千葉大学大学院，2009.03），頁15-25。

古賀忠道，〈子供はなぜ動物好きか〉，《臺灣婦人界》，6：5（1939.05.01），頁84。

伊藤政重，〈公開狀（一）〉，《實業之臺灣》，81期（1916.09.10），頁39-46。

西村清和，〈動物の深淵、人間の孤独〉，收入渡辺守雄等著，《動物園というメディア》，東京：青弓社，2000，頁64-68。

林良博，〈東京大学に眠る上野動物園の宝物〉，《とうぶつと動物園》，50:1（574號，東京：東京動物園学会，1998.01），頁3。

松崎圭，〈近代日本の戦沒軍馬祭祀〉，收入中村生雄、三浦佑之編，《人と動物の日本史4　信仰のなかの動物たち》，東京：吉川弘文館，2009，頁126-158。

阿久根巖，〈蘆原先生とサーカス渡來〉，收入蘆原英了，《サーカス研究》，東京：新宿書房，1984。

南海野人，〈閑却されたる本島の文化施設〉，《實業之臺灣》，13:7（1921.07.10），頁12-14。

臺灣總督府，《臺灣教科用書　國民讀本　卷9》臺北：臺灣總督府，1902，頁6-8，收於「日治時期臺灣公學校與國民學校國語讀本　第一期1901-1903（明治34-36年）」，《臺灣教科用書國民讀本1-12卷》臺北：南天書局景印，2003。

──，《公學校用　國語讀本　卷6》，臺北：臺灣總督府，1939，頁78-85；收於「日治時期臺灣公學校與國民學校國語讀本　第四期1937-1942（昭和12-17年）」，《臺灣教科用書國民讀本1-12卷》，臺北：南天書局景印，2003。

──，《初等科國語　2》，臺北：臺灣總督府，1944，頁34-39；收於「日治時期臺灣公學校與國民學校國語讀本　第五期1942-1944（昭和17-19年）」，《コクゴ1-4卷　初等科國語1-8卷》，臺北：南天書局景印，2003。

Zoological Gardens." in Gregory M. Pflugfelder & Brett L. Walker (eds.) *JAPANimals: History and Culture in Japan's Animal Life*. Ann Arbor: University of Michigan, 2005.

Ptak, Roderich. "The Circulation of Animals and Animal Products in the South and East China Seas (Late Medieval and Early Modern Periods)." *Review of Cultures*. 2012.

Rothfels, Nigel. "How the Caged Bird Sings." in Linda Kalof and Brigitte Resl (eds.) *A Cultural History of Animals: In the Age of Empires*. Oxford and New York: Berg, 2007.

（三）日文

〈雜報　犧牲動物慰靈祭催さる〉，《臺灣之畜產》（1936.12）。

〈教化關係例規集〉，《（昭和 11 年度）臺北市社會教育概況》，臺北：臺北市役所，1936，頁 51-53。

《公學校教科書》，期 4 巻 6（1938），頁 78-85。

《公學校教科書》，期 4 巻 10（1941），頁 126-130。

《公學校教科書》，期 5 巻 2（1944），頁 34-39。

エルメル・フェルトカンプ（艾瑪・維德坎普，Elmer Veldkamp），〈英雄となった犬たち　軍用犬慰霊と動物供養の変容〉，收入菅豊編，《人と動物の日本史 3　動物と現代社会》，東京：吉川弘文館，2009，頁 44-68。

山下正男，〈わが三十一年の歩み〉，收於「むつみ」特集号編集委員会，《異郷の街（ポーレーシャ）──私たちの昭和前史・その前々史》，甲府市：東和プリント社，1982。

大丸秀士，〈動物園・水族館における動物慰霊碑の設置狀況〉，「第 9 回ヒトと動物の関係学会学術大会」，2003 年 3 月 12 日，ヒトと動物の関係学会網頁：http://www.hars.gr.jp/taikai/9th.taikai/9thconference.htm#gaiyou，2011 年 11 月 10 日點閱。

井上德彌，〈臺灣の養蜂〉，《臺灣教育》，146 期（1914），頁 6-11。

戴振豐，〈日治時期臺灣賽馬的沿革〉，《臺灣歷史學會會訊》，16（2003.05），頁 1-17。

──，〈日治時期臺灣「建國祭愛馬行進」、「愛馬日」及「軍馬祭」的形成與進行（1936-1945）〉，《政大史粹》，6（2004.06），頁 61-94。

戴麗娟，〈馬戲團、解剖室、博物館──黑色維納斯在法蘭西帝國〉，收入李尚仁主編，《帝國與現代醫學》，臺北：聯經出版公司，2008。

韓依婷，〈關愛的囚籠：木柵動物園的自然化地景與觀視權力〉，臺灣大學建築與城鄉研究所碩士論文，2012。

謝芙美，〈保育類野生動物管理法律問題之研究〉，東吳大學法律研究所碩士論文，1995。

謝水森，〈開闢新竹公園的回憶〉，《竹塹文獻》雜誌，30 期（2004.07），網路版：http://media.hcccb.gov.tw/manazine/2004-07-30/magazine5-2.htm，2013 年 2 月 9 日點閱。

魏婉紅，〈我國野生動物園的發展定位思考〉，北京林業大學碩士野生動植物保護與利用專業論文，2006。

竇坤，〈西方記者眼中的北京「新政」：以英國《泰晤士報》的報導為中心〉，《北京社會科學》，2008 年第 2 期，頁 64-68。

（二）西文

Ellenberger, Henri. "The Mental Hospital and the Zoological Garden." in Joseph Kraits (ed.) *Animals and Man in Historical Perspective*. New York: Harper & Row Publishers, 1974.

Hachisuka & Udagawa. "Contributations to the Ornithology of Formosa (I)." *Quarterly Journal of Taiwan Museum*. (1950-1951).

Hancocks, David. "Lions and Tigers and Bears, OH NO!." in Bryan G. Norton, Michael Hutchins, Elizabeth F. Stevens, and Terry L. Maple (eds.) *Ethics on the Ark: Zoos, Animal Wellfare, and Wildlife Conservation*. Washington and London: Smithsonian Institution Press, 1995.

Miller, Ian. "Didactic Nature: Exhibiting Nation and Empire at the Ueno

黑田長禮著，吳永華譯，〈臺灣島的鳥界〉，收入吳永華著，《被遺忘的日籍臺灣動物學者》，臺北：晨星出版社，1996。

楊登凱，〈臺灣保護動物法制之演進——探索法律對動物管制或保護之歷史〉，臺灣大學法律研究所碩士論文，2011。

楊善堯，〈動物與抗戰：論中國軍馬與軍鴿之整備〉，《政大史粹》，期21（2011.12），頁129-156。

臺北市立動物園新聞稿，〈普渡：感恩往生動物的陪伴、教育〉，2012年9月10日。

潘美玲，〈吳郭魚的在地化歷程：養殖技術、商品行銷與生態風險〉，世新大學社會發展研究所碩士論文，2011。

課吏館選印，《秦中官報》，丙午年11月分（1906年12月）第3冊，頁207-208，收於姜亞沙、經莉、陳湛綺主編，《晚清珍稀期刊續編》28冊，出版地不詳：全國圖書館文獻縮微複製中心，2010，頁533-535。

鄭麗榕，〈清代臺灣方志中的動物記載〉，收入胡春惠、唐啟華主編，《兩岸三地歷史學研究生研討會論文選集》（臺北：政治大學歷史系，2009），頁265-280。

——，〈跨海演出：近代臺灣的馬戲團表演史（1900-1940年代）〉，《國立中央大學人文學報》，43（2010.07）。

——，〈帝國印「象」：殖民地臺灣的動物與政治〉，「2011臺灣史青年學者國際研討會」，2011年3月27日發表。

——，〈「體恤禽獸」：近代臺灣對動物保護運動的傳介及社團創始〉，《臺灣風物》，61：4（2011.12），頁11-43。

賴淑卿，〈呂碧城對西方保護動物運動的傳介——以《歐美之光》為中心的探討〉，《國史館館刊》，23，（2010.03）。

——，〈1960年代臺灣推動保護動物社會教育探析〉，2009年12月28日國史館第188次學術研討會論文摘要，《國史館館訊》，4（2010.06），頁229。

——，〈1960-80年代臺灣有關國外保護動物觀念的引介及發展〉，2010年12月24日國史館第209次學術討論會論文，未刊稿。

林偉盛，〈西螺三姓械鬥〉，收於許雪姬總策劃，《臺灣歷史詞典》，臺北：遠流出版社，2004。
祝若穎，〈兒童中心學說的傳入與展開──日治時期臺灣公學校修身教育之研究（1928-1941）〉，《教育研究集刊》，56：2（2010.06），頁71-103。
婁子匡，〈臺灣鬥雞之風俗〉，《臺灣風物》，17：5（1967.10）。
崔媛媛、胡德夫、張金國、李犇、蘭天，〈黃金週遊客干擾對圈養大熊貓應激影響初探〉，《四川動物》，28：5（2009.05），頁647-651。
許雪姬，〈邵友濂與臺灣的自強新政〉，《清季自強運動研討會論文集》（上冊），臺北：中央研究院近代史研究所，1988年6月。
──，〈臺灣的馬兵〉，《臺灣風物》，32：2（1993.06）。
──編著，許雪姬、王美雪記錄，〈林垂凱先生訪問紀錄〉，《中縣口述歷史第五輯．霧峰林家相關人物訪談紀錄──頂厝篇》，臺中：臺中縣立文化中心，1998。
郭憲偉，〈臺灣戰後雜技表演之發展研究（1945-2006）〉，臺南：國立臺南大學體育學系碩士班，2008。
郭風林、張艷、安魯，〈中國園林動物象徵意議初論〉，《西北農林科技大學學報》，8：2（2008.03），頁127-132。
陳珏，〈高羅佩與「動物文化史」──從「新史學」視野之比較研究〉，《新史學》，20：2（2009.06），頁167-206。
曾華璧，〈釋析十七世紀荷蘭據臺時期的環境探索與自然資源利用〉，《臺灣史研究》，18：1（2011.03）。
──，〈臺灣的環境治理（1950-2000）：基於生態現代化與生態國家理論的分析〉，《臺灣史研究》，15：4（2008.12）。
黃士娟，〈空間與權力：臺北都市空間中的臺博館〉，收於陳其南等作，《世紀臺博．近代臺灣》，臺北：臺灣博物館，2008。
黃宗慧，〈愛美有理、奢華無罪？：從臺灣社會的皮草時尚風談自戀、誘惑與享受〉，《臺灣社會研究季刊》，65（2007.03）。
──，〈劉克襄《野狗之丘》的動保意義初探：以德希達之動物觀為參照起點〉，《中外文學》，37.1（2008.03）。

科技大學建築研究所碩士論文，2003。
余慧君，〈從皇家靈囿到萬生園——大清帝國的動物收藏與展示〉，《新史學》，29：1，2018年3月。
李若文，〈臺灣一頁鳥史：與日本的鳥類往來（1896-1930s）〉，《輔大歷史學報》，29（2012.09），頁119-168。
——，〈被遺忘的動物文化史：從日本之狼到臺灣百步蛇〉，《嘉義大學通識學報》，12（2015.11），頁107-137。
——，〈殖民地臺灣的家犬觀念與野犬撲殺〉，《中正歷史學刊》，21（2018.12），頁31-71。
李焯然，〈知識與品味：從《朱砂魚譜》看明代江南的休閒文化〉，中央研究院文哲所主辦，「2011明清研究前瞻國際研討會」，2011年11月25日。
李毓嵐，〈〈林紀堂日記〉與〈林癡仙日記〉的史料價值〉，收入許雪姬總編輯，《日記與臺灣史研究：林獻堂先生逝世50週年紀念論文集》上冊，臺北：中央研究院臺灣史研究所，2008。
李鑑慧，〈十九世紀英國動物保護運動與基督教傳統〉，《新史學》，20：1（2009.03）。
——，〈英國十九世紀動物保護運動與大眾自然史文化〉，《成大歷史學報》，38（2010.06）。
沈驥，〈先父傲樵公有關臺灣的詩〉，《臺灣風物》，24：4（1974.12）。
肖方、楊小燕、杜洋，〈中國的動物園〉，《科普研究》，4：5（總期數22）（2009.10）。
林丁國，〈觀念、組織與實踐：日治時期臺灣體育運動之發展（1895-1937）〉，臺北：國立政治大學歷史系博士論文，2009。
林秀姿，〈一個都市發展策略的形成：一九二〇至一九四〇年間嘉義市街政治面的觀察（上）〉，《臺灣風物》，46：2（1996.06），頁35-57。
——，〈一個都市發展策略的形成：一九二〇至一九四〇年間嘉義市街政治面的觀察（下）〉，《臺灣風物》，46：3（1996.09），頁105-127。
林玫君，〈回頭看臺灣體育史〉，《國民體育季刊》，28：3（1999.09）。

臺北市役所，《臺北市案內》，臺北：臺北市役所，1926。
──，《臺北市社會教育（昭和十一年）》，臺北：臺北市役所，1937。
──，《臺北市政二十年史》，臺北：臺北市役所，1940。
──，《臺北市政二十年史》，臺北：臺北市役所，1940。
篠永紫門，《日本獣医学教育史》，東京：文永堂，1972。
織田信德，《餘興動物園集容動物目錄及解說》，大阪：第五回內國勸業博覽會餘興動物園，1903。

五、論文

（一）中文

王世慶，〈清季及日據初期南部臺灣之牛墟〉，《清代臺灣社會經濟》，臺北：聯經出版公司，1994。
尤少彬，〈臺灣赤腹松鼠的生態與防治──兼論不平衡自然體系下之野生動物問題〉，《科學月刊全文資料庫》，138期（1981.06），http://210.60.224.4/ct/content/1981/00060138/0004.htm，2012/6/21點閱。
史威廉（William M. Speidel）、王世慶，〈林維源先生事蹟〉，《臺灣風物》，24：4（1974.12）。
左斌，〈中國野生動物園建設與管理評價體系研究〉，東北林業大學博士野生動植物保護與利用專業論文，2006。
田秀華等，〈中國動物園保護教育現狀分析〉，《野生動物雜誌》，28：6（2007.06）。
江樹生，〈梅花鹿與臺灣早期歷史關係之研究〉（上），收入內政部營建署墾丁國家公園管理處，《臺灣梅花鹿復育之研究七十三年度報告》，屏東：內政部營建署墾丁國家公園管理處，1985，頁3-62。
──，〈梅花鹿與臺灣早期歷史關係之研究〉（下），收入內政部營建署墾丁國家公園管理處，《臺灣梅花鹿復育之研究七十四年度報告》，屏東：墾丁國家公園管理處，1987，頁2-24。
宋曉雯，〈日治時期圓山公園與臺北公園之創建過程及其特徵研究〉，臺灣佳山良正，《臺北帝大生：戦中の日々》，東京：築地書館，1995。
佐藤昌《満洲造園史》，日本造園修景協会，1985。
岡田要監修，《動物の事典》，東京：東京堂，1955。
東方孝義，《臺灣習俗》，臺北：同仁研究會，1941。
東京都編集，《上野動物園百年史（本編）》，東京：東京都生活文化局広報部都民資料室，1982。
東京都編集，《上野動物園百年史（資料編）》，東京：東京都生活文化局広報部都民資料室，1982。
秋山正美，《動物園の昭和史》，東京：株式会社データハウス，1995。
若生謙二，《動物園革命》，東京：岩波書店，2010。
埔里尋常高等小学校「むつみ」特集号編集委員会，《異郷の街（ポーレーシャ）》，日本山梨縣甲府市：埔里尋常高等小学校「むつみ」特集号編集委員会，1982。
家永真幸，《パンダ外交》，東京：株式會社メディアファクトリー，2011。
宮嶋康彦，《河馬の方舟── 動物園の光と影》，東京：朝日新聞社，1987。
高島春雄，《動物渡來物語》，東京：株式会社学風書院，1955。
堀由紀子，《水族館のはなし》，東京：岩波書店，1998。
國學院大學研究開發推進センター編，《慰靈と顯彰の間　近現代日本の戰死者観をめぐって》，東京：錦正社，2008。
浅倉繁春，《動物園と私》，東京：海游舍，1994。
鹿又光雄，《始政四十周年記念　臺灣博覽會誌》，出版地不詳：臺灣博覽會，1939。
渡辺守雄，《動物園というメディア》，東京：青弓社，2000。
菅豊編，《人と動物の日本史 3　動物と現代社会》，東京：吉川弘文館，2009。
越沢明，《満州国の首都計画》，日本経済評論社，1988。
臺北市土木課編，《臺北市土木要覽》，臺北：臺北市役所，1943。

春美、花輪照子譯，《図說　動物兵士全書》，東京：原書房，1998。
川添裕，《江戸の見世物》，東京：岩波書店，2000。
大島正滿，《動物物語》，東京：大日本雄辯會演講會，1933。
小宮輝之，《物語　上野動物園の歷史》，東京：中央公論新社，2010。
小菅正夫，《「旭山動物園」革命》，東京：角川書店，2006。
小菅正夫等著，《戦う動物園——旭山動物園と到津の森公園の物語》，東京：中央公論新社，2006。
今川勳，《犬の現代史》，東京：現代書館，1996。
中村生雄、三浦佑之編，《人と動物の日本史 4　信仰のなかの動物たち》，東京：吉川弘文館，2009。
中沢克昭編，《人と動物の日本史 2　歷史のなかの動物たち》，東京：吉川弘文館，2009。
文部省，《自然の觀察　教師用一》，東京：日本書籍株式會社，1941。
古賀忠道，《私の動物誌》，收入《全集日本動物誌 25》，東京：講談社，1984。
石田戢，《日本の動物園》，東京：東京大学出版会，2010。
西本豊弘編，《人と動物の日本史 1　動物の考古学》，東京：吉川弘文館，2008。
西田實編，《木下大サーカス　生誕一〇〇年史》，岡山：木下大サーカス株式會社，2002。
佐佐木時雄，《動物園の歷史》，東京：講談社，1987。
佐藤憲正，《国民科国語綴方授業細目第三学年》，臺北：臺灣子供世界社，1941。
尾崎宏次，《日本のサーカス》，東京：三芽書房，1958。
阿久根巖，《サーカスの歷史——見世物小屋から近代サーカスへ》，東京：西田書店，1977。
——，《曲乗り渡出し始末帖》，東京：創樹社，1981。
——，《サーカス誕生——曲馬團物語》，東京：株式会社ありな書房，1988。

Ceylon. Colombo: Govt. Press, Ceylon, second edition, 1961.
Poliquin, Rachel. *The Breathless Zoo: Taxidermy and the Cultures of Longing*. PA: The Pennsylvania State University Press, 2012.
Ritvo, Harriet. *The Animal Estate*. Cambridge: Harvard University Press, 1987.
Rothfels, Nigel. *Savages and Beasts: The Birth of the Modern Zoo (Animals, History, Culture)*. Baltimore; London: Johns Hopkins University Press, 2002.
Skabelund, Aaron Herald. *Empire of Dogs*. Ithaca & London: Cornell University, 2011.
Stoddart, Helen. *Rings of Desire: Circus History and Representation*. Manchester: Manchester University Press, 2000.
Sukumar, R.. *The Asian Elephant: Ecology and Management*. Cambridge: the University of Cambridge, 1992.
Thomas, Keith. *Man and the Natural World: Changing Attitudes in England (1500-1800)*. Oxford: Oxford University Press, 1983.
Turner, James. *Reckoning with the Beast: Animals, Pain, and Humanity in the Victorian Mind*. Baltimore and London: the Johns Hopkins University Press, 1980.
Walker, Brett L. *The Lost Wolves of Japan*. Seattle and London: University of Washington Press, 2005.
Weinman, Aubrey N.. *A Zoological Guide to the Zoological Gardens of Ceylon*. Colombo: Govt. Press, Ceylon, second edition, 1961.

（三）日文

《臺北市概況（二）》，1940。
「自然の觀察」復刻刊行会，《自然の觀察》，東京：広島大学出版研究会，1975 復刻本。
イーフー・トゥアン（段義孚，Yi-Fu Tuan）著，片岡しのぶ、金利光譯，《愛と支配の博物誌》，東京：工作舍，1988。
マルタン・モネスティエ（馬丁・莫內斯蒂耶，Martin Monstier）著，吉田

Rescue of the Baghdad Zoo. NY: St. Martin's Press, 2008.

Baratay, Eric & Elisabeth Hardouin-Fugier. *Zoo: A History of Zoological Gardens in the West.* London: Reaktion Books, 2002.

Beinart, William & Peter Coates. *Environment and History: the Taming of Nature in the USA and South Africa.* London: Routledge, 1995.

Bell, Catharine E. (ed.). *Encyclopedia of the World's Zoos.* Chicago & London: Fitzroy Dearborn, 2002.

Braverman, Irus. *Zooland: The Institution of Captivity (Cultural Lives of Law).* New York: Standford Law Books, 2012.

Croke, Vicki. *Modern Ark: The Story of Zoos: Past, Present & Future.* New York: Simon & Schuster Inc, 1997.

Davis, Susan. *Spectacular Nature: Corporate Culture and the Sea World Experience*. Berkeley, CA: University of California Press, 1997.

Elvin, Mark. *The Retreat of the Elephants: An Environmental History of China.* New Haven & London: Yale University Press, 2004.

Hancocks, David. *A Different Nature: the Paradoxical World of Zoos and Their Uncertain Future.* Berkeley; London: University of California Press, 2001.

Hanson, Elizabeth. *Animal Attractions: Nature on Display in American Zoos.* New Jersey: Princeton University Press, 2002.

Hediger, Heini. *Wild Animals in Captive*. New York: Dover Publications, 1964.

Ito, Mayumi. *Japanese Wartime Zoo Policy: The Silent Victims of World War II.* New York: Palgrave Macmillan, 2010.

Kalof, Linda and Brigitte Resl (eds.). *A Cultural History of Animals.* Oxford and New York: Berg, 2007.

Kirby, David. *Death at Sea World: Shamu and the Dark Side of Killer Whales in Captivity*. New York: St. Martin's Press, 2012.

Kisling, Vernon N. Jr. (ed.). *Zoo and Aquarium History: Ancient Animal Collections to Zoological Gardens.* Boca Raton: CRC Press, 2001.

Major Aubrey N. Weinman, *A Zoological Guide to the Zoological Gardens of*

傑洛德．杜瑞爾（Gerald Durrell）著，李靜宜譯，《現代方舟 25 年：杜瑞爾與澤西動物園傳奇》，臺北：大樹文化，1995。

黃稱奇，《撐旗的時代》，臺北：悅聖出版社，2001。網路版：http://www.naw1.com/huang_book/CHPTER1.HTM，2010/7/7 擷取。

黃宗慧，《以動物為鏡：12 堂人與動物的關係的生命思辨課》，臺北：啟動文化，2018。

黃宗潔，《牠鄉何處？城市．動物與文學》，臺北：新學林，2017。

——，《倫理的臉：當代藝術與華文小說中的動物符號》，臺北：新學林，2018。

楊小燕，《北京動物園志》，北京：中國林業出版社，2002。

賈德．戴蒙（Jared Diamond）著，王道還、廖月娟譯，《槍炮、病菌與鋼鐵》，臺北：時報出版，1998。

劉峰松，《臺灣動物史話》，高雄：敦理出版社，1984。

鄭政誠，《日治時期臺灣原住民的觀光行旅》，臺北蘆洲：博揚文化，2005。

鄭作新編著，《中國籠鳥》，北京：科學出版社，2008。

薇琪．柯羅珂（Vicki Croke）著，林秀梅譯，《新動物園——在荒野與城市中漂泊的現代方舟》，臺北：胡桃木公司，2003。

謝其淼，《主題遊樂園》，臺北：詹氏書局，1995。

韓學宏，《鳥類書寫與圖像文化研究》，臺北：文津出版社，2011。

黛安．艾克曼（Diane Ackerman）著，莊安祺譯，《園長夫人》，臺北：時報文化，2008。

蘇西．格林（Susie Green）著，喬云譯，《虎》，北京：生活．讀書．新知三聯書店，2009。

（二）西文

Aaron Herald Skabelund, *Empire of Dogs*, Ithaca and London: Cornell University Press, 2011.

Anthony, Lawrence & Graham Spence. *Babylon's Ark: the Incredible Wartime*

──，《日治時期臺灣戲曲史論：現代化作用下的劇種與劇場》，臺北：南天書局，2006。
徐聖凱，《臺北市立動物園百年史》，臺北：臺北市立動物園，2014。
馬克・貝考夫（Mark Bekoff）著，錢永祥、彭淮棟、陳真等譯，《動物權與動物福利小百科》，臺北：臺灣動物社會研究會，2002。
張夢瑞，《動物園趣話》，臺北：宇宙光出版社，1985。
──，《林旺與馬蘭的故事》，臺北：聯經出版公司，2003。
許雪姬，《樓臺重起（上編）林本源家族與庭園的歷史》，板橋：臺北縣文化局，2009。
陳妍、塞夫、林海編著，《軍鴿》，北京：解放軍出版社，2004。
陳其南，《消失的博物館記憶：早期臺灣的博物館歷史》，臺北：臺灣博物館，2009。
陳柔縉，《臺灣西方文明初體驗》，臺北：麥田出版，2005。
陳寶忠，《動物園的故事》，臺北：時報文化，2004。
──，《溫馨和諧臺北動物園：園長週記》，臺北：臺北市立動物園，2006。
陳懷宇，《動物與中古政治宗教秩序》，上海：上海古籍出版社，2012。
郭燕婉主編，《再造方舟：王園長光平先生紀念專輯》，臺北：臺北市立動物園，1993。
──主編，《方舟二十年：臺北市立動物園園史暨遷園20週年紀念專刊》，臺北：臺北市立動物園，2006。
程佳惠，《臺灣史上第一大博覽會──1935年魅力臺灣show》，臺北：遠流出版社，2004。
彭仁隆主編，王圻等譯，《世界動物園保育方略：動物園暨水族館在全球保育中扮演之角色》，臺北：臺北市立動物園，2007。
湯瑪斯・法蘭屈（Thomas French）著，鄭啟東譯，《動物園的故事》，臺中：晨星出版公司，2012。
凱倫・布萊爾（Karen Pryor）著，黃薇菁譯，《別斃了那隻狗！》，臺北：商周出版，2007。

村上春樹著，賴明珠譯，《發條鳥年代記　第三部刺鳥人篇》，臺北：時報文化公司，1997。
沈傳麟等編，《花鳥魚蟲賞玩詞典》，上海：上海辭書出版社，1994。
彼得・辛格（Peter Singer）著，孟祥森、錢永祥譯，《動物解放》，臺北：關懷生命協會，1996。
邱坤良，《舊劇與新劇：日治時期臺灣戲劇之研究（1895-1945）》，臺北：自立晚報，1992。
阿部弘士文、圖，孫智齡譯，《動物園的生死告白》，臺北：遠足文化公司，2012。
哈爾・賀札格（Hal Herzog）著，彭紹怡譯，《為什麼狗是寵物？豬是食物？──人類與動物之間的道德難題》，臺北：遠足文化公司，2012。
施叔青，《風前塵埃》，臺北：時報出版，2007。
范發迪（Fa-ti Fan）著，袁劍譯，《清代在華的英國博物學家：科學、帝國與文化遭遇》，北京：中國人民大學出版社，2011。
計成原著，黃長美撰述，《園冶》，臺北：金楓出版社，1999。
韋明鏵，《動物表演史》，濟南：山東畫報出版社，2005。
亮軒，《壞孩子》，臺北：爾雅出版社，2010。
英國世界動物保護協會（WSAP）、生而自由基金會（BFF）原著，李耀芳、馬于茹、悟泓譯，《動物園的真相》，臺北：臺灣動物社會研究會，2003。
夏元瑜，《百代封侯》，臺北：九歌出版社，1980。
──，《以蟑螂為師》，臺北：九歌出版社，2005。
──，《老蓋仙的花花世界》，臺北：九歌出版社，2005。
夏鑄九，《樓臺重起（下編）林本源園林的空間體驗：記憶與再現》，板橋：臺北縣文化局，2009。
埃里克・巴拉泰、伊麗莎白・阿杜安・菲吉耶（Eric Baratay & Elisabeth Hardouin-Fugier）著，喬江濤譯，《動物園的歷史》，臺中：好讀出版公司，2007。
徐亞湘，《日治時期中國戲班在臺灣》，臺北：南天書局，2000。

中華民國保護牲畜協會、臺灣省政府農林廳編，《保護動物手冊》，臺北：中華民國保護牲畜協會，1971。
史提夫·辛科利夫（Steve Hinchliffe）著，盧姿麟譯，《自然地理學：社會、環境與生態》，臺北：韋伯文化公司，2009。
白安頤（Aniruddh D. Patel）、林曜松著，吳海音譯，《臺灣野生動物保育史》，臺北：行政院農業委員會，1989。
世界動物園暨水族館作，彭仁隆主編，陳一菁等譯，《為野生動物開創未來：世界動物園暨水族館保育方略》。臺北：臺北市立動物園，2006。
休斯（J. Donald Hughes）著，梅雪芹譯，《什麼是環境史》，北京：北京大學出版社，2008。
吉見俊哉著，蘇碩斌、李衣雲、林文凱、陳韻如譯，《博覽會的政治學》，臺北：群學出版社，2010。
竹中信子，《日治臺灣生活史──日本女人在臺灣（昭和篇1926-1945）下》，臺北：時報文化，2009。
考林·斯柏丁（Colin Spedding）著，崔衛國譯，《動物福利》，北京：中國政法大學出版社，2005。
安東尼·柏克（Anthony Bourke）、約翰·藍道（John Rendall）著，蔡青恩譯，《重逢，在世界盡頭：從倫敦到非洲的人獅情緣》，臺北：遠流出版社，2009。
克里斯蒂娜·E、杰克遜著，姚芸竹譯，《孔雀》，北京：生活·讀書·新知三聯書店，2009。
吳永華，《被遺忘的日籍臺灣動物學者》，臺北：晨星出版社，1996。
吳明益，《臺灣現代自然書寫的探索1980-2002：以書寫解放自然BOOK1》，新北市：夏日出版，遠足文化發行，2012。
吳密察等撰文，國立臺灣博物館主編，《地圖臺灣：四百年來相關臺灣地圖》，臺北：南天書局，2007。
吳瀛濤，《臺灣民俗》，臺北：進學書局，1970。
呂紹理，《展示臺灣：權力、空間與殖民統治的形象表述》，臺北：麥田出版，2005。

中央研究院臺灣史研究所臺灣日記知識庫。
鄭麗榕訪問、記錄，〈陳德和先生訪問紀錄稿〉，未刊稿，2011 年 5 月 26 日於陳德和先生臺北市家中。

三、報紙（含網站）

Kàu-hōe-pò（教會報）（1911）。
The North China Herald（北華捷報）（1892）。
《中央日報》（1949-1977）。
《中國日報》（1956）。
《公論報》（1949-1950）。
《民報》（1946）。
《民聲日報》（1949-1962）。
《府報》（1912-1917）。
《經濟日報》（1969-1984）。
《臺日グラフ》（《臺日畫報》）（1930-1937）。
《臺南新報》（1921）。
《臺灣新生報》（1975）。
《臺灣日日新報》（1901-1943）。
《臺灣時報》（1912-1943）。
《聯合晚報》（1993）。
《聯合報》（1952-2012）。
《攝影新聞》（1956）。

四、專著

（一）中文

大衛・柯特萊特（David T. Courtwright）著，薛絢譯，《上癮五百年》，臺北：立緒文化，2002。

二、日記、人士鑑、職名錄（含網站）、回憶錄

中央研究院臺灣史研究所「臺灣總督府職員錄系統」。

史明口述史訪談小組，《史明口述史一：穿越紅潮》，臺北：行人文化實驗室，2013。

吳文星、廣瀨順皓、黃紹恆、鍾淑敏、邱純惠主編，《臺灣總督田健治郎日記（上）》，臺北：中央研究院臺灣史研究所籌備處，2001。

吳新榮著，張良澤主編，《吳新榮日記》（1938-1966），臺南：國立臺灣文學館，2007，中央研究院臺灣史研究所臺灣日記知識庫。

呂赫若著，鍾瑞芳譯，《呂赫若日記》，臺北：印刻出版社，2005，中央研究院臺灣史研究所臺灣日記知識庫。

林玉茹、王泰升、曾品滄訪問，吳美慧、吳俊瑩記錄，《代書筆、商人風──百歲人瑞孫江淮先生訪問紀錄》，臺北：中央研究院臺灣史研究所，2008。

林紀堂著，許雪姬編註，《林紀堂先生日記（1915-1916）》，臺北：中央研究院臺灣史研究所，2017。

林衡道口述，卓遵宏、林秋敏訪問，林秋敏紀錄整理，《林衡道先生訪談錄》，臺北：國史館，1996。

林獻堂著，許雪姬主編，《灌園先生日記》（1932-1942），中央研究院臺灣史研究所臺灣日記知識庫。

馬偕著，林昌華等譯，《馬偕日記：1871-1901》II，臺北：玉山社，2012。

張遵旭，《臺灣遊記》，中央研究院臺灣史研究所臺灣日記知識庫。

張麗俊著，許雪姬、洪秋芬、李毓嵐編纂．解讀，《水竹居主人日記》，中央研究院近代史研究所、臺中縣文化局，2000，中央研究院臺灣史研究所臺灣日記知識庫。

許雪姬編著，許雪姬、王美雪記錄，〈林垂凱先生訪問紀錄〉，《中縣口述歷史第五輯．霧峰林家相關人物訪談紀錄──頂厝篇》，臺中：臺中縣立文化中心，1998。

楊基振著，黃英哲、許時嘉編撰，《楊基振日記》，臺北：國史館，2007，

參考書目

一、檔案及復刻史料

〈火藥類所持許可證〉，1945，藏於臺北市立動物園研考室。
〈銃砲所持許可證〉，1945，藏於臺北市立動物園研考室。
〈臺北市立動物園致經濟部國貿局函，主旨：「請核給金剛猩猩進口之法文證明文件，俾便辦理承購手續，請查照案」〉，北市動園保字第1188號，1986年5月24日。藏於臺北市立動物園檔案室。
《欽定大清會典圖》。
《動物慰靈祭》，臺灣電影文化公司製作出版，1961，國家電影資料館影片。
《臺北市統計書》。
《臺北市議會公報》（1970-1977）。
《臺北市議會會議紀錄》（1971-1973）。
《臺北市市政紀要》（1971-1978），臺北市立動物園研考室提供。
吉村清三郎繪，〈始政四十周年紀念臺灣博覽會鳥瞰圖〉。
金門縣政府致臺北市動物園72敦建字第7455號函（1983.07.08），藏於臺北市動物園。
臺灣總督府檔案第5937冊，財務門，文號20。
臺灣總督府檔案第6204冊（1916），地方門，文號5。
臺北市立動物園製，「臺北市動物公園（暫定）籌建小組第五次會議資料」，1977年9月17日。
磊磊工程顧問公司，〈臺北市立動物園臺北市新動物園規劃報告〉，1980。
總督府檔案（1913），檔號000021840080179、000021840080180。
總督府檔案（1915），檔號000024420110149。
總督府檔案（1932），檔號000100720290205-000100720290208。

國家圖書館出版品預行編目資料

文明的野獸：從圓山動物園解讀近代臺灣動物文化史／鄭麗榕著. -- 初版. -- 新北市：遠足文化, 2020.05
面； 公分. --（潮歷史）
ISBN 978-986-508-061-7（平裝）

1. 動物園 2. 文化史 3. 臺灣史

380.69 109004272

潮歷史 01
文明的野獸
從圓山動物園解讀近代臺灣動物文化史

作　　者 —— 鄭麗榕
編　　輯 —— 林蔚儒
叢書主編 —— 蔣竹山
總 編 輯 —— 李進文
執 行 長 —— 陳蕙慧

行銷總監 —— 陳雅雯
行銷企劃 —— 尹子麟、余一霞
封面設計 —— 江孟達
內文排版 —— 張靜怡

社　　長 —— 郭重興
發行人兼出版總監 —— 曾大福
出 版 者 —— 遠足文化事業股份有限公司
地　　址 —— 231 新北市新店區民權路 108-2 號 9 樓
電　　話 —— (02) 2218-1417
傳　　真 —— (02) 2218-0727
客服信箱 —— service@bookrep.com.tw
郵撥帳號 —— 19504465
客服專線 —— 0800-221-029
網　　址 —— https://www.bookrep.com.tw
臉書專頁 —— https://www.facebook.com/WalkersCulturalNo.1
法律顧問 —— 華洋法律事務所　蘇文生律師
印　　製 —— 呈靖彩藝有限公司

定　　價 —— 新臺幣 450 元

初版一刷　西元 2020 年 05 月
初版二刷　西元 2020 年 11 月
Printed in Taiwan